职业院校教学用书（电子类专业）

电子 CAD——项目教程

（第 2 版）

刘海燕　阚海辉　主　编

鲍　敏　殷　美　杨海晶　副主编

程　周　主　审

电子工业出版社

Publishing House of Electronics Industry

北京·BEIJING

内 容 简 介

本书从实用的角度出发，通过简单而有一定代表性的电路设计过程，介绍 Protel DXP 2004 的基本操作、电路原理图设计、印制电路板设计的基本方法、实训及仿真的基本内容。所有内容的设计都是围绕着每个项目展开的，以工作任务为主线，循序渐进，并与技能鉴定紧密联系。本书配有电子教学参考资料包（包括教学指南、电子教案、习题答案）。

本书可作为职业院校专业课教材，也可作为电路计算机辅助设计绘图员技能鉴定指导教材，还可作为岗位培训及自学用书。

未经许可，不得以任何方式复制或抄袭本书之部分或全部内容。

版权所有，侵权必究。

图书在版编目（CIP）数据

电子CAD：项目教程 / 刘海燕，阚海辉主编. —2 版. —北京：电子工业出版社，2017.8

ISBN 978-7-121-32374-4

Ⅰ. ①电… Ⅱ. ①刘… ②阚… Ⅲ. ①印刷电路—计算机辅助设计—应用软件—教材 Ⅳ. ①TN410.2

中国版本图书馆 CIP 数据核字（2017）第 183802 号

策划编辑：蒲　玥
责任编辑：蒲　玥
印　　刷：北京虎彩文化传播有限公司
装　　订：北京虎彩文化传播有限公司
出版发行：电子工业出版社
　　　　　北京市海淀区万寿路 173 信箱　邮编　100036
开　　本：787×1 092　1/16　印张：13.5　字数：345.6 千字
版　　次：2012 年 3 月第 1 版
　　　　　2017 年 8 月第 2 版
印　　次：2025 年 2 月第 15 次印刷
定　　价：31.00 元

凡所购买电子工业出版社图书有缺损问题，请向购买书店调换。若书店售缺，请与本社发行部联系，联系及邮购电话：(010) 88254888，88258888。

质量投诉请发邮件至 zlts@phei.com.cn，盗版侵权举报请发邮件至 dbqq@phei.com.cn。

本书咨询联系方式：(010) 88254485，puyue@phei.com.cn。

编审委员会

主　任：程　周

副主任：过幼南　李乃夫

委　员：（按姓氏笔画多少排序）

王国玉　王秋菊　王晨炳

王增茂　刘海燕　纪青松

张　艳　张京林　李山兵

李中民　沈柏民　杨　俊

陈杰菁　陈恩平　周　烨

赵俊生　唐　莹　黄宗放

第2版前言

PREFACE

"电子 CAD"是一门实践性很强的课程。本书从实用的角度出发，通过简单而有一定代表性的电路设计过程，介绍 Protel DXP 2004 的基本操作、电路原理图设计、印制电路板设计的基本方法。所有内容的设计都是围绕着每个项目展开的，读者可以边学边做，边做边学。

本书贯穿项目主线的开发思路，坚持教做合一的教学理念，任务驱动，并与技能鉴定紧密联系。本书贴近生产实际，语言简练，通俗易懂，实用性强。

本书改变了过去按知识点为顺序的传统编排方法，以工作任务为主线，这些项目的内容循序渐进、逐步加深，且每个项目都有自己的特殊内容和要求。

本书教学建议学时表如下，以供参考。具体的学时安排可由教师根据实际情况进行调整。

序　号	内　　容	建 议 学 时
项目一	设计入门	6
项目二	电源电路原理图的绘制	6
项目三	晶闸管控制闪光电路的编译及报表的生成	4
项目四	创建"个性化"元件库	8
项目五	数码抢答器原理图的绘制	6
项目六	555 电路印制板的绘制	6
项目七	创建"个性化"封装库	8
项目八	8031 最小系统电路 PCB 的设计	10
项目九	仿真实例	6
合　　计		60

本书共九个项目，由江苏省泰兴中等专业学校刘海燕、阚海辉、鲍敏、殷美、杨海晶编写，全书由刘海燕、阚海辉统稿，由程周教授审定。在本书编写的过程中，参考了多位同行、专家的图书和文献，在此表示真诚的感谢。

由于编者水平有限，书中疏漏和错误之处在所难免，恳请使用本书的老师和同学们提出宝贵意见。

为了方便教师教学，本书还配有电子教学参考资料包（包括教学指南、电子教案、习题答案），请有此需要的教师登录华信教育资源网（http://www.hxedu.com.cn）下载。

编　者

目 录

CONTENTS

项目一

设计入门

Protel DXP 2004 软件是澳大利亚 Altium 公司于 2002 年推出的一款电子设计自动化软件，其主要功能有原理图编辑、印制电路板设计、电路仿真分析、可编程序逻辑器件的设计等。本书主要介绍原理图编辑功能和印制电路板设计功能。

安装 Protel DXP 2004 软件是学习该应用软件的第一步。为了发挥该软件的最佳性能，计算机的 CPU 至少为奔腾 1.2GB，内存为 512MB；显卡内存在 32MB 以上；屏幕分辨率设置为 1280×1024；运行系统最好采用 Windows XP 操作系统。

软件安装完成后，启动 Protel DXP 2004 软件，就可以创建项目文件。在项目文件中，可以创建各类设计文件。

学习目标

☆ 学会安装 Protel DXP 2004 软件。
☆ 掌握启动和关闭 Protel DXP 2004 软件的方法。
☆ 学会新建和保存项目、原理图、PCB 文件，掌握设计项目和文件的关系。
☆ 掌握电路原理图图纸参数的设置。
☆ 学会原理图模板制作。
☆ 项目保存。

教学方式

教学节奏		教学方式
教学项目	课时安排	
教师讲授	3	演示安装 Protel DXP 2004 软件，介绍创建设计工作区和项目文件的方法，讲解电路原理图图纸参数设置方法
学生上机	3	教师指导学生实际安装 Protel DXP 2004 软件，对新建项目文件中的设计文件进行各种操作，按要求对原理图文件进行参数设置

训练任务

本项目需要完成的任务是安装 Protel DXP 2004 软件,新建项目文件为设计入门.PRJPCB,再新建文件原理图设计入门.SCHDOC。

原理图设计环境设置为:图纸设置——设置图纸大小为 A4、水平放置,图纸颜色为白色、边框色为黑色;网格设置——设置捕获栅格为 5、可视栅格为 10、电气栅格捕获的有效范围为 5;字体设置——设置系统字体为宋体、字号为 12、黑色;标题栏设置如图 1-1 所示。

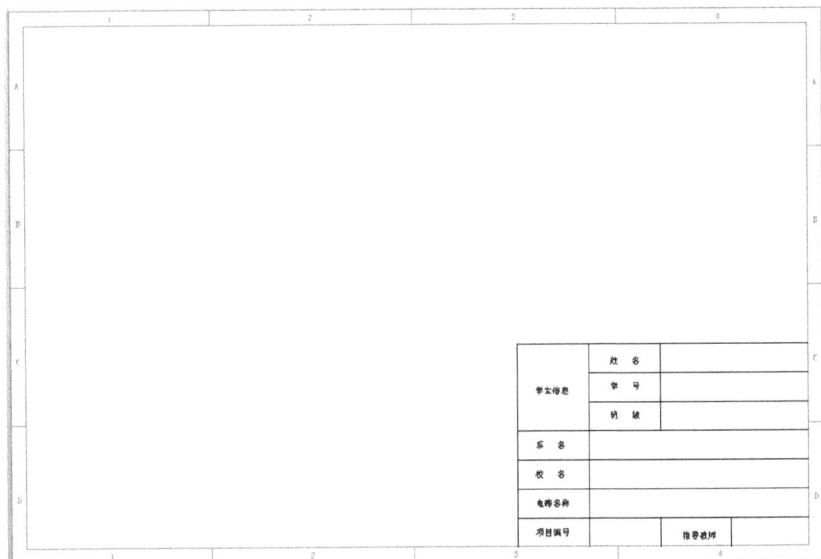

图 1-1　原理图图纸参数设置及其标题栏的绘制

执行步骤

第 1 步　安装 Protel DXP 2004 软件

Protel DXP 2004 软件的安装与其他计算机软件安装相似,将安装盘放入 CD-ROM 中,根据提示进行相应的设置,安装结束后需要重新启动计算机。Protel DXP 2004 软件(试用版)具体安装步骤如下。

1．拷贝。将 Protel DXP 2004 软件安装文件包的全部内容复制到 D 盘里,文件夹 Protel_DXP_2004 中的全部内容如图 1-2 所示。

名称 △	大小	类型	修改日期
DXP2004SP2.exe	327,056 KB	应用程序	2010-3-1 8:59
DXP2004SP2_IntegratedLi...	71,342 KB	应用程序	2010-3-1 8:58
Protel2004_sp2_Genkey.rar	535 KB	WinRAR 压缩文件	2011-5-23 19:47
Protel DXP2004.ISO	667,664 KB	ISO 文件	2011-3-20 16:32
安装说明.doc	24 KB	Microsoft Word ...	2011-6-12 10:34
__rar_0.440	21,783 KB	440 文件	2017-3-6 16:31

图 1-2　文件夹 Protel_DXP_2004 中的详细信息

2. 解压。双击打开 Protel DXP 2004.ISO 文件，文件较大，解压时间稍长，请耐心等待。

3. 安装软件。运行文件夹 Protel DXP 2004\Setup\Setup.exe 文件（见图1-3），安装 Protel DXP 2004 软件（或将 Protel DXP 2004.ISO 文件刻在光盘中自动安装），安装向导如图1-4～图1-10 所示。

（1）打开文件夹 Protel DXP 2004，如图1-3所示。

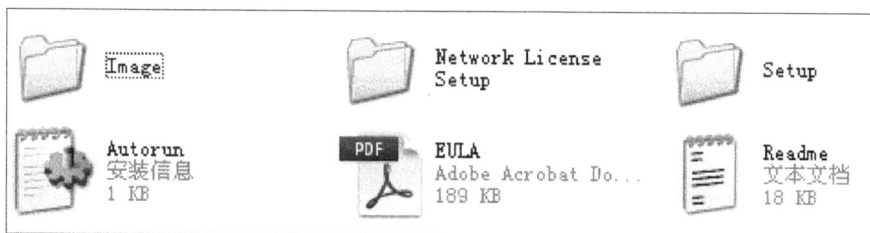

图 1-3　文件夹 Protel DXP 2004 中的全部内容

（2）双击 Setup，运行 Setup.exe 文件，如图1-4所示。然后单击5次"Next"按钮，如图1-5～图1-10所示（稍等），直至单击"Finish"按钮结束。

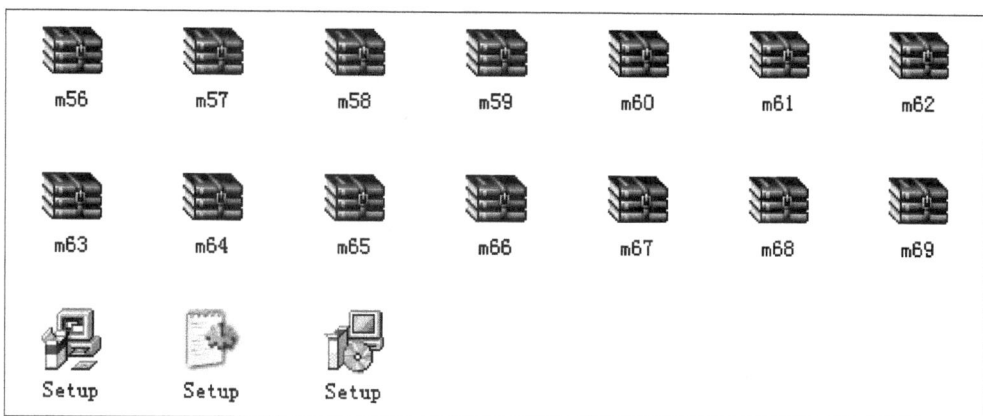

图 1-4　文件夹 Setup 中的部分内容

图 1-5　安装向导界面

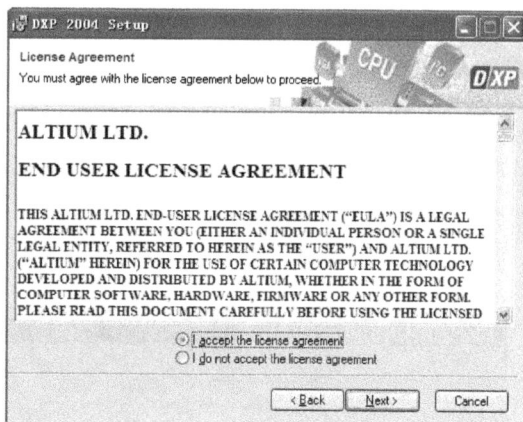

图 1-6　安装授权许可对话框

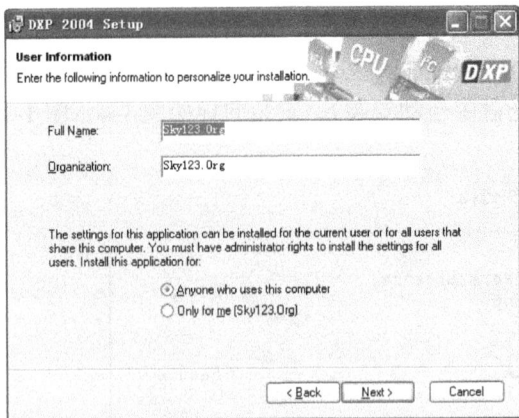

图 1-7　用户权限对话框

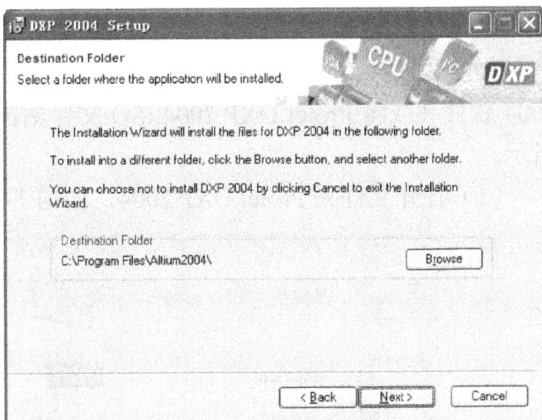

图 1-8　安装路径对话框

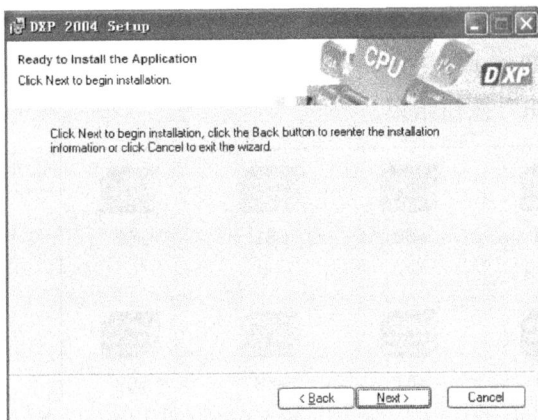

图 1-9　准备安装提示界面

图 1-10　安装成功提示对话框

4．安装补丁。双击文件夹 Protel_DXP_2004，运行 DXP 2004 SP2.exe 文件，安装 SP2 补丁。单击 2 次"Next"按钮，如图 1-11～图 1-16 所示（稍等），直至单击"Finish"按钮结束。

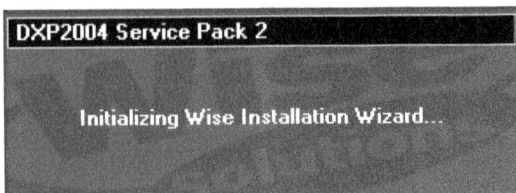

图 1-11　SP2 补丁安装进度界面

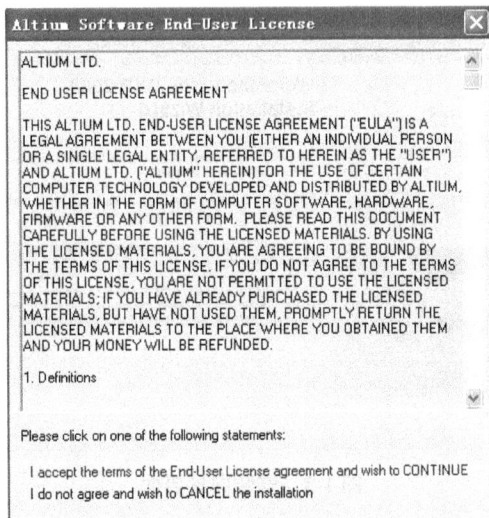

图 1-12　SP2 补丁安装授权许可对话框

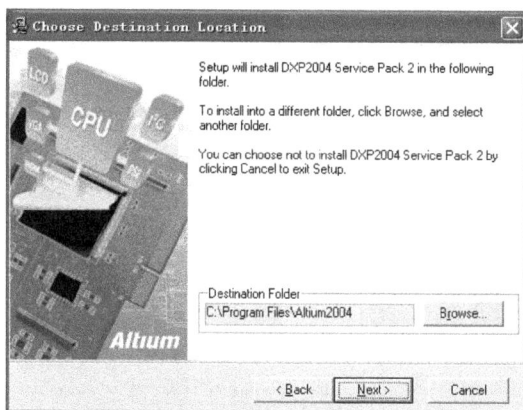

图 1-13　SP2 补丁安装路径对话框

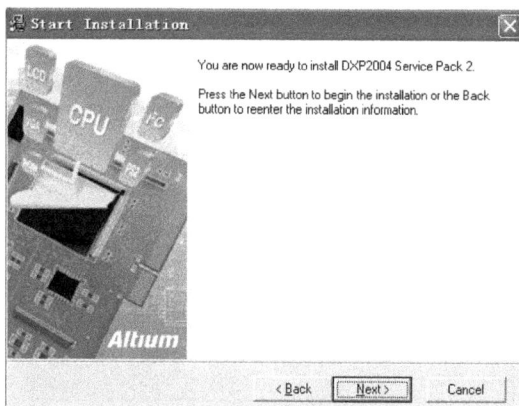

图 1-14　准备安装提示界面

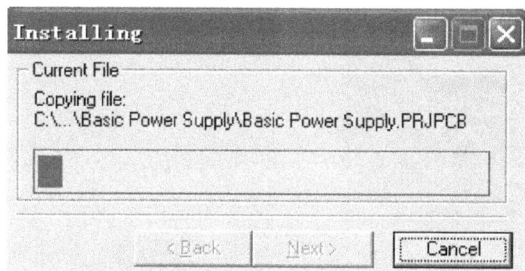

图 1-15　SP2 补丁安装进度界面

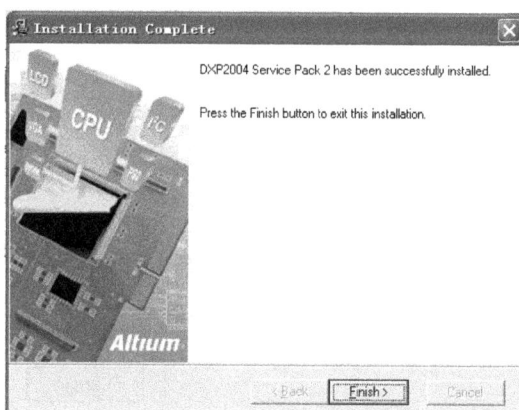

图 1-16　SP2 补丁安装结束界面

5．安装元件库。双击文件夹 Protel_DXP_2004，运行 DXP 2004 SP2_IntegratedLibraries.exe 文件，安装 SP2 元件库。单击 2 次"Next"按钮，如图 1-17～图 1-22 所示（稍等），直至出现最后的界面，单击"Finish"按钮结束。

图 1-17　SP2 元件库安装进度界面

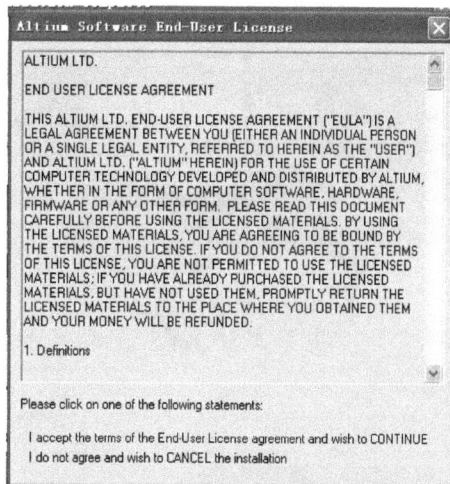

图 1-18　安装授权许可对话框

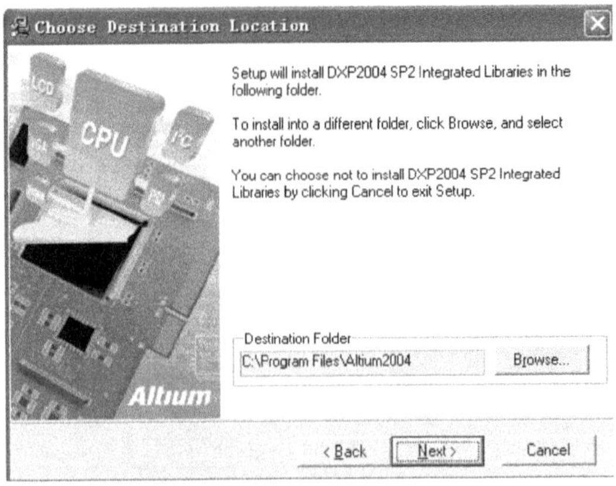

图 1-19　安装目录文件对话框

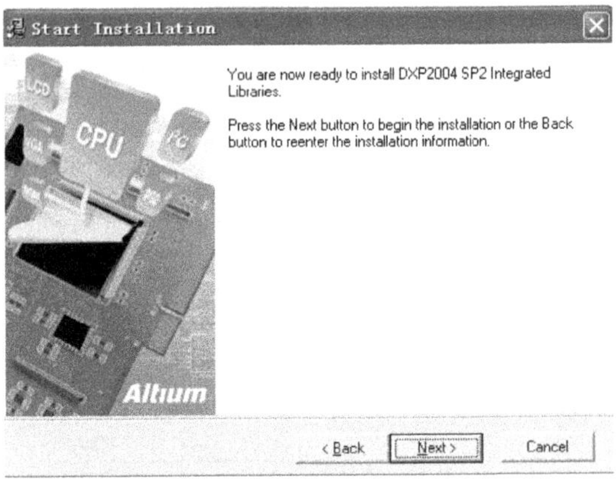

图 1-20　准备安装提示界面

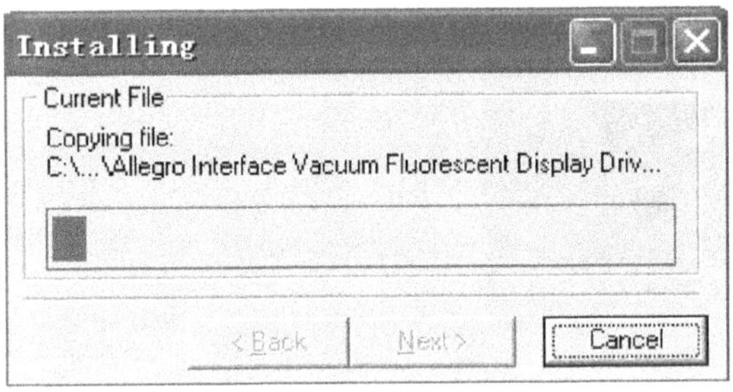

图 1-21　安装进度界面

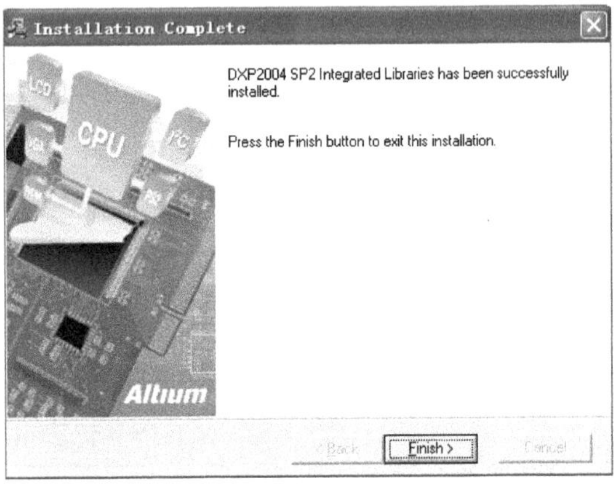

图 1-22　SP2 补丁安装成功提示对话框

6．中英文版本的转换。

选择"开始→所有程序→DXP 2004"命令，如图 1-23～图 1-25 所示。打开 Protel DXP 2004 软件，在左上角"DXP"菜单下的"Preference"菜单项里，选中"Use localized rescources"，如图 1-25 所示，单击"OK"按钮。关闭 Protel DXP 2004 软件，重新打开此软件变成为简体中文版本。

图 1-23　程序开启界面

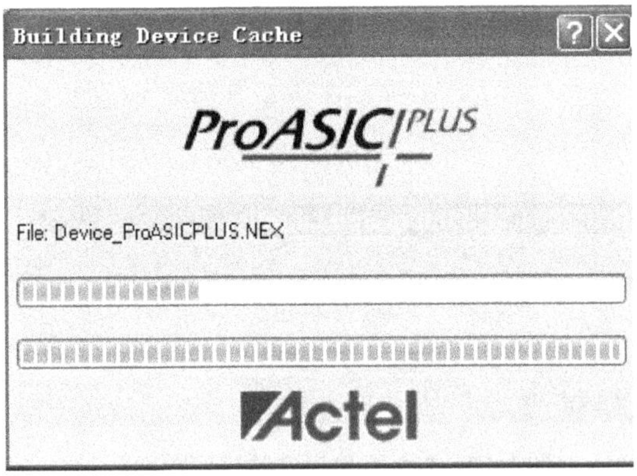

图 1-24　汉化安装进度界面

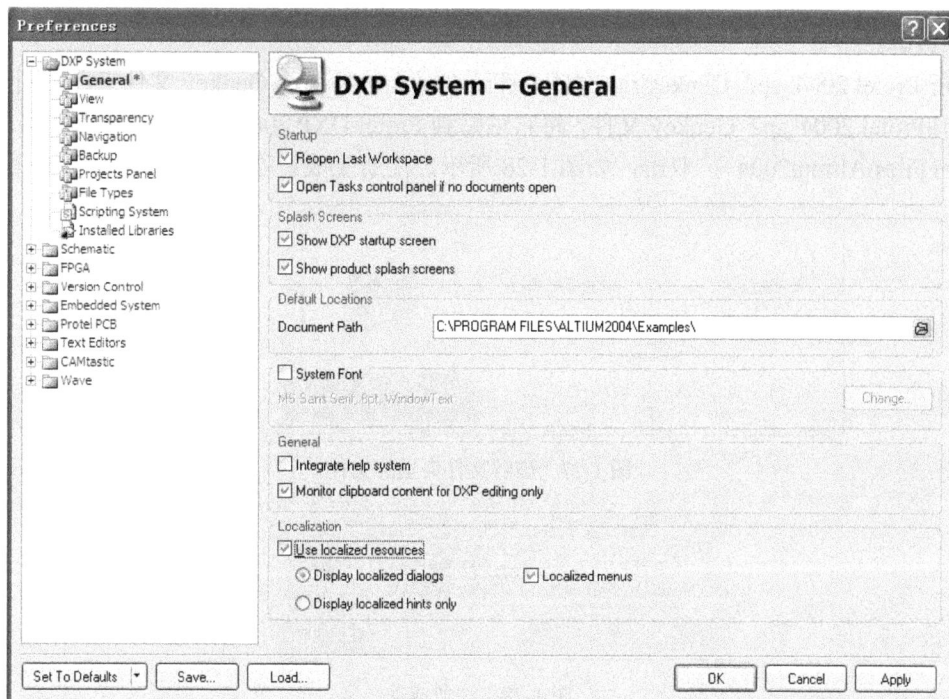

图 1-25 汉化菜单选项

在简体中文版中，选择菜单"DXP→优先选定"命令，取消选择"使用经本地化的资源"复选框，单击"确认"按钮，如图 1-26 所示。重新打开 Protel DXP 2004 软件后，菜单变成为英文。

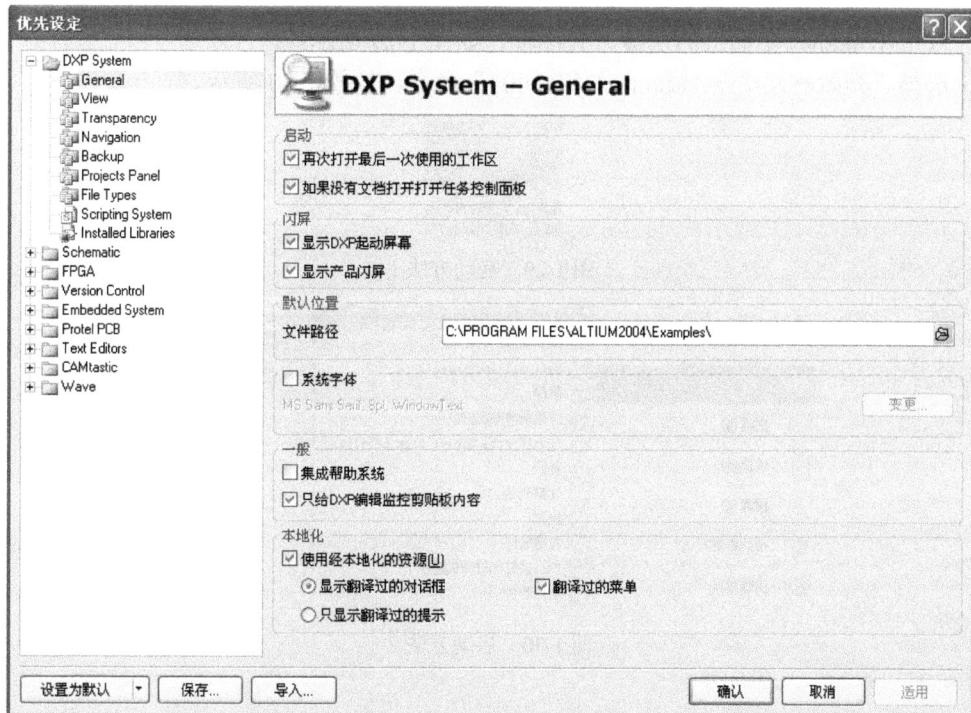

图 1-26 变英文菜单选项

7. 破解。

解压 Protel 2004_sp2_Genkey.rar 文件。打开 Protel 2004_sp2_Genkey 文件夹,如图 1-27 所示。复制 Protel 2004_sp2_Genkey 文件,将它粘贴到 Protel DXP 2004 的安装目录里(路径为 C:\Program Files\Altium2004),双击,如图 1-28 所示,注册生成。

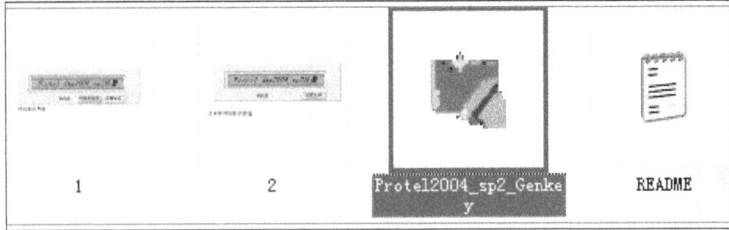

图 1-27 破解文件夹里的文件

图 1-28 注册成功

8. 安装成功!

第2步 启动 Protel DXP 2004 软件

Protel DXP 2004 软件启动后的主界面如图 1-32 所示。启动 Protel DXP 2004 软件有三种方法。

1. 双击 Windows 桌面上的快捷方式图标,如图 1-29 所示。

2. 选择"开始→程序→Altium→DXP 2004"命令,如图 1-30 所示。

图 1-29 启动方法 1

图 1-30 启动方法 2

图 1-31　启动方法 3

3．选择"开始→DXP 2004"命令，如图 1-31 所示。打开的 Protel DXP 2004 软件主页面如图 1-32 所示。

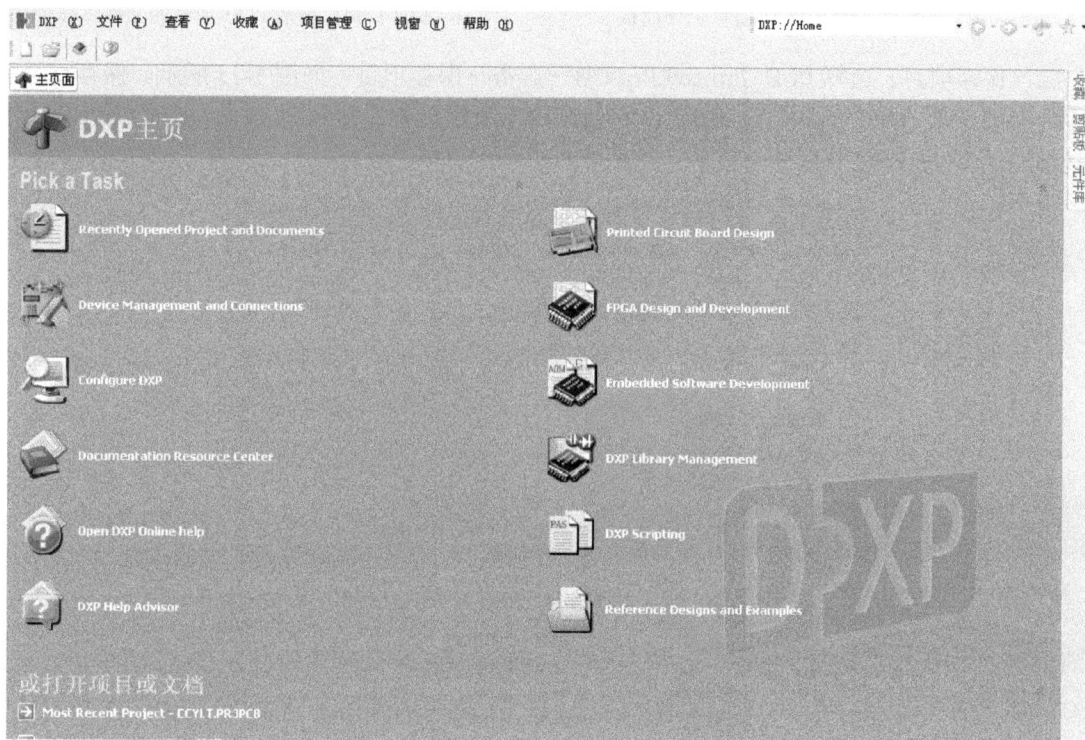

图 1-32　Protel DXP 2004 软件主页面

第 3 步　新建项目

在 Protel DXP 2004 软件中，项目文件是各类设计文件的管理者。当用户打开一个项目时，项目中的文件将同时出现在项目的下一级文件夹中。创建项目文件和设计文件后，一定要保存，其具体操作步骤如下。

1．新建 PCB 项目。选择"文件→创建→项目→PCB 项目"命令，如图 1-33 所示。新建一个名为 PCB_Projectl.PrjPCB 的 PCB 项目文件，显示在文件面板上，如图 1-34 所示。

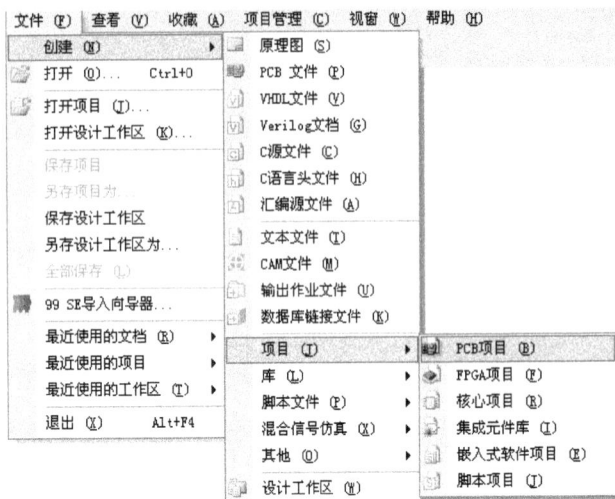

图 1-33　新建 PCB 项目工作面板

图 1-34　新建 PCB 项目的文件工作面板

2．保存项目。选择 PCB_Projectl.PrjPCB→右击→保存项目，如图 1-35 所示。保存路径为 D:\姓名\设计入门命令.PrjPCB。如图 1-36、图 1-37 所示，将文件名 PCB_Project1.PrjPCB 命名为设计入门命令.PrjPCB。

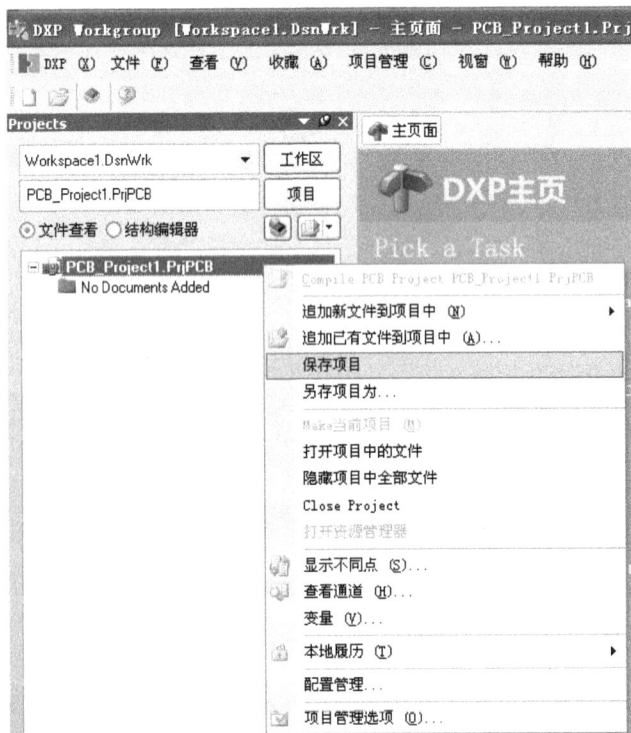

图 1-35　保存新建 PCB 项目工作面板

图 1-36 按路径要求保存 PCB 项目

图 1-37 命名新建的 PCB 项目

3．新建原理图。选择"文件→创建→原理图"命令，新建了一个名为 Sheet 1.SCHDOC 的原理图设计文件，显示在"设计入门.PRJPCB"下方，如图 1-38 所示。

4．保存原理图。选择"文件→保存"命令，在弹出的对话框中，将原理图设计文件保存为"设计入门.SCHDOC"。

图 1-38 新建原理图文件的工作面板

图 1-39 命名新建原理图文件工作面板

5．新建 PCB 文件。选择"文件→创建→PCB 文件"命令，新建了一个名为 PCB1.PcbDoc 的 PCB 文件，显示在"设计入门.PRJPCB"下方，如图 1-40、图 1-41 所示。

图 1-40 新建 PCB 文件的工作面板

图 1-41 命名新建 PCB 文件工作面板

6. 保存项目。右击，保存项目，如图 1-42 所示。

图 1-42 保存"设计入门.PRJPCB"项目

第 4 步 原理图设计环境的设置

1. 设置原理图图纸参数。

选择命令菜单：打开"设计入门.SCHDOC"原理图文件，选择"设计→文档选项"命令，如图 1-43 所示。

图 1-43 原理图图纸参数设置

（1）图纸大小设置：在"标准风格"下拉列表框中，选择图纸大小为 A4。

（2）图纸方向设置：选项方向选择"Landscape"，即水平横向；选项方向选择"Portrait"，即垂直纵向。

（3）图纸颜色设置：边缘色为黑色，颜色号为 3；图纸颜色为白色，颜色号为 233。

（4）栅格和捕获的设置：栅格即电路图纸上的网格；捕获即光标每次移动的距离。网格捕获栅格为 5，可视栅格为 10。

（5）电气捕获的设置：捕获的有效范围为 5。若"有效"复选框没有选中，则电气栅格无效。

（6）系统字体设置：单击"改变系统字体"按钮，设置系统字体为宋体、字号为 12、黑色。

（7）图纸明细表设置：图纸明细表显示方式选择"Standard"，即标题栏为普通标准格式，如图 1-44 所示；图纸明细表显示方式选择"ANSI"，即美国标准格式，如图 1-45 所示；去掉图纸明细表前的"√"号，即无标题栏，可以自定义。

Title	标题				
Size A4	Number	文档号		Revision	版本号
Date:	2017-4-8	日期	Sheet of		第几页
File:	文件名及其路径		Drawn By:		制图者

图 1-44 标准格式（Standard）标题栏和填写说明

标题				
制图者				
Size A4	FCSM No. 复制号	DWG No. 图纸号		Rev 版本号
Scale		比例	Sheet	第几页 共几页

图 1-45 美国国家标准模式（ANSI）标题栏和填写说明

2. 按任务要求画标题栏。去掉图纸明细表前的"√"号；选择"放置→描画工具→直线"命令，绘制标题栏；选择"放置→文字字符串"命令，完成标题栏，如图 1-46 所示。

学生信息	姓 名	
	学 号	
	班 级	
校 名		
系 名		
电路名称		
项目编号	指导教师	

$7 \times 20 = 140$

$4 \times 50 = 200$

图 1-46 标题栏设置

3. 保存操作结果。

4. 模板制作：将原理图文件另存为"mydot1.SCHDOT"。

内容小结

1．在 Protel DXP 2004 软件中，是以项目设计文件为单位进行项目设计和管理的，用户可以对各种设计文件进行打开、关闭、保存和删除等操作。

2．在原理图设计之前，必须要对原理图设计环境进行设置。原理图设计环境的设置主要包括窗口设置、图纸设置、网格和电气捕获的设置、系统字体的设置、文档组织的设置，以及标题栏的设置。

上机实训

1．课内操作题。

（1）按正确的步骤安装 Protel DXP 2004 软件。

（2）新建 PCB 项目，保存到 D 盘以你的姓名命名的文件夹下，将该项目保存为"项目一.PRJPCB"。

（3）新建原理图设计文件，图纸环境设置要求如下。

图纸设置：命名为"项目一.SCHDOC"，图纸大小为 A3，水平放置，工作区颜色为 233 号色，边框颜色为 63 号色。

栅格设置：设置捕获栅格为 5，可视栅格为 8。

字体设置：设置系统字体为 Taboma，字号为 8，带下画线。

标题栏设置：用文字字符串设置 Drawn By 为"职教生"，字体为仿宋体，字号为 9、颜色为 223 号色；标题为"我的设计"，字体为华文彩云，字号为 14，颜色为 221 号色。

标题栏样图如图 1-47 所示。

（4）向"项目一.PRJPCB"设计项目中添加"项目一.SCHDOC"原理图文件。

（5）保存操作结果。

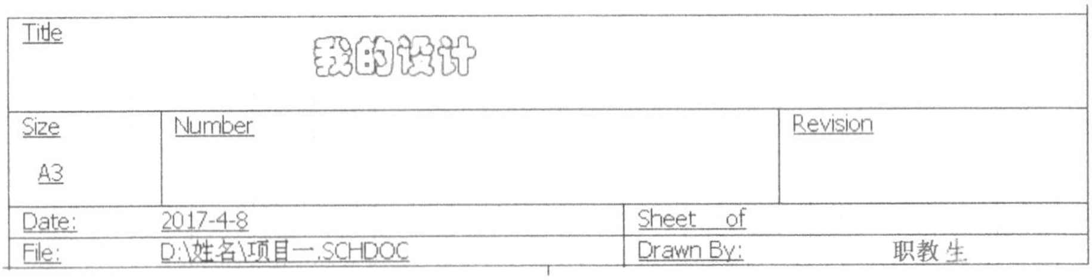

Title	我的设计		
Size	Number		Revision
A3			
Date:	2017-4-8	Sheet of	
File:	D:\姓名\项目一.SCHDOC	Drawn By:	职教生

图 1-47　标题栏样图

2．课外操作题。

（1）职业技能鉴定考点一样题。

1）在监考人员指定的硬盘驱动器下建立一个考生文件夹，文件夹名称以本人的准考证后 8 位阿拉伯数字来命名（如：准考证 651212348888 的考生以"12348888"命名建立文件夹）。

2）在指定根目录下新建一个以自己名字拼音命名的设计文件，如考生陈大勇的文件名为"CDY.PRJPCB"。

3）在考生的设计文件下新建一个模板文件，文件名为"mydot2.SCHDOT"。

设置图纸大小为 A4，水平放置，工作区颜色为 18 号色，边框颜色为 3 号色。

绘制自定义标题栏样式，依照如图 1-48 所示尺寸及格式画出标题栏（尺寸单位为：mil），其中边框直线为小号直线，颜色为 3 号，文字大小为 16 磅，颜色为黑色，字体为仿宋_GB2312。

填写标题栏内文字（注：考生单位一栏填写考生所在单位名称，无单位者填写"街道办事处"）。

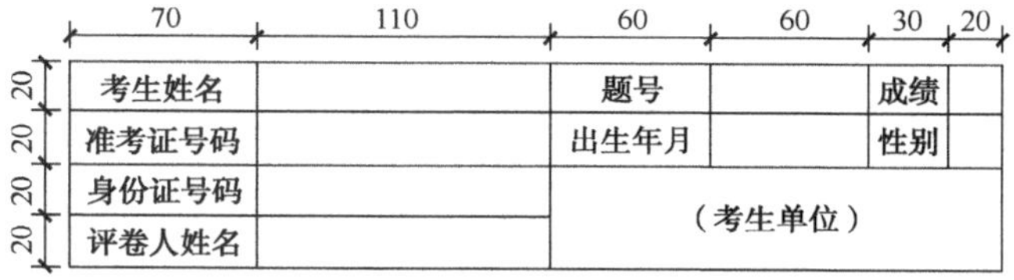

图 1-48　标题栏样式

[操作说明] Protel DXP 2004 软件有公制单位系统和英制单位系统。使用公制单位有 cm、mm、m，用 mm 作单位标注尺寸时，单位一般省略标注；使用英制单位有 mil、in；它们的相互关系为 1in＝25.4mm，1mil＝1/1000in，1mil＝0.0254mm。

（2）职业技能鉴定考点一（10%）评分表（见表 1-1）。

表 1-1　文件保存及原理图模板制作评分表

文件夹名称（1分）	文件名称（1分）	文件保存位置（1分）
模板制作（3分）	模板调用（2分）	标题栏及考生信息（2分）

项目二

电源电路原理图的绘制

电路原理图的设计是电子线路设计的第一步,设计电路原理图要求如下:电路正确,布局合理,美观简洁。

下面通过一个简单的电源电路来叙述绘制一个原理图的过程。

学习目标

☆ 学会新建、保存原理图文件。

☆ 掌握设计项目和文件的关系。

☆ 掌握查找和放置元器件,并设置元器件的属性。

☆ 掌握使用导线连接元器件,并学会放置电源和接地符号。

教学方式

教学节奏		教学方式
教学项目	课时安排	
教师讲授	2	重点讲授绘制电路原理图的工具和方法
学生上机	4	教师指导学生实际操作,运用绘制原理图的工具绘制一个实际的电路原理图

训练任务

本项目需要完成的任务是绘制一张简单的电源电路图,要求使用 Protel DXP 2004 软件绘制如图 2-1 所示电路,7805 为三端稳压器件。

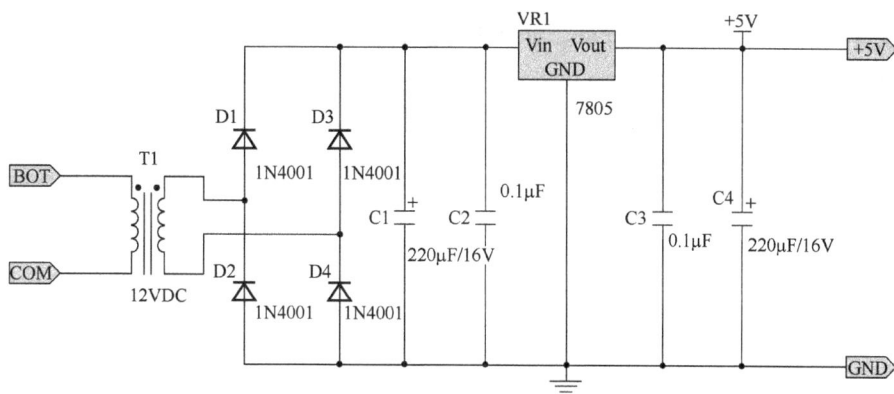

图 2-1　直流稳压电源电路图

执行步骤

第 1 步　原理图设计环境的设置

1. 在"D:/姓名"文件夹下，创建项目，并更名为"项目二.PrjPCB"。

2. 向设计项目中添加原理图设计文件：在设计项目"项目二.PrjPCB"上右击，选择"追加已有文件到项目中"，如图 2-2 所示。按路径追加作业原理图文件"项目一.SCHDOC"，如图 2-3 所示。采用这样的方法也可以向设计项目中添加其他类型的文件。

图 2-2　向设计项目中添加原理图设计文件　　图 2-3　追加"项目一．SCHDOC"工作面板

3. 将标题栏中的"我的设计"改为"电源电路图"，将"职教生"改为"学生姓名"。

4. 将文件另存为"电源电路图.SCHDOC"，如图 2-4 所示。

图 2-4　更名为"电源电路图．SCHDOC"工作面板

第 2 步　元件的查找和放置

1. 显示整个文档。选择"查看→显示整个文档"命令；或在图纸上右击，在弹出的菜单

中选择"查看→显示整个文档"命令。整个电路原理图图纸显示在整个窗口中。

2. 加载 Miscellaneous Devices.Intlib 元件库。单击"元件库 1→元件库 2→安装→选中 Miscellaneous Devices→打开→关闭",如图 2-5～图 2-8 所示。

图 2-5   元件库面板

图 2-6   没有安装元件库的可用元件库对话框

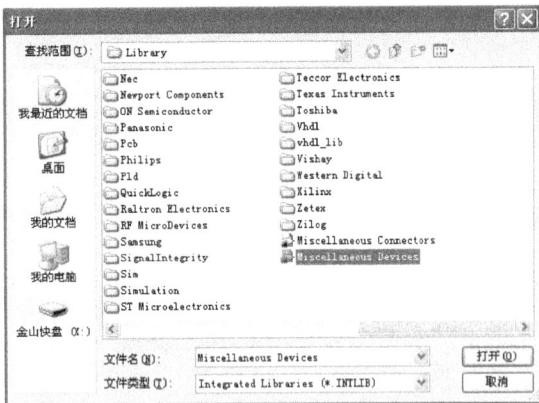

图 2-7   选择 Miscellaneous Devices
            元件库路径

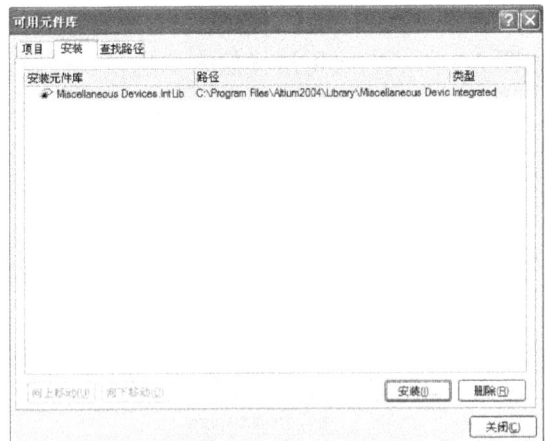

图 2-8   已经选中 Miscellaneous Devices
            元件库的可用元件库对话框

3. 打开元件库。单击窗口右侧的标签项"元件库 1",打开"元件库"面板,如图 2-5 所示;或选择"查看→工作区面板→System→元件库"命令,打开或关闭元件库,如图 2-9 所示。

4. 选择 Miscellaneous Devices 为当前元件库。从"元件库"面板上方的"库"下拉列表中选择 Miscellaneous Devices.Intlib,使之成为当前的元件库,所有元件显示在其下方的列表框中,如图 2-10 所示。

5. 查找元件,并放置。如图 2-11 所示,电源电路原理图所需元件的标识符和属性如表 2-1 所示。

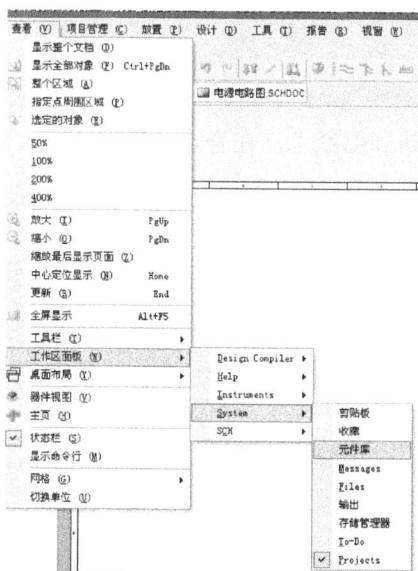

图 2-9　打开或关闭元件库

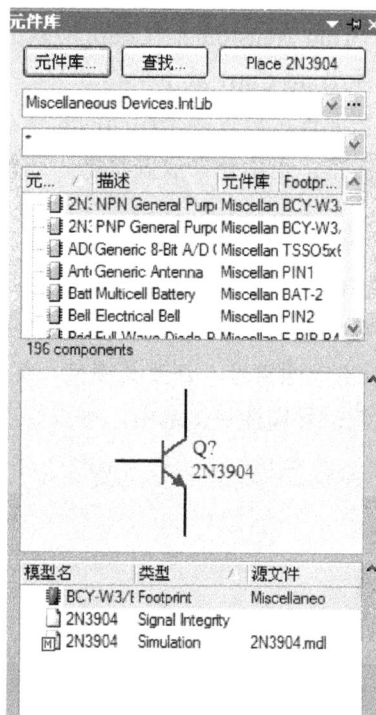

图 2-10　元件列表图

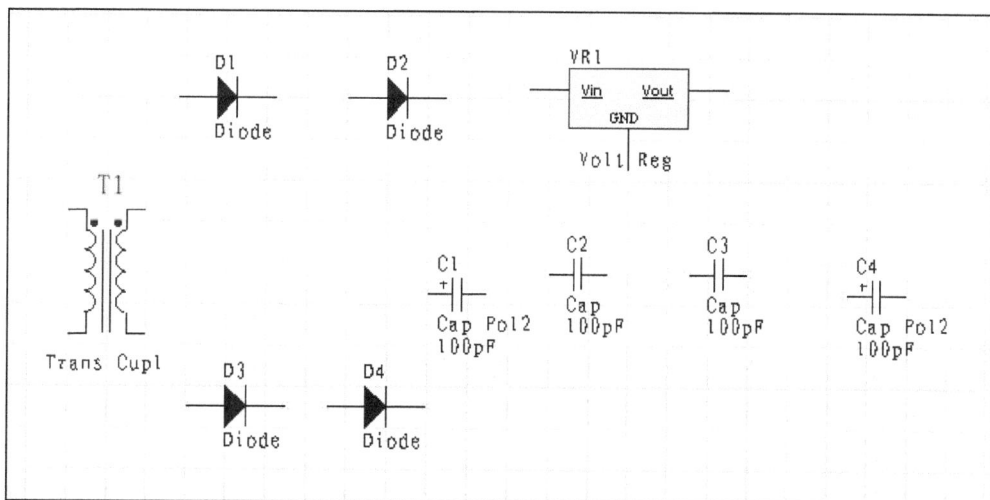

图 2-11　在原理图上放置元件

表 2-1　电源电路各元件的标识符和属性

标识符	参数值或注释	库参考名称
T1	DC12V	Trans Cup1
D1~D4	1N4001	Diode 1N4001
C1、C4	220μF/16V	Cap Pol2
C2、C3	0.1μF	Cap
VR1	7805	Volt Reg

双击"Tran Transfomer（Coupl Miscellan TRF 4）"，移动鼠标到图纸上，在合适的位置单击，即可将元件 Trans Cup1 放下来。

如果需要连续放置多个相同的元件，则可以在放置完一个元件后单击连续放置，放置完毕后，可以右击，退出元件放置状态，或按"Esc"键。

第3步 电源符号的使用

1．选择"放置→电源端口"命令，将鼠标移动到图纸上，在合适的位置单击，即可将电源符号放下来。

2．双击电源符号，修改其属性，如图 2-12、图 2-13 所示。

在电源符号属性对话框中，可以修改其名称、颜色、坐标位置、放置角度、显示形式。

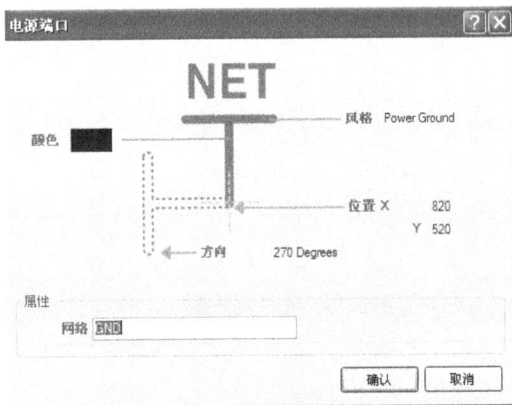

图 2-12　修改成接地属性　　　　图 2-13　修改成电源属性

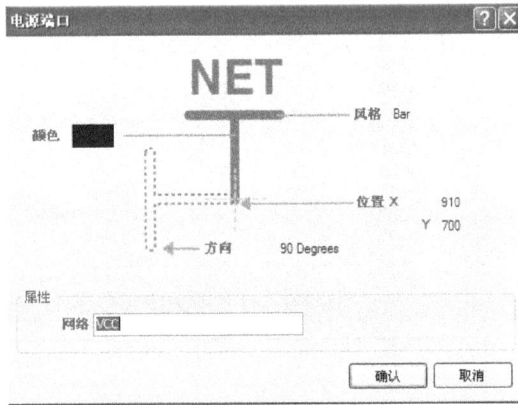

第4步 元件布局和导线连接

1．元件的放置。二极管和电容需要旋转方向，可以在放置过程中（或选中该元件）按空格键，每按一次空格键，元件旋转 90°。

选中一个或多个元件，按下鼠标左键不放，即可拖动，拖动到合适位置再松开。

在拖动元件时，按"X 或 Y"键，可以实现水平或垂直方向的翻转。

2．元件的排列与布局。四只二极管两两垂直分布、水平分布，四只电容两两水平分布。元件的布局如图 2-14 所示。

3．使用导线连接元器件。选择"放置→导线"命令，将鼠标移动到图纸中三端稳压器 VR1 左侧上引脚处（出现红色的"×"时）单击"确定起点"；鼠标移动到二极管 D 的上侧引脚处（出现红色的"×"时）单击"确定终点"；右击或按"Esc"键退出绘制导线状态。

4．在绘制导线过程中，可以在拐弯处单击"确定拐点"；按下"Tab"键，弹出"导线属性"对话框，可以设置导线的颜色和宽度。

所有元件连接后的效果如图 2-15 所示。

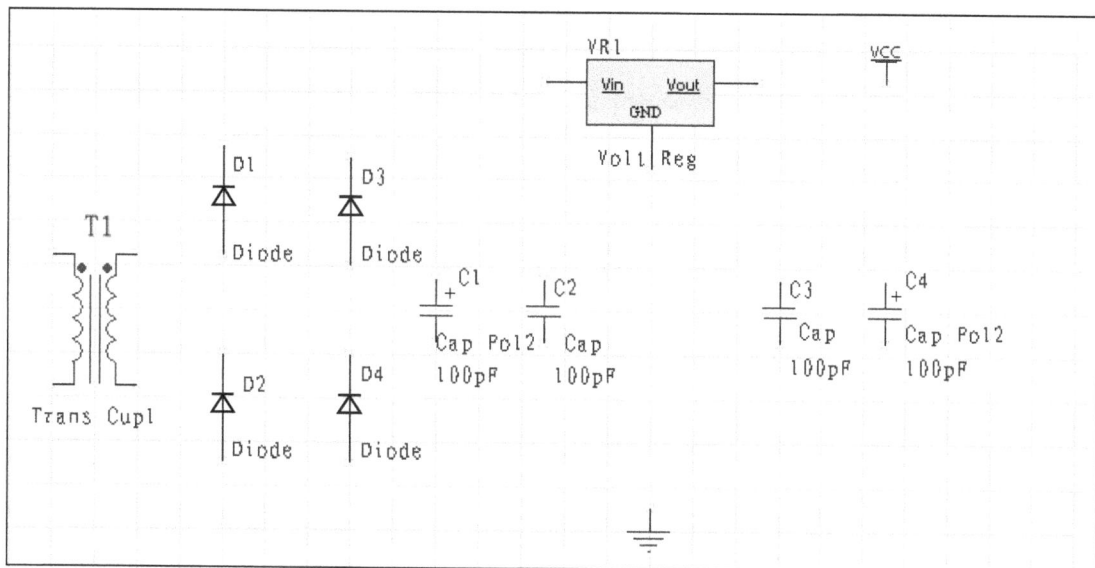

图 2-14 原理图的元件布局

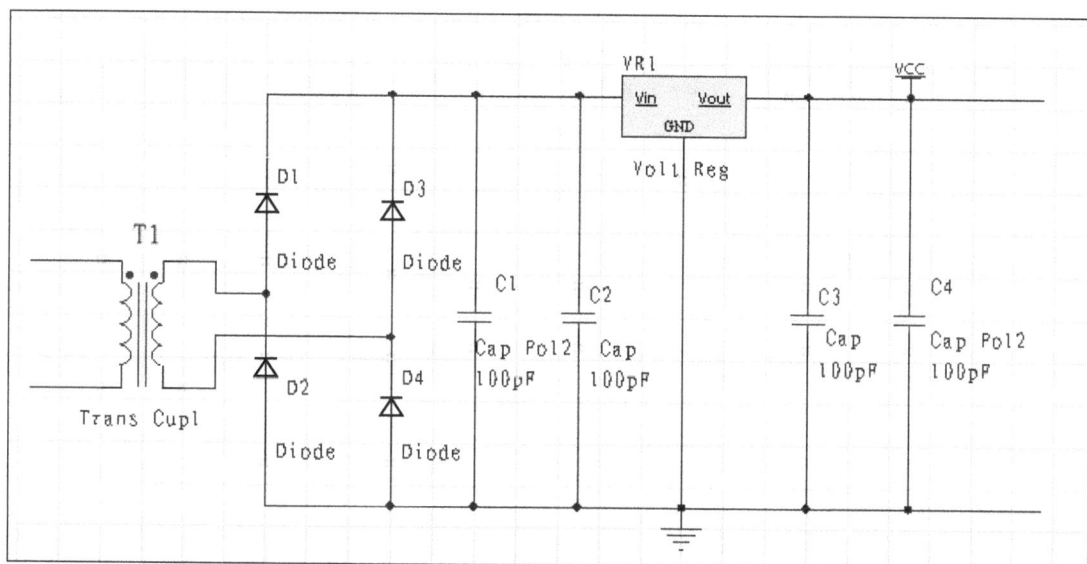

图 2-15 所有元件连接后的效果

第 5 步 输入/输出端口的使用

1. 选择"放置→端口"命令，或单击连线工具栏中的 图标，光标变成"米"字形状，选定端口的位置，单击鼠标左键，移动鼠标将端口调整到合适大小，单击左键，即完成一个端口的放置。

2. 编辑输入/输出端口。用鼠标左键双击端口，弹出端口属性对话框，进行端口风格、端口长度、端口边线颜色、端口文字颜色和排列、端口名称、端口电气特性"I/O 类型"的设置，如图 2-16～图 2-20 所示。

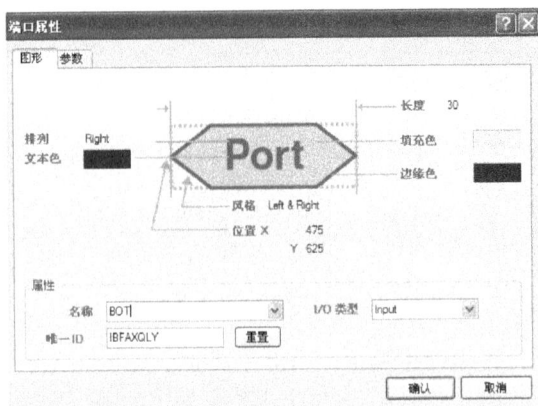

图 2-16 编辑 BOT 端口

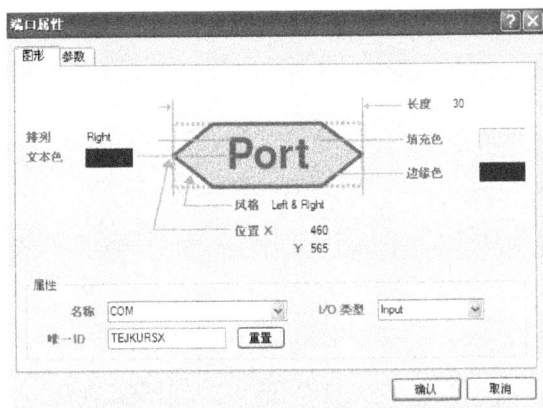

图 2-17 编辑 COM 端口

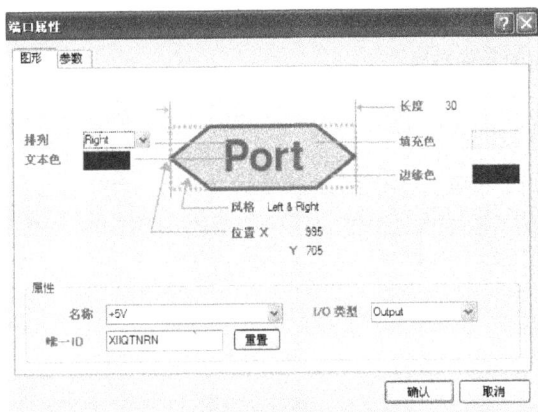

图 2-18 编辑+5V 端口

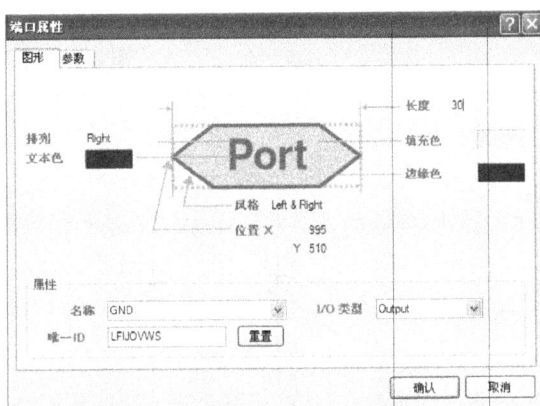

图 2-19 编辑 GND 端口

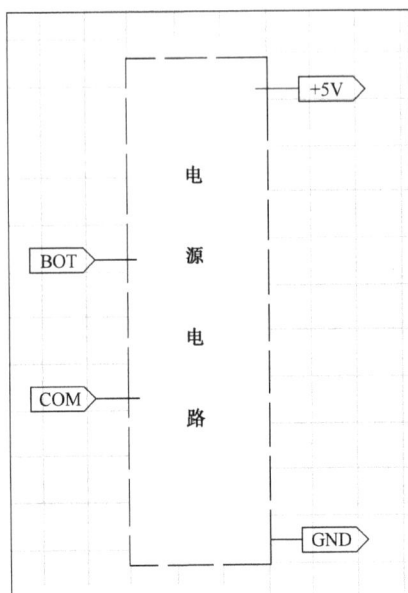

图 2-20 输入/输出端口编辑后的电路框图

第6步 编辑元件

1．元件自动编号。选择"工具→注释"命令，采用图2-21所示的编号顺序，在"处理顺序"栏中选择"Down Then Across"选项，然后单击"Reset All→OK→更新变化表→OK→接受变化→使变化生效→执行变化"。

2．编辑T1：将注释Trans Cupl改为12VDC，单击"确认"按钮。编辑VR1：将Volt Reg改为7805，单击"确认"按钮。编辑D1～D4：将注释改为1N4001，单击"确认"按钮。编辑C1、C4：将注释设为不可见，数值改为220μF/16V，单击"确认"按钮。编辑C2、C3：将注释设为不可见，数值改为0.1μF，单击"确认"按钮。编辑VCC：双击VCC，将其属性改为+5V。

3．修改文字。双击电路图上的标注符号，选择"字体→更改→仿宋_GB2312→14"选项，单击"确定"按钮，最后单击"确认"按钮。

元件编号、编辑后的电路如图2-22所示。

4．保存操作结果。

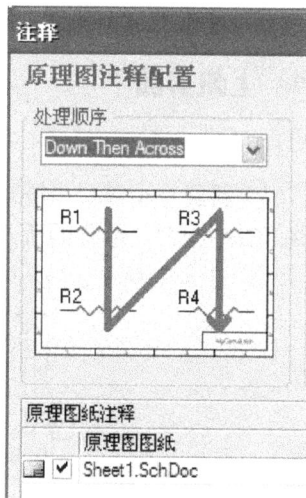

图2-21 元件编号顺序

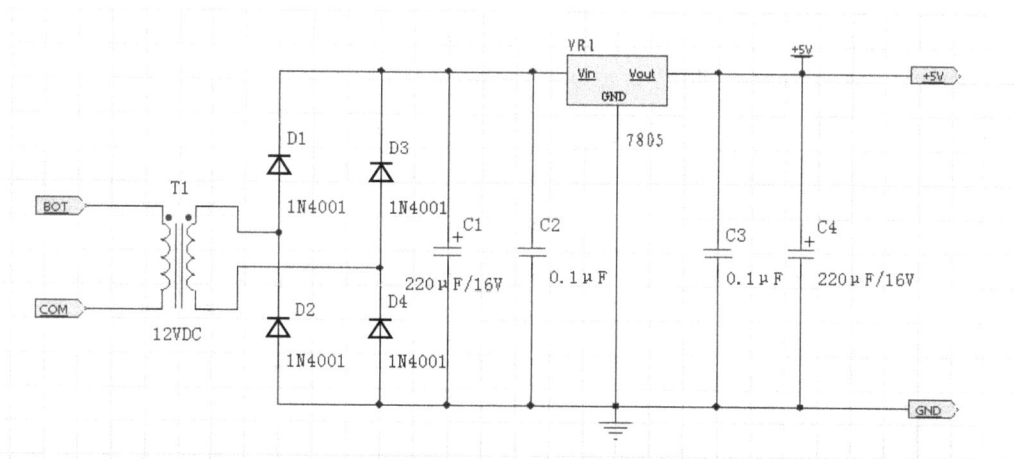

图2-22 元件编号、编辑后的电路

内容小结

绘制原理图的一般步骤如下。

1．新建设计项目和文件。

2．设置图纸参数。

3．安装所需要的元件库。

4．查找和放置元件，并设置其属性。

5．根据需要对元件进行移动、删除、翻转、对齐等编辑操作。

6．导线的连接。

7．放置电源符号。

8．保存。

绘制原理图的步骤不是固定的，在实际操作过程中，可以根据需要调整先后顺序。

上机实训

1．课内操作题。

（1）新建一个项目"桥式整流电路.PRJPCB"，在其中添加一个原理图设计文件"桥式整流电路.SCHDOC"，绘制的桥式整流电路原理图如图 2-23 所示。

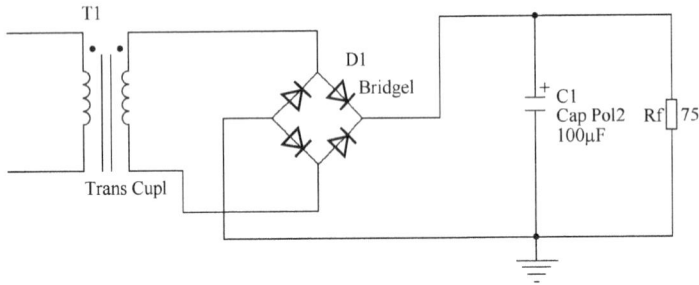

图 2-23　桥式整流电路原理图

（2）图纸环境设置要求。

图纸设置：图纸大小为 A4，垂直放置，工作区颜色为 215 号色，边框颜色为 5 号色。

栅格设置：设置捕获栅格为 6，可视栅格为 10。

字体设置：设置系统字体为方正舒体、字号为 12、字形为斜体。

标题栏设置：设置标题栏的显示方式为 ANSI，标题"桥式整流电路图"为 14 号华文仿宋体，标题栏样图如图 2-24 所示。

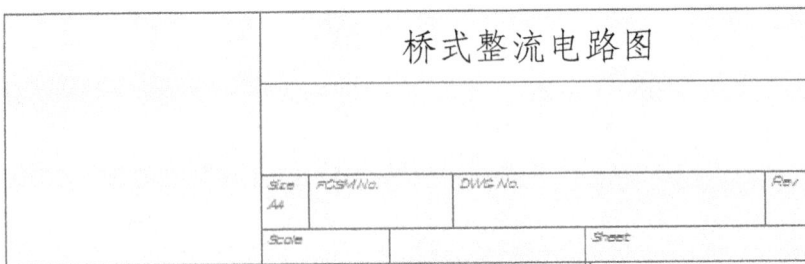

图 2-24　标题栏样图

（3）保存操作结果。

[操作提示]

桥式整流电路各元件的标识符和属性如表 2-2 所示。

表 2-2　桥式整流电路各元件的标识符和属性

标识符	值或注释	库参考	元件库
T1	Trans Cup1	Trans Cup1	
D1	Bridge1	Bridge1	Miscellaneous Devices.IntLib
C1	100μF	Cap	
Rf	75	RES2	

2．课外操作题。

（1）职业技能鉴定考点二样题。

1）在考生设计文件中调用模板 mydot2.SCHDOT，将其另存为 sheet2.SCHDOC 文件。

2）按照图 2-25 所示内容画图。

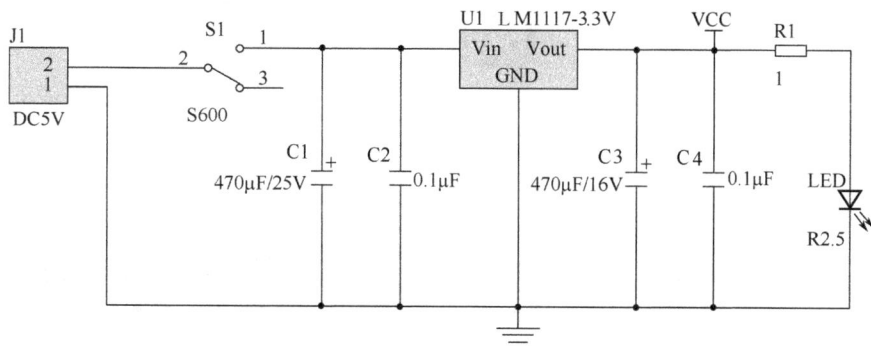

图 2-25　原理图样图

3）保存文件。

[操作提示]

在绘制原理图时，注意元件放置方向，J1 要按"X 和 Y"键进行相应的翻转，S1 要按"Y"键进行方向翻转，C1、C2、C3、C4 、LED 按空格键旋转至要求的位置。原理图样图电路各元件的标识符和属性如表 2-3 所示。

表 2-3　原理图样图电路各元件的标识符和属性

标识符	值或注释	库参考	元件库
U1	LM1117-3.3V	VoltReg	
C2、C4	0.1μF	Cap	
C1	470μF/25V	Cap Pol2	
C3	470μF/16V	Cap Pol2	Miscellaneous Connectors.IntLib
S1	S600	SW-SPDT	
R1	1k	Res2	
LED	R2.5	LED1	
J1	DC5V	Header 2	Miscellaneous Devices.IntLib

（2）职业技能鉴定考点二（7%）评分表（见表 2-4）。

表 2-4　抄画电路原理图评分表

漏画、错画元件（2分/个）	漏画、错画电线（0.5分/条）	漏标、错标元件标号（0.5分/个）
漏写、错写文字（0.5分/个）	电源、接地错误（2分/个）	漏标引脚封装（1分/个）

项目三

晶闸管控制闪光灯电路的
编译及报表的生成

在电路原理图完成后还需要进行电气规则检查（ERC），以便查出人为的错误；在绘制复杂电路的过程中，可以采用系统自动编号，以免出现元件编号重复的情况；在原理图设计完毕后，经常需要打印原理图或输出相关报表，可以方便查找数据。

下面将通过设计晶闸管控制闪光灯电路，讲解电气规则检查、设置元件编号、打印设置及各种报表的生成。

学习目标

☆ 理解电气规则检查的含义，掌握电气规则检查和排除错误的方法。
☆ 掌握对原理图中的元件重新编号的方法。
☆ 掌握设置打印属性的方法。
☆ 掌握生成原理图网络表、元件清单报表、工程层次结构图的方法。

教学方式

教学节奏		教学方式
教学项目	课时安排	
教师讲授	2	重点讲授各种报表的生成方法，特别是网络表的生成方法，学会通过网络表检查原理图
学生上机	4	教师指导学生实际操作，生成原理图报表及打印原理图

训练任务

绘制图 3-1 所示的晶闸管控制闪光灯电路，检查 ERC 错误，并根据提示修改错误，按照 Across then Up 方式自动编号，打印设置，生成网络表，生成元件清单，生成工程层次结构表。

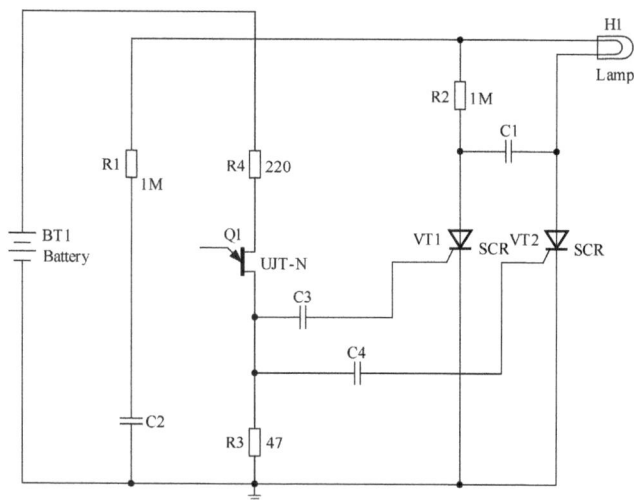

图 3-1　晶闸管控制闪光灯电路原理图

执行步骤

第 1 步　绘制电路原理图

1. 新建文件。新建项目文件"项目三.PRJPCB",并新建原理图文件,保存为"晶闸管控制闪光灯电路.SCHDOC"。

2. 绘制原理图。查找放置元件、编辑元件、设置元件属性、连接导线,如图 3-1 所示。

第 2 步　电气规则检查设置

选择"项目管理→项目管理选项"命令,如图 3-2 所示,系统弹出如图 3-3 所示对话框,对产生报告的类型进行设置。

图 3-2　菜单"项目管理→项目管理选项"命令

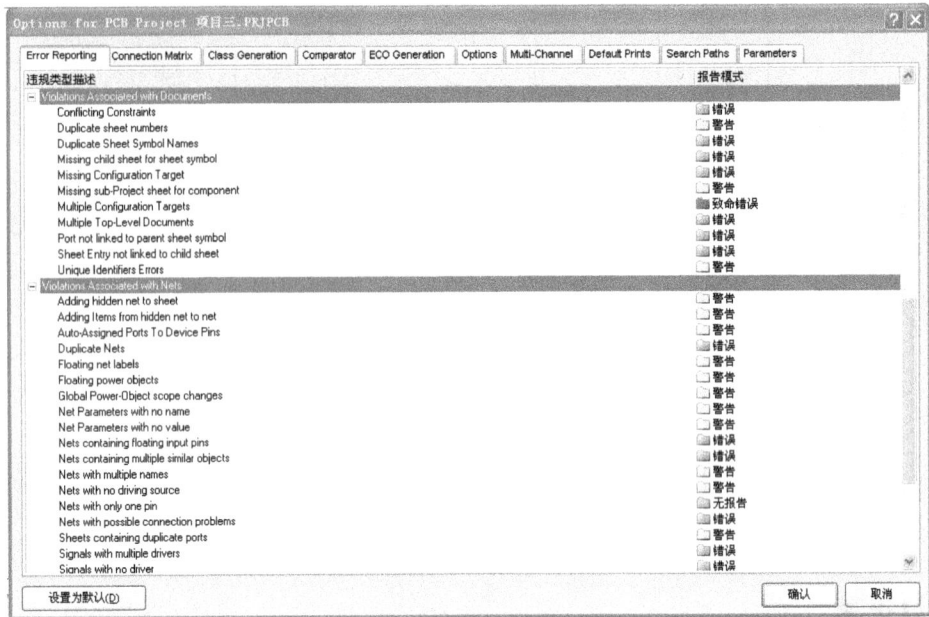

图 3-3 工程选项设置对话框

在 Error Reporting 选项卡中，可以设置所有可能出现的错误报告类型。错误报告类型分为错误（Error）、警告（Warning）、严重警告（Fatal Error）、不报告（No Report）四种。

在 Connection Matrix 选项卡中，也可以设置错误的报告类型，如图 3-4 所示。绿色表示不报告，黄色表示警告，橙色表示错误，红色表示严重错误。

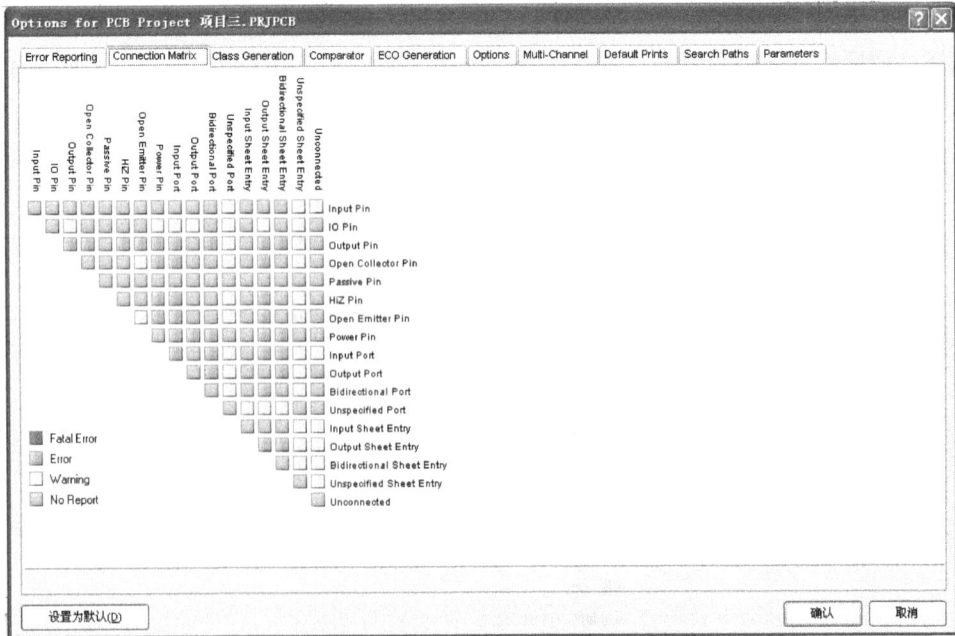

图 3-4 电气连接矩阵设置对话框

在实际使用过程中，一般采用系统的默认设置，也可以根据情况适当调整。

本项目采用系统的默认设置。

第 3 步 执行项目编译命令

选择"项目管理→Compile PCB 项目三"命令，系统弹出图 3-5 所示的 Message 提示框，提示项目中存在的问题。如果没有出现提示框，就单击位于屏幕右下角的 System 选项卡，在弹出的选项中选择 Message 标签，打开 Message 对话框。如果没有提示信息，表示编译无错。

如果 Message 对话框中有提示信息，Class 表示报告的种类，根据设计思想和原理判断并修改错误信息。

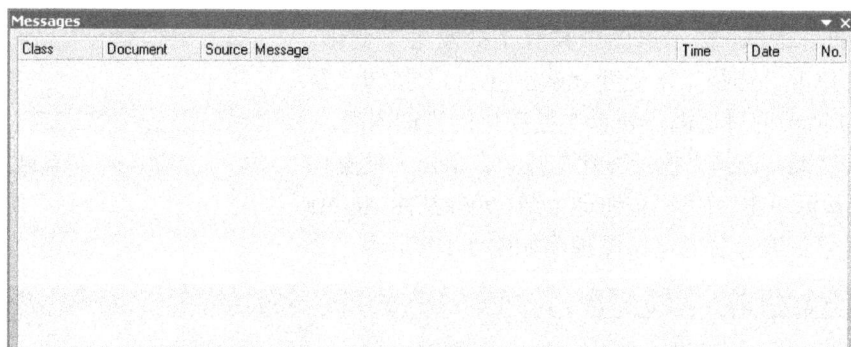

图 3-5　电气规则检查消息提示对话框

第 4 步 给元件自动编号

元件可以手工编号，但对于复杂电路，采用自动编号。本例中，按照 Across then Up 方式给晶闸管控制闪光灯电路的所有元件进行自动编号。

选择"工具→注释"命令，弹出图 3-6 所示的对话框。

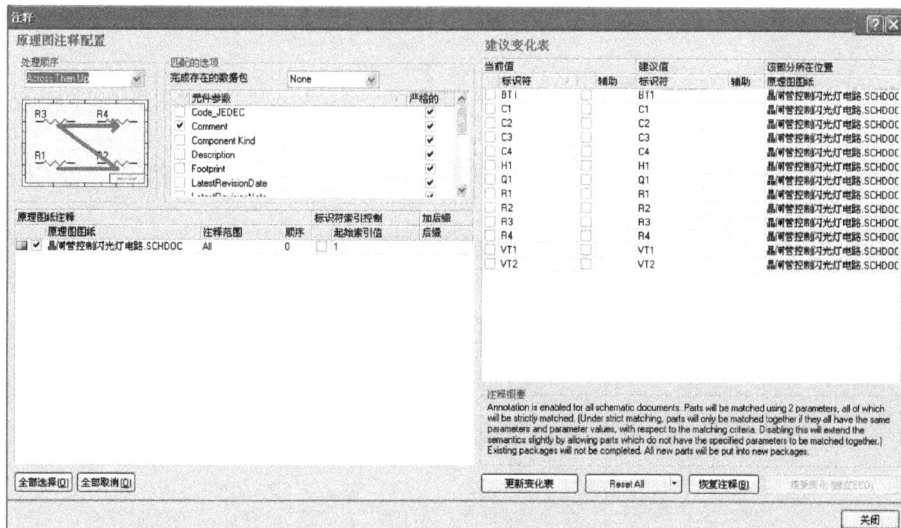

图 3-6　注释对话框

在注释对话框中，选择"Across then Up"排列方法，即从左到右、从下到上重新排列元件编号。

还有三种编号方法为 Up then Across（从下到上、从左到右重新排列元件编号）、Down then Across（从上到下、从左到右重新排列元件编号）、Across then Down（从左到右、从上到下重新排列元件编号）。

1. 重新编号。选择"Reset All"按钮，系统弹出图 3-7 所示的对话框，表示产生了 13 个变化。

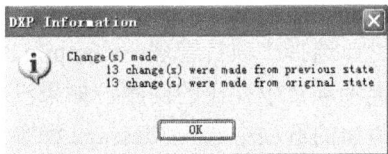

图 3-7　元件编号消除提示对话框

2. 更新编号。选择"更新变化表"按钮，系统弹出图 3-8 所示的对话框，提示原图中共有 7 处发生了变化。

3. 更新修改。选择"接受变化建立 ECO"按钮，系统弹出图 3-9 所示的对话框，表示 7 处变化的详细信息。

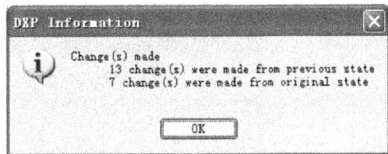

图 3-8　信息提示框

4. 确认修改。选择"执行变化"按钮，单击"使变化生效"按钮，最后单击"关闭"按钮即生效。元件按照 Across then Up 方式重新编号后的电路原理图如图 3-10 所示。

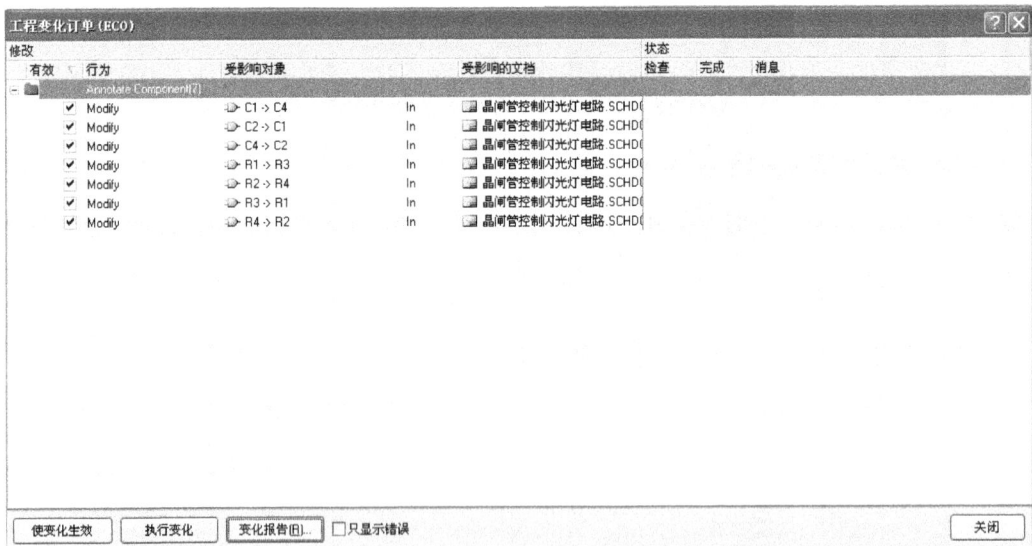

图 3-9　工程变化订单对话框

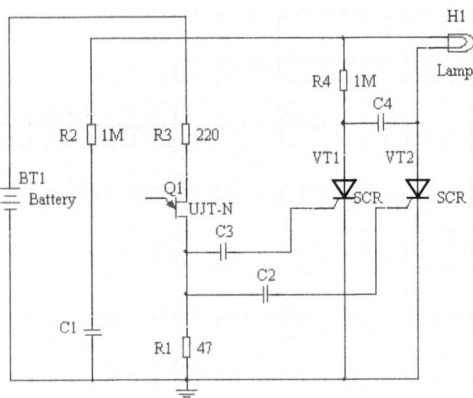

图 3-10　元件按照 Across then Up 方式重新编号后的电路原理图

第 5 步　打印输出

1. 页面设定：选择"文件→页面设定"命令，弹出图 3-11 所示的对话框，将图纸大小设置为"B5"，放置方式为"横向"，彩色组为"彩色"。

2. 打印机设置：选择"文件→打印"命令，进行图 3-12 所示的打印机配置，单击"确认"按钮后，如果连接了打印机，就可以打印了。

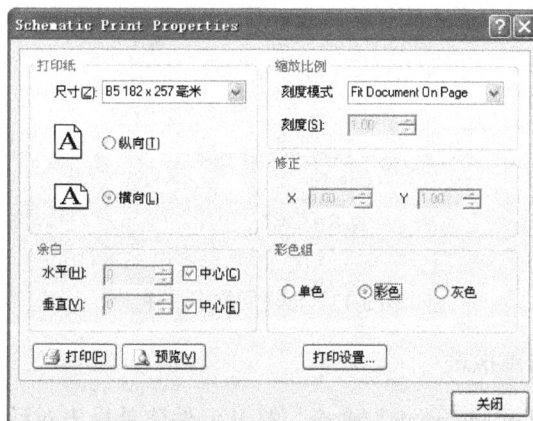

图 3-11　页面设定对话框

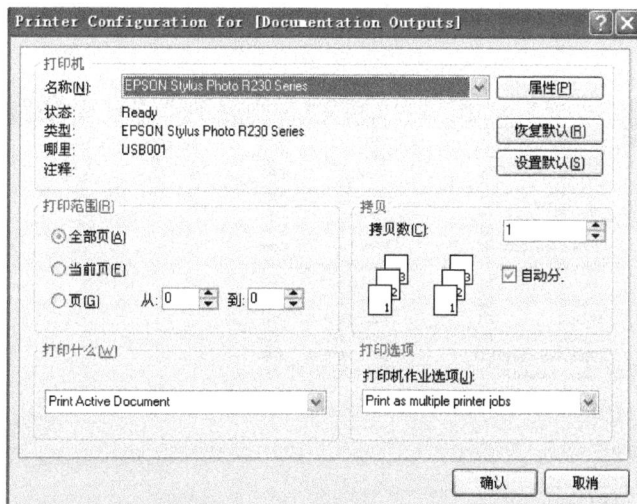

图 3-12　打印机配置对话框

第 6 步　生成网络表

打开项目文件"项目三.PRJPCB"中的原理图"晶闸管控制闪光灯电路.SCHDOC"。

选择"设计→设计项目的网络表→protel"命令，生成网络表文件为"项目三.NET"，如图 3-13 所示。

在网络表文件中，包含元件信息和元件之间的网络信息。

网络表前面部分的"[ ]"中列出的是元件信息，网络表后面部分的"（）"中列出的是元件之间的网络信息。

元件声明部分重点检查元件的标号是否输入，各元件的标号是否重复，元件封装是否正确；

网络声明部分包含元件引脚之间的连接关系，处于同一网络中的元件引脚是连接在一起的。如果原理图中指定了网络名，则使用原理图中指定的网络名。如果没有指定网络名，则有软件自己定义。

如果网络表查出错漏，必须回到原理图文件进行修改，直至无误为止。

图3-13 创建网络表文件

第7步 生成元件清单报表

1. 选择"报告→Bill of Materials"命令，打开元件清单报表对话框，如图3-14所示。
2. 单击"报告"按钮，弹出报告预览对话框，如图3-15所示。
3. 单击"输出"按钮，弹出输出对话框，如图3-16所示，选择保存位置，所保存的文件名为"项目三.xls"。

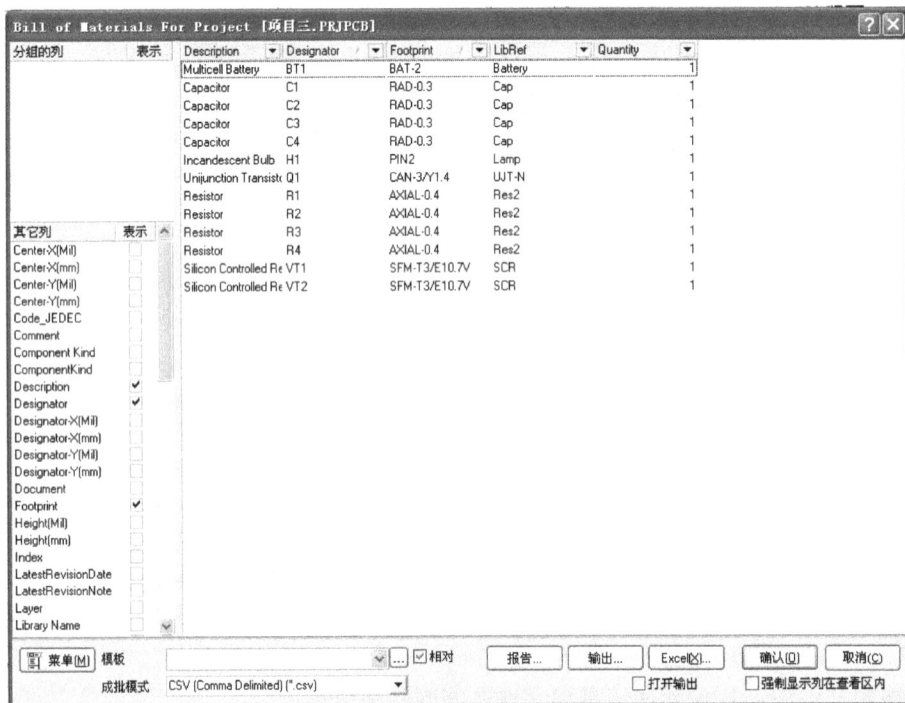

图3-14 元件清单报表对话框

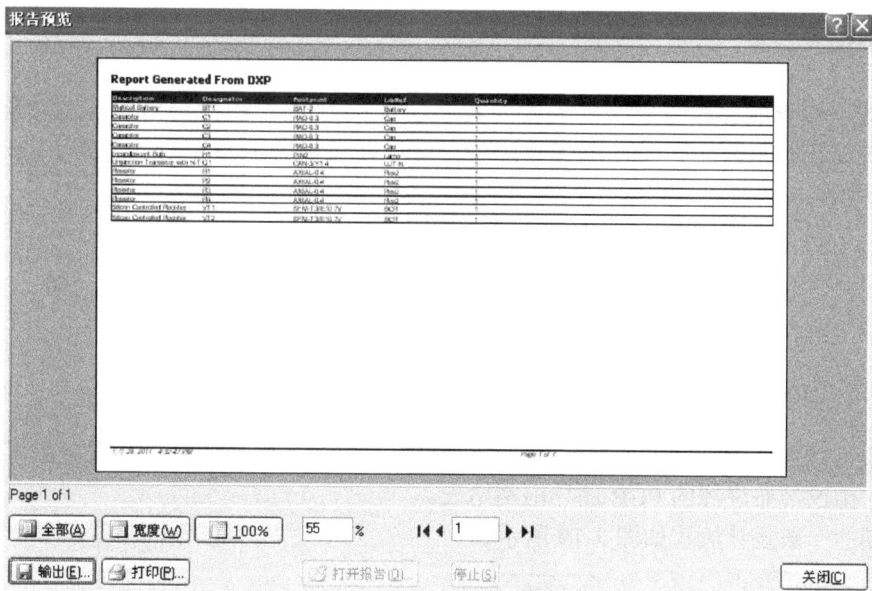

图 3-15　报告预览

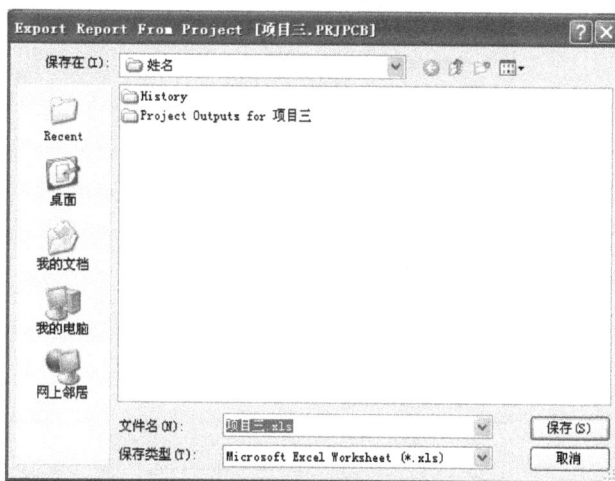

图 3-16　输出对话框

第 8 步　生成工程结构图

选择"报告→Report Project Hierarchy"命令，可生成工程结构图，如图 3-17 所示，文件名为"项目三.REP"。

```
|------------------------------------------------------------
Design Hierarchy Report for 项目三.PRJPCB
-- 2017-4-9
-- 下午 05:19:51
|------------------------------------------------------------

晶闸管控制闪光灯电路3-10     SCH        (晶闸管控制闪光灯电路3-10.SCHDOC)
```

图 3-17　工程结构图

内容小结

电气规则检查能够检查出一些人为的疏忽，但 ERC 并不能检查出原理图功能结构方面的错误。在设计时，假如某元件不需要连接，可以在该地方放置一个"忽略 ERC"检查点，如图 3-18 所示。

图 3-18　放置"忽略 ERC"检查点工具栏

网络表可以由原理图文件直接生成，可以在文本编辑器中手动编辑完成。也可以在 PCB 编辑器中，由已经布好线的 PCB 图导出网络表。

原理图的一般设计流程如图 3-19 所示。

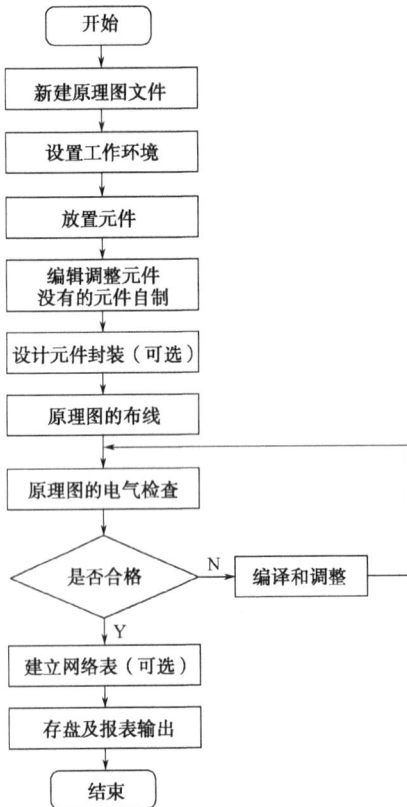

图 3-19　原理图的一般设计流程

上机实训

1. 课内操作题。

以项目二课内操作题绘制的桥式整流电路（如图 2-23 所示）为研究对象，按照如下要求进行操作。

（1）对原理图进行电气规则检查，并排除找出的错误，掌握忽略 ERC 工具的使用。

（2）对原理图中包含的所有元件重新编号。

（3）进行打印设置。

（4）生成网络表。

（5）生成元件清单。

（6）生成工程层次结构表。

2. 课外操作题。

（1）职业技能鉴定考点三样题。

在考生的设计数据库文件夹中，按照图 3-20 所示的原理图样图画图，将原理图生成网络表，保存文件。

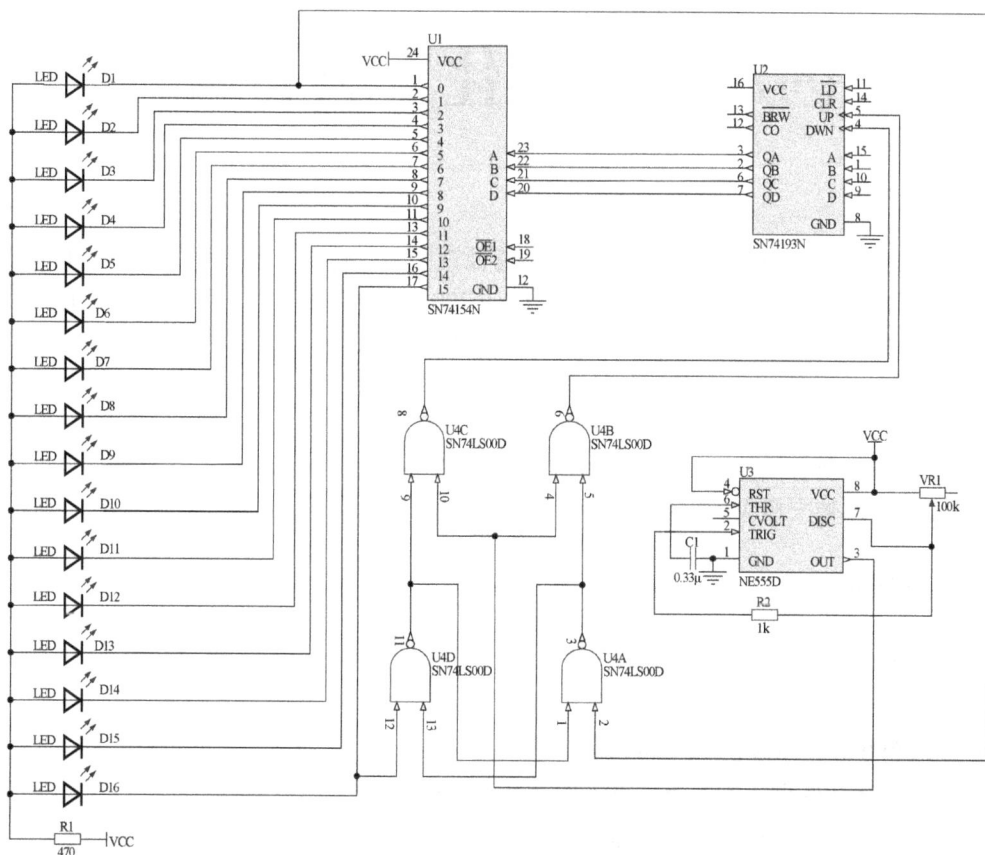

图 3-20　原理图样图

（2）职业技能鉴定考点三（8%）评分表（见表 3-1）。

表 3-1　检查原理图及生成网络表评分表

检查原理图：共 6 分		
打开文件（0.5 分）	ERC 检查（1 分）	修改原理图 3 分（0.5 分/个）
电气规则检查文件保存（1 分）	原理图文件保存（1 分）	
生成网络表：共 2 分		
生成网络表（1.5 分）	保存文件（0.5 分）	

项目四

创建"个性化"元件库

在开始绘制电路原理图之前，必须加载电路原理图中元件所在的元件库。由于电子技术的飞速发展，新的电子元器件不断涌现，Protel DXP 2004 软件元件库中不可能包含所有元件的原理图符号，特别是一些非标准件，在这种情况下，就必须自己创建原理图元件。而 Protel DXP 2004 软件以元件库的形式来管理各种原理图元件，因此必须首先创建原理图库文件，然后在库文件中新建原理图元件。

我们还可以将现有元件库的常用元件复制到新的元件库中，形成"个性化"元件库，这样将给绘图设计工作带来极大的方便。

学习目标

☆ 熟悉原理图库文件编辑器的环境。
☆ 掌握创建库文件和元件的方法。
☆ 掌握创建各种原理图符号的方法。
☆ 掌握打开元件库文件并向其中添加元件的方法。
☆ 掌握创建包含多个子件的元件的方法。
☆ 掌握如何设置元件的封装。
☆ 学会创建"个性化"元件库。
☆ 会生成原理图元件报表。

教学方式

教学节奏		教学方式
教学项目	课时安排	
教师讲授	5	重点讲授元器件库的管理、元器件绘图工具和创建"个性化"元件库的步骤及其方法
学生上机	4	教师指导学生创建元件库，并按照给定元件图形设计出新的元件，学会创建"个性化"元件库

训练任务

1. 本项目需要完成的任务是创建自己的元件库文件 xiangmu4.schlib，按照要求在其中创建元件。

（1）元件 1：制作一个如图 4-1 所示的七段数码管原理图元件。

（2）元件 2：复制、编辑 NPN 型三极管的原理图符号。将图 4-2（a）所示的三极管原理图符号修改为图 4-2（b）所示的三极管原理图符号。

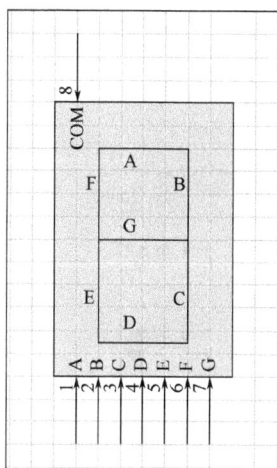

图 4-1 七段数码管原理图元件

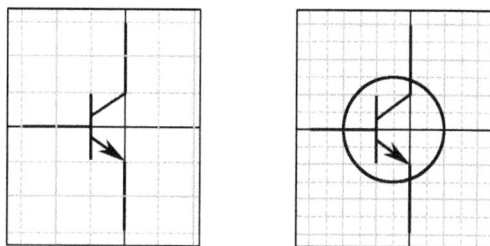

图 4-2 三极管原理图符号

（3）元件 3：修改 ST Memory EPROM 16-512 Kbit 元件引脚，将图 4-3（a）所示的 ROM 存储器修改为图 4-3（b）所示的 RAM 存储器库。

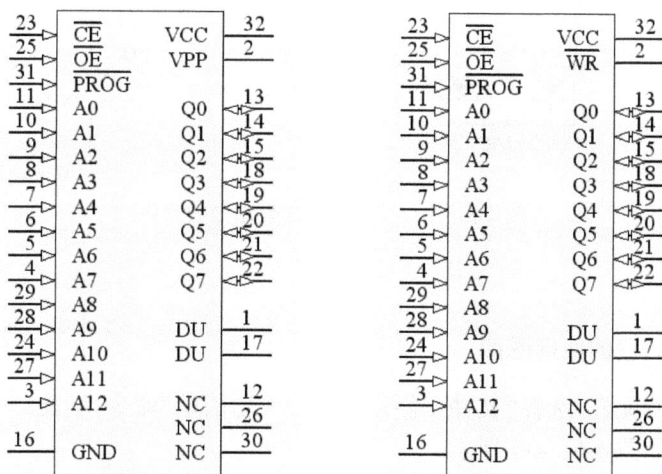

图 4-3 修改元件引脚

（4）元件 4：分单元制作 74LS107D 原理图元件，如图 4-4 所示。

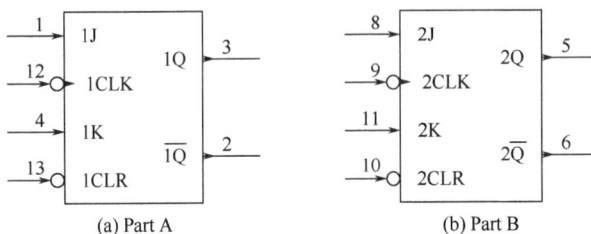

(a) Part A (b) Part B

图 4-4　74LS107D 原理图元件

2.将图 4-5 所示的 Miscellaneous Devices.IntLib 元件库中的元件复制到 myschlib.SchLib 元件库中。

3．生成原理图元件报表。

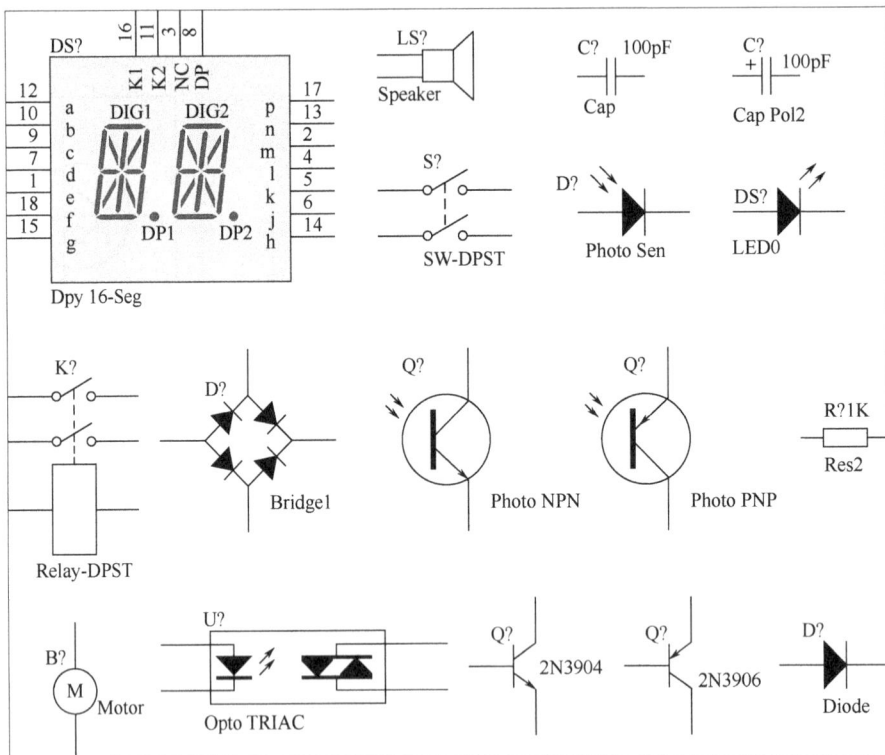

图 4-5　个性化元件库需要添加的元件

执行步骤

第1步　创建自己的原理图库

1.创建原理图库文件。选择"文件→创建→库→原理图库"命令，新建一个"Schlib1.SchLib"的原理图库文件，如图 4-6、4-7 所示。

2．保存库。选择 Schlib1.SchLib→右击→另存为，如图 4-8、4-9、4-10 所示。保存路径为D:\姓名\ xiangmu4.SchLib。

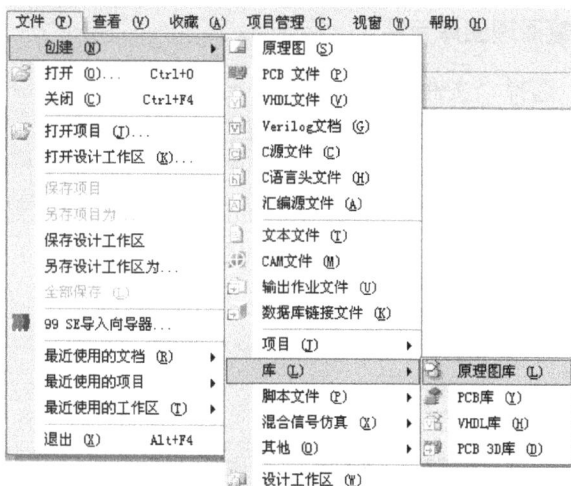

图 4-6 新建原理图库工作面板

图 4-7 新建原理图库文件工作面板

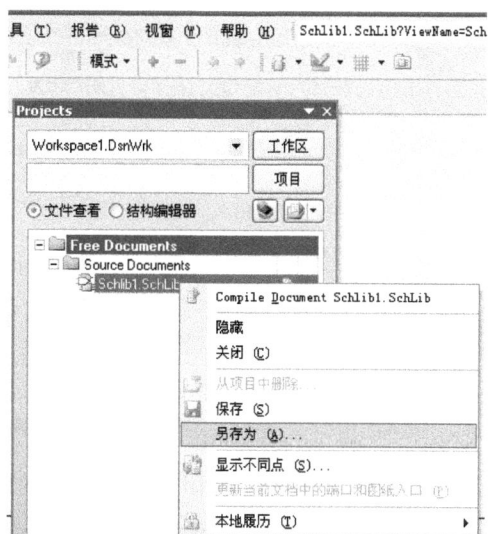

图 4-8 新建原理图库文件工作面板

图 4-9 按路径要求保存库

图 4-10 命名新建的库

第2步 绘制数码管原理图库元件

1．创建项目文件。选择"文件→创建→项目→ PCB 项目"命令，新建一个名为"项目四.PRJPCB"的 PCB 项目文件，并保存到"D:\姓名"文件。

2．将库文件导入项目文件中。在列表框选中"项目四.PRJPCB"文件→右击→选中"追加已有文件到项目中" →按路径"D:\姓名\ xiangmu4.SchLib" →找到"xiangmu4.SchLib"库文件→单击打开→库文件导入成功。如图 4-11、4-12 所示。

3．保存项目。如图 4-13 所示。

图 4-11 向设计项目中添加原理图库文件

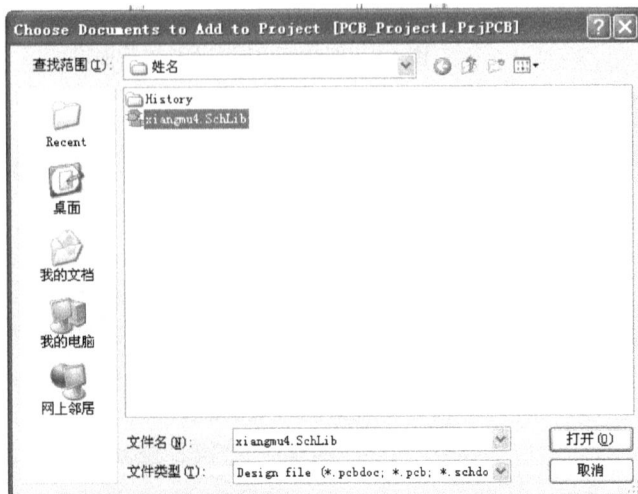

图 4-12 原理图库文件路径

图 4-13 保存"项目四.PRJPCB"项目

4. 编辑原理图元件库。双击"xiangmu4.SchLib",原理图元件库编辑器界面如图 4-14 所示。

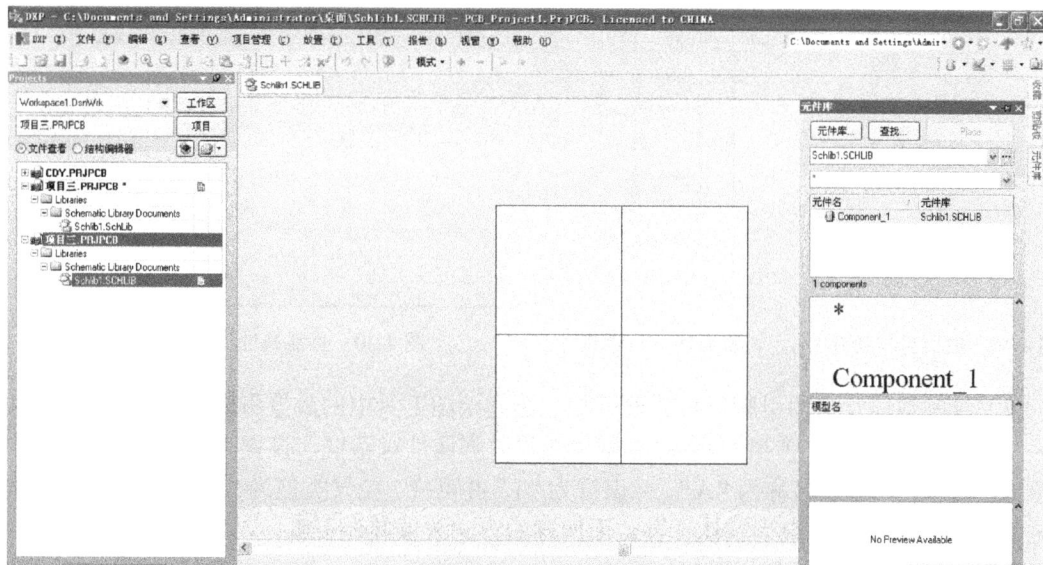

图 4-14 原理图元件库编辑器界面

5. 制作新元件。

(1) 绘制数码管的外形——画矩形,如图 4-15～图 4-17 所示。矩形属性设置为:"画实心"、"透明"、"Smallest","位置"、"填充色"、"边缘色"为默认设置。

图 4-15 放置矩形命令

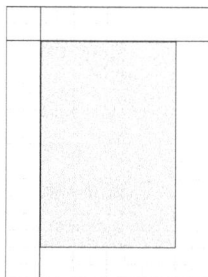

图 4-16 画矩形

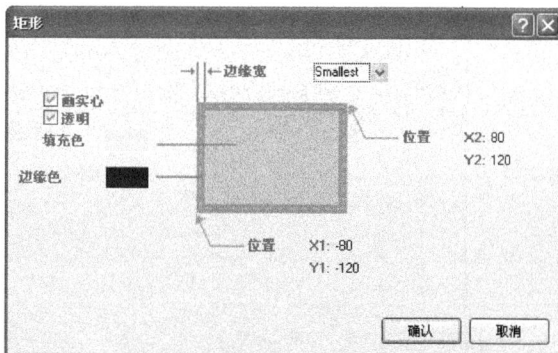

图 4-17 矩形属性设置对话框

（2）绘制数码管的"8"字形——画直线，如图 4-18～图 4-20 所示。直线属性设置为：线宽为"Medium"，颜色 227 号，线的风格为默认设置。

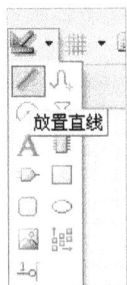

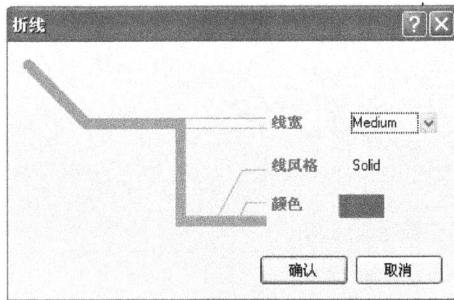

图 4-18　放置直线命令　　　　图 4-19　画直线　　　　图 4-20　直线属性设置对话框

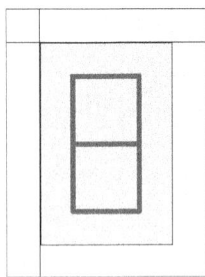

（3）绘制数码管上的引脚——放置引脚，选择绘图工具中的放置引脚工具，如图 4-21 所示，按下"Tab"键，弹出如图 4-22 所示放置引脚属性对话框，设置其属性。例如，放置 1 引脚属性设置为：显示名称为"A"、标识符为"1"并可视。电气类型为"Input"，长度为"30"，方向"270Degrees"，其余为默认设置。用同样的方法放置其他引脚。

需要注意的是，在放置引脚时，有米字形电气捕获标志的一端应该是朝外的。

在放置过程中，可以按"空格"键旋转引脚。

放置过程中，按"Tab"键或双击引脚，进入图 4-22 所示的引脚属性对话框，编辑引脚参数，其中标识符很重要，一般用数字表示，它必须与元件封装引脚焊盘标识符对应。元件封装的相关内容将在后面的项目中介绍。

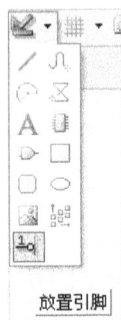

图 4-21　放置引脚命令　　　　图 4-22　放置引脚属性对话框

（4）给数码管标注文字——放置文本，选择绘图工具中的放置文本字符串 A，如图 4-23 所示，单击"Tab"按钮，弹出图 4-24 所示文本字符串属性对话框，在对话框的"文本"栏输入文本内容，如"A"。在对话框中设置字体、字形、大小、颜色等属性，单击"确认"按钮，将字符放置到合适的位置，如图 4-25 所示。

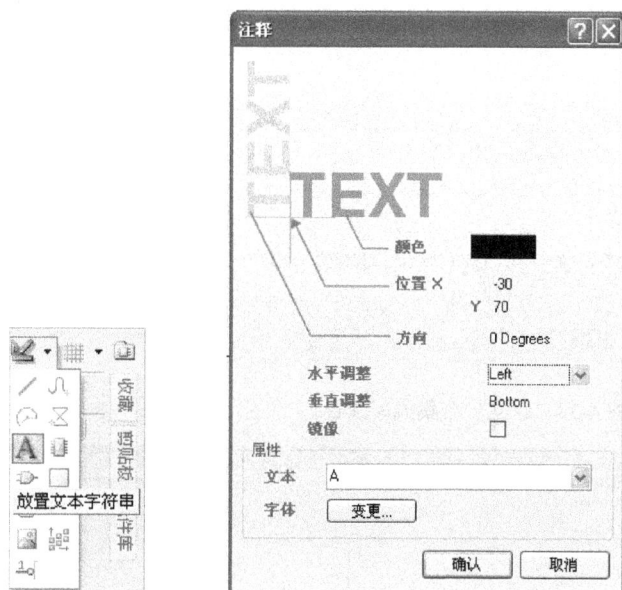

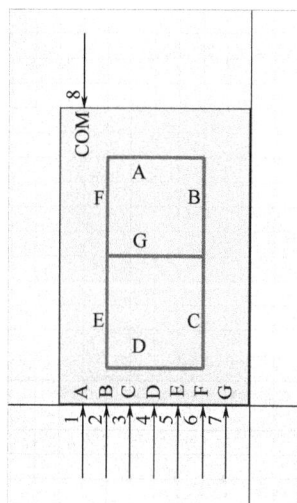

图 4-23　放置文本字符串命令　　图 4-24　文本字符串属性对话框　　图 4-25　绘制的数码管

（5）数码管库元件属性设置。在绘图区空白处右击，弹出图 4-26 所示的快捷菜单，选择"工具→元件属性"命令，如图 4-27 所示，设置相关属性并确认。

（6）保存新建元件。选择"文件→保存"菜单命令。

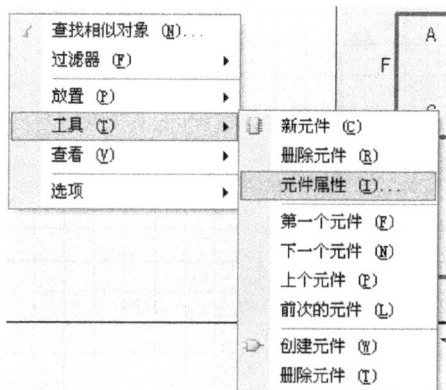

图 4-26　库元件属性快捷菜单　　图 4-27　库元件属性对话框

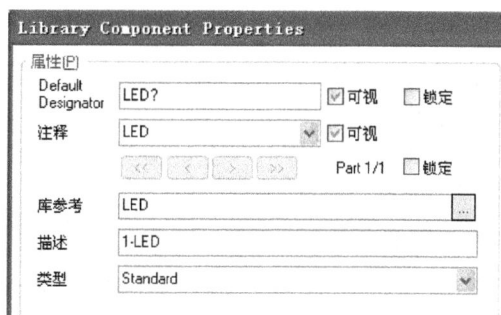

第 3 步　修改三极管原理图库元件

按任务要求，可以采用创建原理图元件的方法重新创建，但需要花费一定的时间，特别是对于引脚较多的元件。这里只介绍编辑原理图元件的方法。

1．复制原元件。按路径"C：\Program Files\Altium2004\Library"打开 Miscellaneous Devices.IntLib 元件库，出现图 4-28 所示的对话框。单击"抽取源"按钮，转到库编辑界面，如图 4-29 所示。选择 NPN 三极管原理图符号，按"Ctrl＋C"快捷键将其复制到剪切板上。

2．粘贴原元件。打开在第 1 步中创建的"xiangmu4.SchLib"库文件新建元件，输入新建元件名称为"NPNxj"，如图 4-30 所示，单击"确认"按钮，按"Ctrl＋V"快捷键粘贴复制的 NPN 三极管符号，如图 4-31 所示。

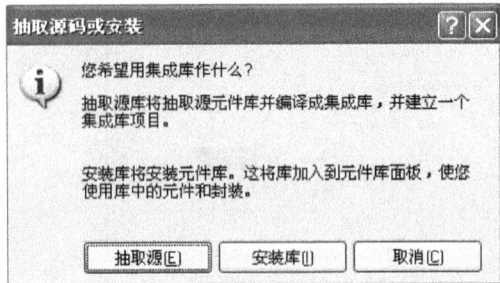

图 4-28　建立一个集成库项目

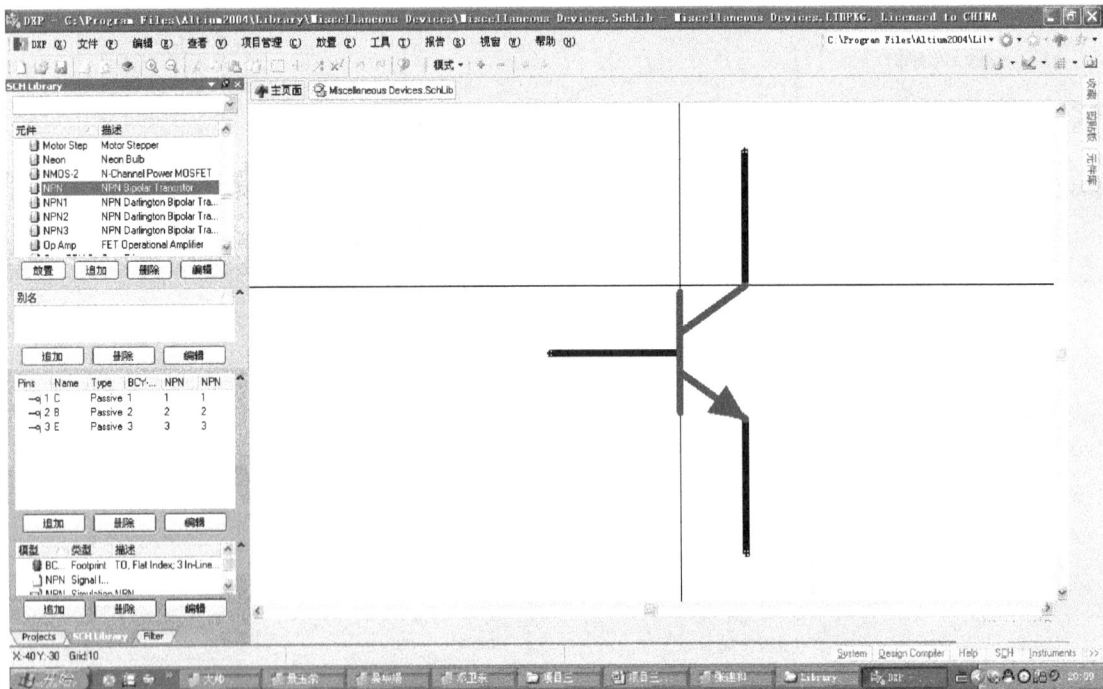

图 4-29　选择 NPN 三极管原理图符号

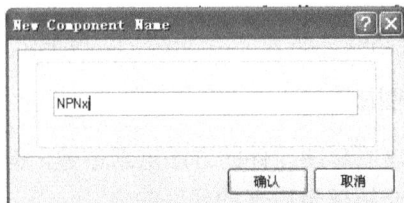

图 4-30　输入新元件名称

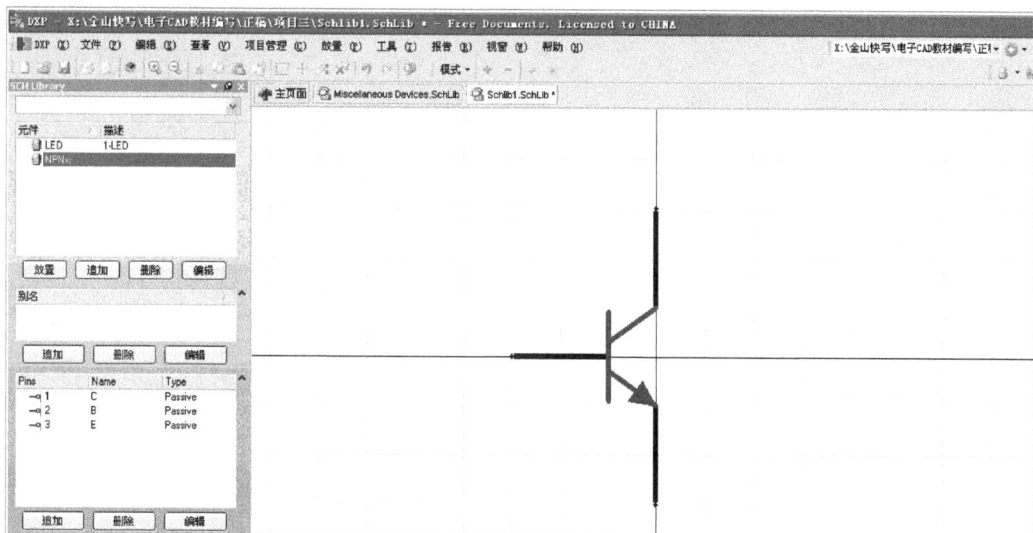

图 4-31 粘贴复制的 NPN 三极管符号

3．编辑原元件。

放置椭圆命令如图 4-32 所示，其椭圆属性设置如图 4-34 所示。圆的半径为 15，边缘宽为"Small"，边缘色为"3"号。编辑成功的元件，如图 4-33 所示。

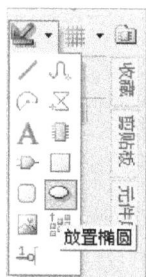

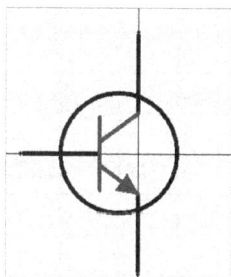

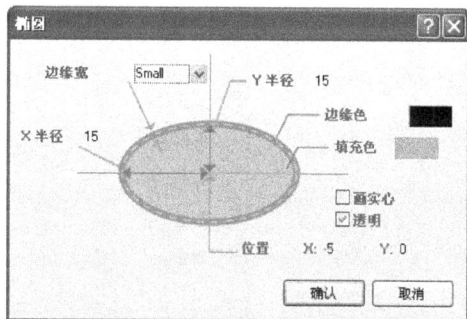

图 4-32 放置椭圆命令　图 4-33 编辑成功的元件　　　图 4-34 设置椭圆属性对话框

4．保存文件。注意：不要保存对原元件库的修改，以免破坏原元件库。

第 4 步 修改 ROM 存储器库

根据该任务的具体情况，比较两个元件，原理图库元件的修改量很小，只有第 2 脚不同，可以直接在原理图库中进行修改。

1．加载 ROM 存储器库。在"D:\姓名\项目四.PRJPCB"下，打开"项目四.PRJPCB"文件，在"C:\Program Files\Altium2004\Library\ST Microelectronics\ST Memory EPROM 16-512 Kbit"路径下，追加"ST Memory EPROM 16-512 Kbit.IntLib"库文件，如图 4-35 所示。双击"ST Memory EPROM 16-512 Kbit.IntLib"如图 4-36 所示，双击"ST Memory EPROM 16-512 Kbit.SchLib"如图 4-37 所示。

图 4-35　加载库　　　　　图 4-36　加载库元件　　　　图 4-37　ROM 存储器库元件

2. 修改引脚。选中 2 脚，如图 4-38 所示。修改显示名称，单击"确认"按钮。如图 4-39 所示。

图 4-38　"2"号引脚属性对话框

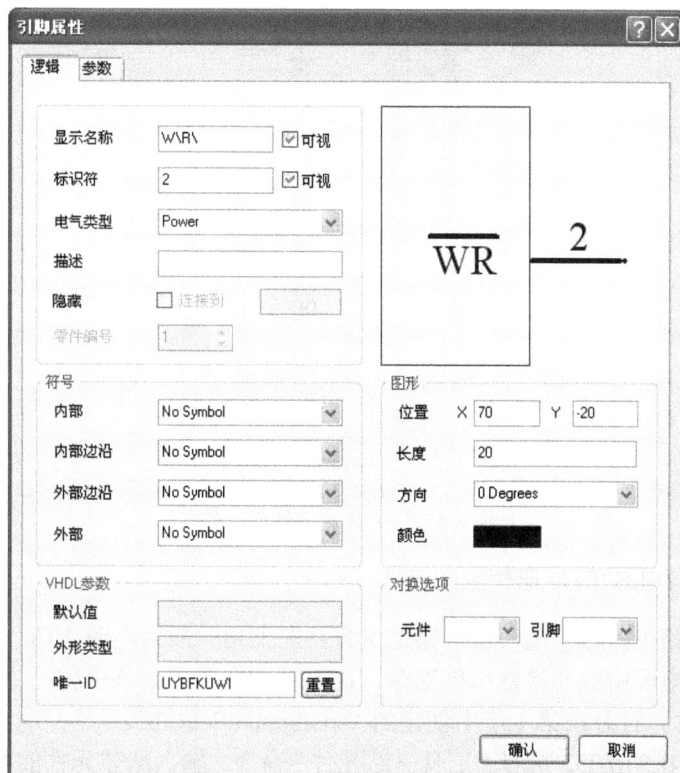

图 4-39　修改"2"号引脚显示名称

3．保存库文件。另存为"ST Memory EPRAM 16-512 Kbit.SchLib"。如图 4-40 所示。修改成功的 RAM 存储器库符号，如图 4-41 所示。

图 4-40　新库文件保存及其路径

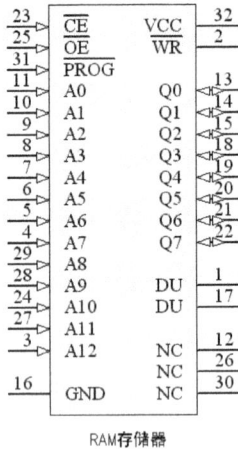

图 4-41　RAM 存储器库元件

第 5 步　绘制 74LS107D 原理图库元件

在数字集成电路中，右下角一般为接地引脚，左上角一般为电源 VCC 引脚，在原理图中不必显示。本例将电源引脚和接地引脚隐藏，在原理图中看不到该引脚。

1．打开库文件。打开在第 1 步中创建的"xiangmu4.SchLib"。

2．新建元件 74LS107D。选择"工具→新元件"命令，输入新建元件的名字"74LS107D"，单击"确认"按钮，如图 4-42 所示。

3．Part A 的绘制。选择"绘制矩形框→设置矩形框属性"命令，边缘宽设置为"Small"，边缘色为"3"号色，其余为默认设置，如图 4-43 所示。图 4-44 所示为绘制的矩形。

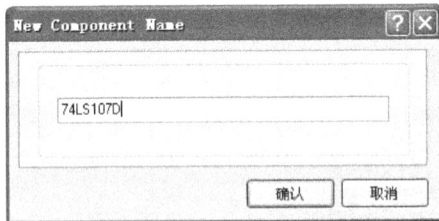

图 4-42　新建元件对话框

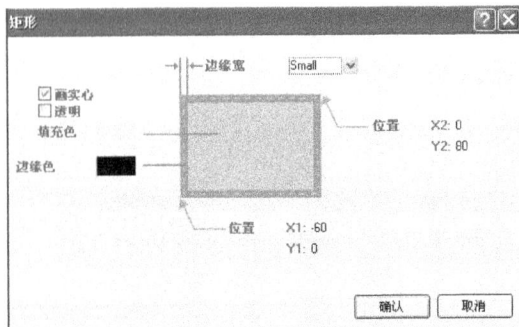

图 4-43　绘制的矩形

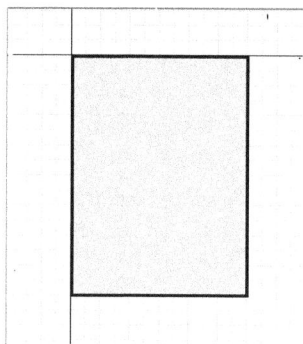

图 4-44 绘制的矩形

选择"放置引脚→设置引脚"命令，如图 4-45～图 4-50 所示。

引脚 1：名称为 1J，标识符为 1，电气类型为 Input，其余为默认设置。

引脚 2：名称为 1Q\，标识符为 2，电气类型为 Output，其余为默认设置。

引脚 3：名称为 1Q，标识符为 3，电气类型为 Output，其余为默认设置。

引脚 4：名称为 1K，标识符为 4，电气类型为 Input，其余为默认设置。

引脚 7：名称为 GND，标识符为 7，电气类型为 Power，其余为默认设置。

引脚 12：名称为 1CLK，标识符为 12，电气类型为 Input，外部边沿为 Dot，内部边沿为 Clock，其余为默认设置。

引脚 13：名称为 1CLR，标识符为 13，电气类型为 Input，外部边沿为 Dot，其余为默认设置。

引脚 14：名称为 VCC，标识符为 14，电气类型为 Power，其余为默认设置。

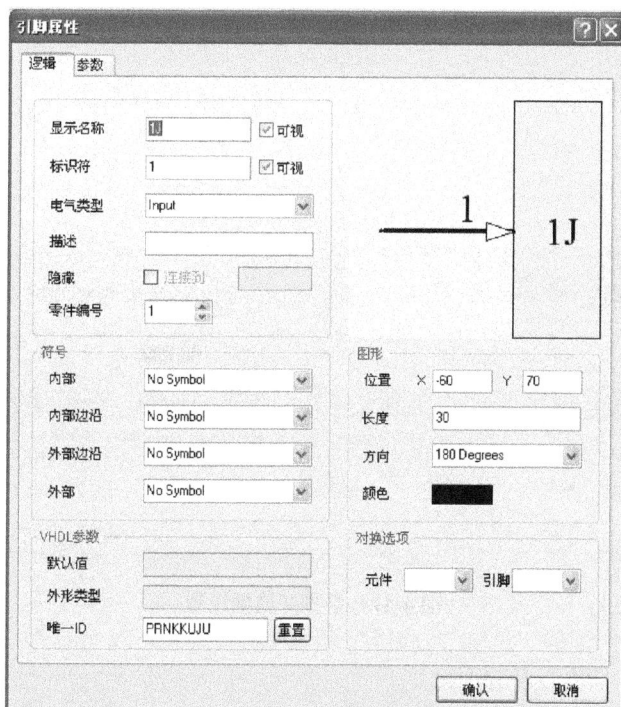

图 4-45 引脚 1 属性设置

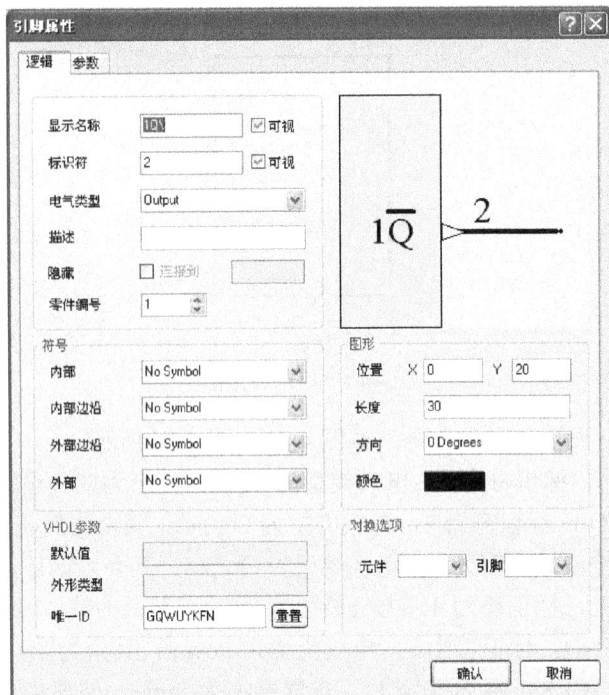

图 4-46　引脚 2 属性设置

图 4-47　引脚 7 属性设置

图 4-48 引脚 12 属性设置

图 4-49 引脚 13 属性设置

图 4-50　引脚 14 属性设置

绘制结果如图 4-51 所示。

4．Part B 的绘制。选择"工具→创建元件"命令，在 SCHLibrary 工作面板中可以看到元件 74LS107D 有了两个子件，即 Part A 和 Part B，如图 4-52 所示。

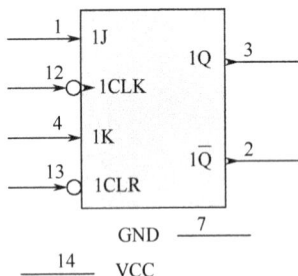

图 4-51　Part A 的绘制结果

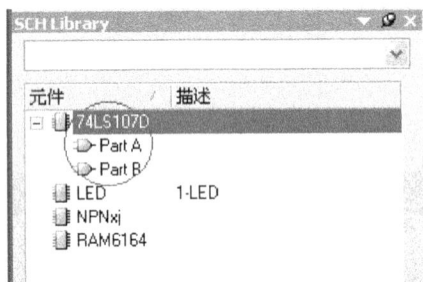

图 4-52　SCHLibrary 工作面板

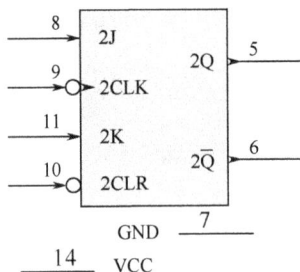

图 4-53　Part B 的绘制结果

单击 SCHLibrary 面板中的 Part A，即可切换到 Part A 中。选择 Part A 全部，选择"编

辑→复制"命令。

单击 SCHLibrary 面板中的 Part B，选择"编辑→粘贴"命令，即将 Part A 选中粘贴过来了。

将 Part B 中的各引脚按照图 4-4（b）所示的任务要求设置，双击元件引脚进行修改。

绘制结果如图 4-53 所示。

5. 隐藏引脚设置。在元件 74LS107D 中，电源引脚 7 和 14 是隐藏的，所以将两个子件中的引脚 7 和 14 设置为隐藏，如图 4-54 和图 4-55 所示。

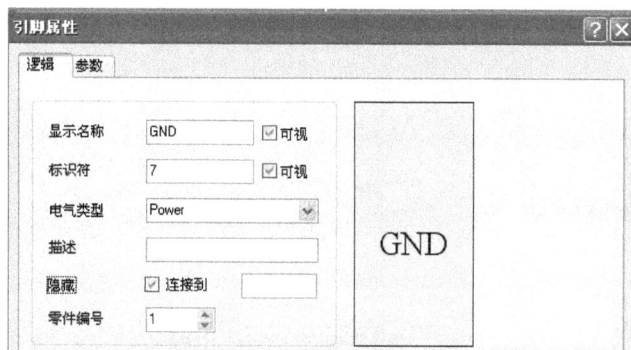

图 4-54　引脚 7 的隐藏设置

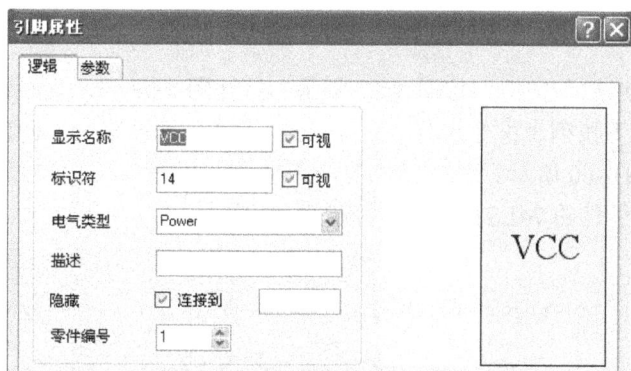

图 4-55　引脚 14 的隐藏设置

若要查看被隐藏的引脚，选择"查看→显示或隐藏引脚"命令即可。

6. 74LS107D 元件属性的设置。单击 SCHLibrary 面板中的"编辑"按钮，如图 4-56 所示，打开元件属性对话框，将元件的 Default 设置为"U？"，将注释设置为"74LS107D"，如图 4-57 所示。

图 4-56　SCHLibrary 面板

图 4-57　元件属性对话框

单击右下角的"追加"按钮，如图 4-57 所示，打开图 4-58 所示对话框。

在"模型类型"下拉列表框中选择"Footprint"，将名称设置为"DIP14"，单击"确认"按钮，如图 4-59 和图 4-60 所示。

这样，包含两个子件的 74LS107D 元件就绘制完成了。

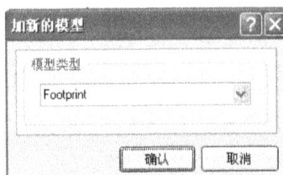

图 4-58　加新的模型对话框

图 4-59　封装设置对话框

图 4-60 74LS107D 元件设置结果

第6步 载入已有库中元器件

一个项目的设计不可能用到所有的元件库，往往根据工作领域的不同，创建属于自己的"个性化"元件库。

1．打开项目文件。打开项目文件"项目四.PRJPCB"，如图 4-61 所示，元件库文件"xiangmu4.SchLib"在"项目四.PRJPCB"项目中。

图 4-61 打开元件库文件

2．加载原库中元件。选中"项目四.PRJPCB"文件→右击→选择"追加已有文件到项目中"→按路径"Program Files\Altium2004\Library\"[文件类型改为"ALL files（*.*）"]找到"Miscellaneous Devices.IntLib"元件库文件→单击打开→保存项目，加载元件库完成，如图 4-62 所示。双击"Miscellaneous Devices.IntLib"，如图 4-63 所示。

3．加载新建库的元件。用同样的方法，在"项目四.PRJPCB"中，加载"myschlib.schlib"文件。如图 4-64 所示。

图 4-62　加载 Miscellaneous
Devices.IntLib 元件库文件

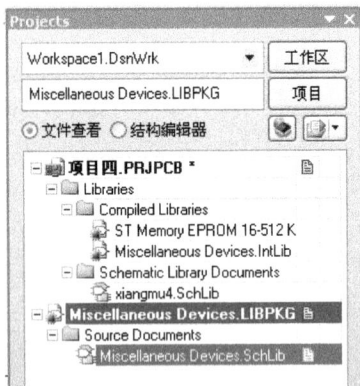

图 4-63　产生 Miscellaneous
Devices.IntLib 元件库文件

图 4-64　加载 myschlib.SchLib
元件库文件

4．保存项目。选择项目文件"项目四.PRJPCB"，选择"项目保存"命令，保存库文件和项目文件。

第 7 步　生成项目原理图库

将项目二中的"电源电路图.SCHDOC"生成项目库。

1．打开项目二的"电源电路图.SCHDOC"文件。

2．项目库的生成。选择"设计→建立设计项目库"命令，如图 4-65 所示，出现对话框，如图 4-66 所示，单击"OK"按钮，得到如图 4-67 所示的项目库。

图 4-65　建立设计项目库

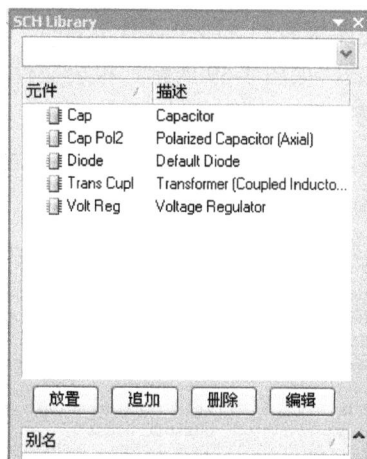

图 4-66 项目库生成对话框　　　　图 4-67 电源电路项目原理图库

第 8 步　生成原理图元件报表

1. 元件报表。在原理图元器件编辑器中，选择 74LS107D 元件，选择"报告→元件"命令，生成元件报表，如图 4-68 所示，报表文件为"xiangmu4.cmp"。报表列出了 74LS107D 元件的所有信息，如元件名称、子件个数、元件引脚属性等。

```
Component Name : 74LS107D

Part Count : 3

Part : U?@
     Pins - (Normal) : 0
         Hidden Pins :

Part : U?A
     Pins - (Normal) : 8
         1J         1        Input
         1CLK       12       Input
         1K         4        Input
         1CLR       13       Input
         1Q         3        Output
         1Q\        2        Output
         Hidden Pins :
         VCC        14       Power
         GND        7        Power

Part : U?B
     Pins - (Normal) : 8
         2J         8        Input
         2CLK       9        Input
         2K         11       Input
         2CLR       10       Input
         2Q         5        Output
         2Q\        6        Output
         Hidden Pins :
         GND        7        Power
         VCC        14       Power
```

图 4-68　74LS107D 元件报表

2. 元件库报表。选中个性化元件库"xiangmu4.SchLib",选择"报告→元件库"命令,生成元件库报表,如图 4-69 所示,报表文件为"xiangmu4.rep"。报表列出了 xiangmu4.SchLib 元件库中所有的元件名称和相关信息。

```
CSV text has been written to file : Xiangmu4.csv

Library Component Count : 21

Name                Description
-----------------------------------------------------------------------------
2N3904              NPN General Purpose Amplifier
2N3906              PNP General Purpose Amplifier
74LS107D
Bridge1             Full Wave Diode Bridge
Cap                 Capacitor
Cap Poll            Polarized Capacitor (Radial)
Diode               Default Diode
Dpy 16-Seg          13.7 mm Gray Surface As AlInGaP Red Alphanumeric Display: 2-Character, CC
LED                 1-LED
LED0                Typical INFRARED GaAs LED
Motor               Motor, General Kind
NPNxj
Opto TRIAC          Opto-Triac
Photo NPN           NPN Phototransistor
Photo PNP           PNP Phototransistor
Photo Sen           Photosensitive Diode
RAM6164
Relay-DPST          Dual-Pole Single-Throw Relay
Res2                Resistor
SW-DPST             Double-Pole, Single-Throw Switch
Speaker             Loudspeaker
```

图 4-69   xiangmu4.SchLib 元件库报表

3. 元件规则检查表。选中个性化元件库"xiangmu4.SchLib",选择"报告→元件规则检查表"命令,进行规则检查属性设置,如图 4-70 所示。生成元件规则检查报表,报表文件为"myschlib.err",如图 4-71 所示。元件规则检查报表用于验证元件的正确性,主要包括检查元件库中的元件是否有错,同时,将有错的元件列出来并说明原因等。

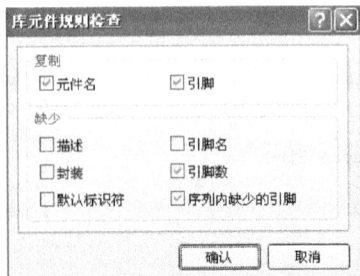

图 4-70   "库元件规则检查"对话框

```
Component Rule Check Report for : X:\电子CAD教材编写\正稿\项目四\Xiangmu4.SchLib


Name              Errors
-----------------------------------------------------------------------------
Photo PNP         (Missing Pin Number In Sequence : 2 [1..3])
Photo NPN         (Missing Pin Number In Sequence : 2 [1..3])
RAM6164           (Missing Pin Number In Sequence : 16 [1..28])
```

图 4-71   元件规则检查报表

内容小结

本项目介绍的是原理图元件的几种制作和编辑方法，并介绍了元件库的建立和三种元件报表的生成。

设计一个新元件的主要步骤如下。

1. 新建原理图库文件，并保存。
2. 新建库元件。
3. 在第四象限的原点附近绘制元件外形。
4. 放置元件引脚，并设置引脚属性。
5. 设置元件名称、编号、封装等属性。
6. 保存元件。

在绘制一个具有多个子件的元件过程中，通常第一部分称为 Part A，第二部分称为 Part B，第三部分称为 Part C，以此类推……要注意"工具"菜单中两个子菜单的区别，即"新元件"和"创建元件"，"新元件"是指创建一个新的元件，"创建元件"是指创建该元件中的一个子件。

上机实训

1．课内操作题。

（1）在"项目四.PRJPCB"中创建一个元件库 74XX.SchLib，按照如下要求在其中创建元件。

1）创建一个 3 线-8 线译码器元件 74LS138，该元件包含 16 个引脚，各引脚属性为：1、2、3、4、5、6 是输入引脚；7、9、10、11、12、13、14、15 是输出引脚；8、16 是电源引脚，属性为隐藏，如图 4-72 所示。

2）创建一个四 2 输入与非门元件 74LS00，该元件包含 4 个子件，各引脚属性为：1、2、4、5、9、10、12、13 是输入引脚；3、6、8、11 是输出引脚；7、14 是电源引脚，属性为隐藏，如图 4-73 所示。

（2）将元件的封装设置为 DIP14。

图 4-72 74LS138 元件

图 4-73 74LS00 元件

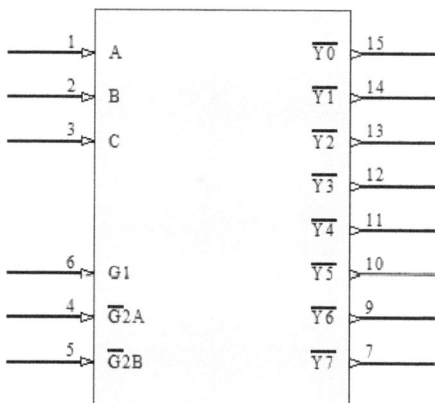

2．课外操作题。

（1）职业技能鉴定考点四样题。

1）在考生的设计数据库文件夹中，新建库文件，命名为 schlib1.SchLib。

2）在 schlib1.SchLib 库文件中，建立如图 4-74 所示的带有子件的新元件，元件命名为 TIMER，其中图 4-74（a）、（b）为对应的两个子件样图。

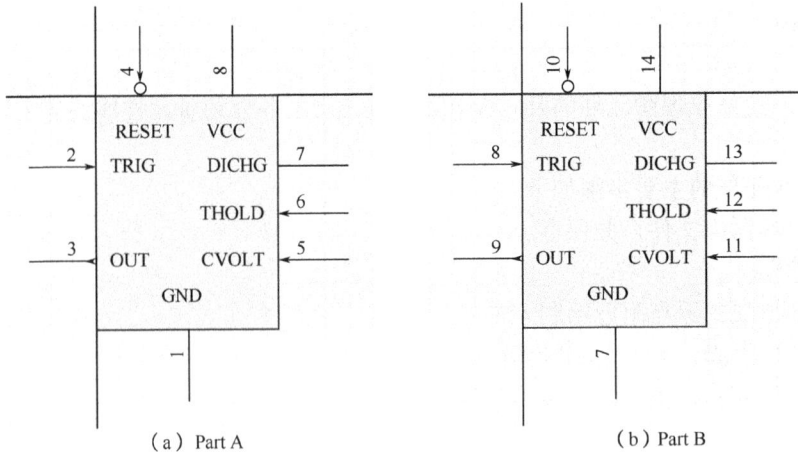

（a）Part A   （b）Part B

图 4-74　原理图样图 1

3）在 schlib1.SchLib 库文件中建立如图 4-75 所示的新元件，元件命名为 LED8。保存制作结果。

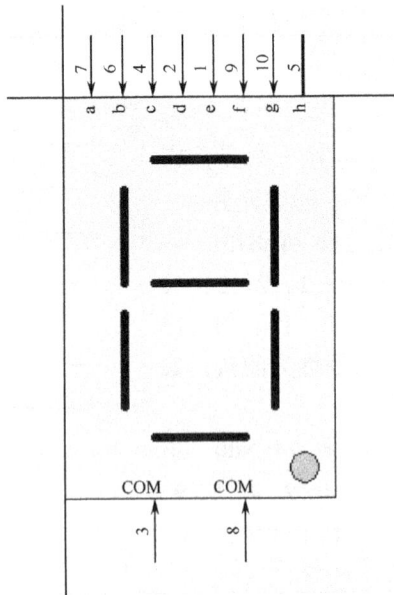

图 4-75　原理图样图 2

（2）职业技能鉴定考点四（8%）评分表（见表 4-1）。

表 4-1　原理图库操作评分表

引脚错画、漏画、反画 （1分/个，共4分）	元件命名错误 （1分/个，共2分）	元件形状画错 （0.5分/个，共2分）

项目五

数码抢答器原理图的绘制

在设计电路原理图的过程中，有时会遇到电路比较复杂的情况，用一张电路原理图来绘制就比较困难，此时可以采用层次电路来简化电路图。

下面将通过设计项目五来介绍自顶向下设计层次性原理图的方法。

自顶向下的设计方法就是先设计好总图，然后分层设计子图，其设计流程如右。

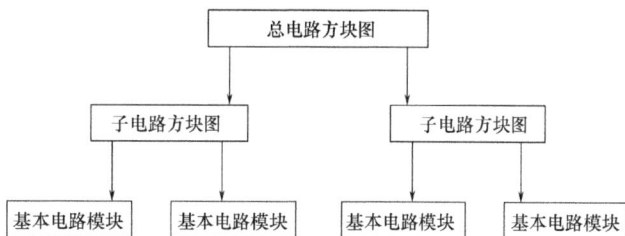

学习目标

☆ 理解层次原理图的概念。

☆ 掌握顶层电路图和子图之间的结构关系及切换关系。

☆ 掌握使用自顶向下的方法绘制层次原理图。

☆ 掌握端口、图形端口、方块图在层次原理图中的使用。

☆ 掌握总线和总线分支线的绘制方法。

教学方式

教学节奏		教学方式
教学项目	课时安排	
教师讲授	4	重点讲授层次原理图的设计方法，图纸符号、图纸入口、网络标签、总线和总线入口的绘制方法
学生上机	4	教师指导学生实际操作，设计一张分层的层次原理图

训练任务

数码抢答器整体原理图如图5-1所示，要求使用层次电路的设计方法来简化电路，将电路分为4个模块"BM.SCHDOC""SC.SCHDOC""XS.SCHDOC""XL.SCHDOC"，要求从图中的虚线处分开。

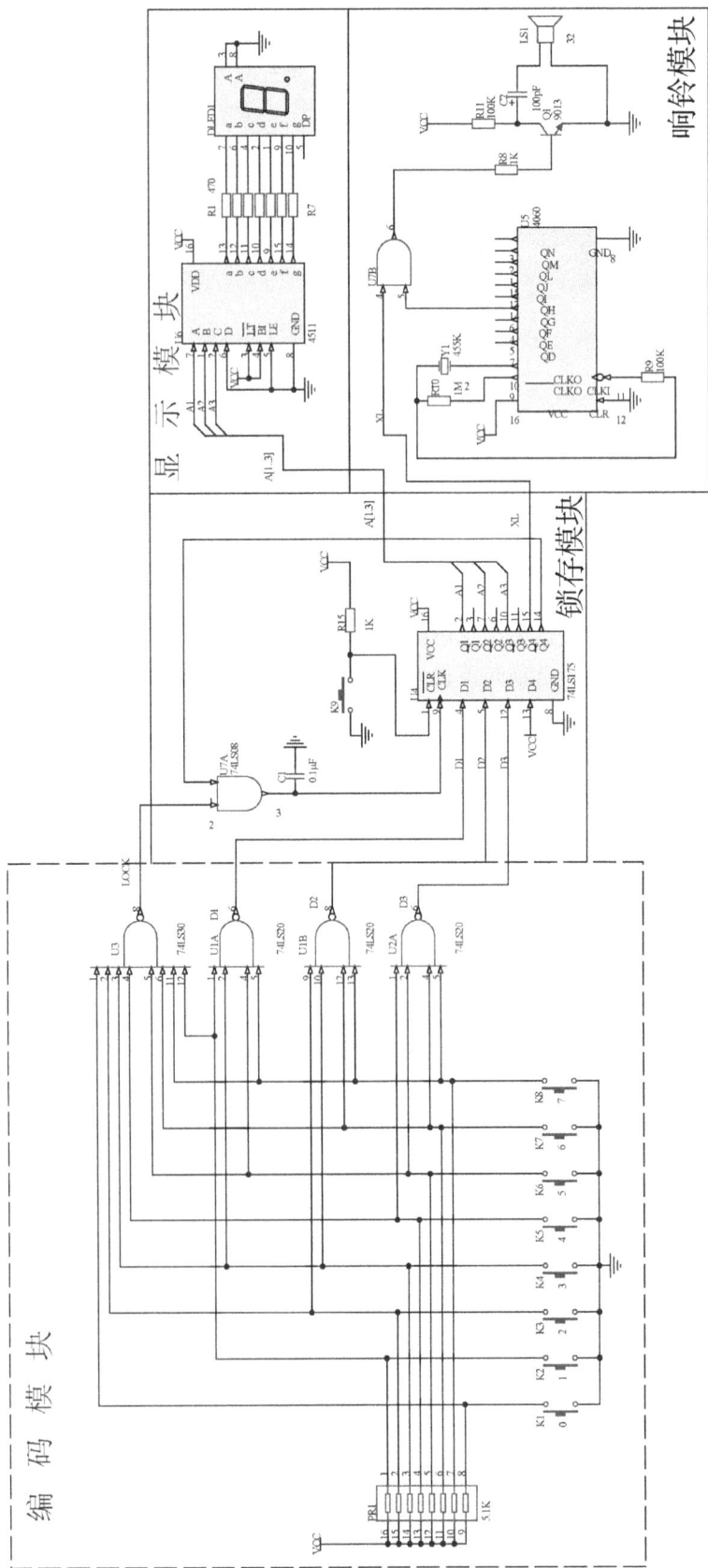

图 5-1 数码抢答器整体原理图

执行步骤

第1步 设计总电路图

1. 新建文件。新建项目文件"项目五．PRJPCB"，并新建原理图文件，保存为"DC.SCHDOC"，如图 5-2 所示。

2. 绘制方块电路符号。选择"配线工具栏"，单击"放置图纸符号"按钮，如图 5-3 所示。在绘图工作区放置方块图，如图 5-4 所示。

图 5-2 建立项目文件和主原理图

Designator
File Name

图 5-3 放置方块图菜单 ｜ 图 5-4 第一块方块图效果图

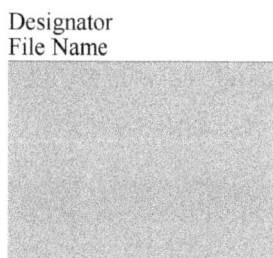

双击"方块图"修改其属性，在图 5-5 所示的方块图属性修改对话框中，输入方块图名称"BM"和代表下一级子电路文件名"BM.SCHDOC"，单击"确认"按钮。属性修改好的第一个方块图如图 5-6 所示。

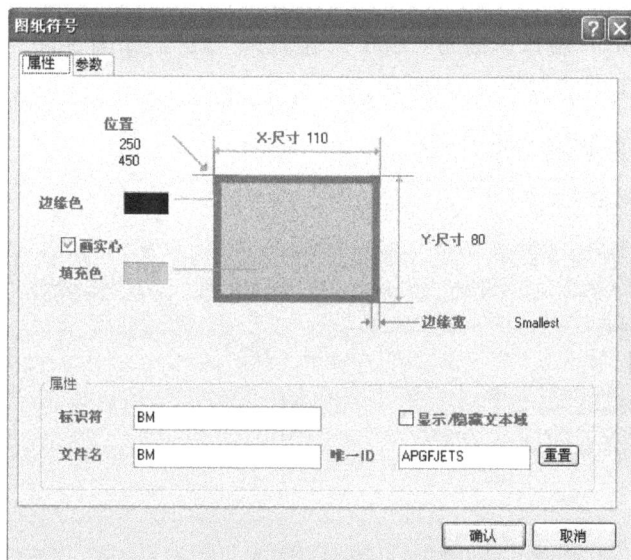

图 5-5 方块图属性修改对话框

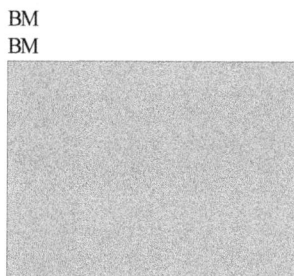

BM
BM

图 5-6 属性修改好的第一个方块图

用同样的方法放置其余 3 个方块图，并修改其属性，则效果如图 5-7 所示。

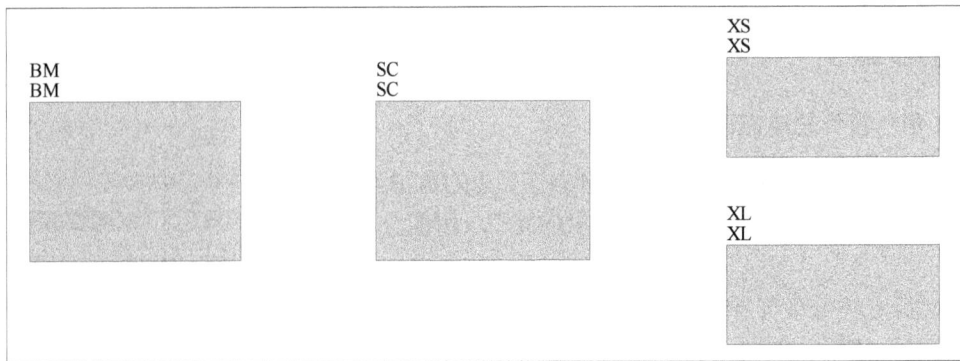

图 5-7   4 个方块图效果图

3．放置方块电路端口。选择"配线工具栏"，单击"放置图纸入口"按钮，如图 5-8 所示。将鼠标移动到图纸上合适位置，单击确定端口的左起始位置，移动鼠标到右端点处，单击确定端口的右侧位置，如图 5-9 所示。

图 5-8   放置端口菜单

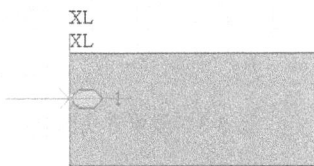

图 5-9   放置端口效果图

双击方块电路的端口修改其属性，在如图 5-10 所示方块电路端口属性修改对话框中，输入端口名称"XL"，I/O 类型为"Input"，端口风格为"Left"，位置为"20"，如图 5-10 所示，单击"确认"按钮，属性修改好的 XL 端口如图 5-11 所示。

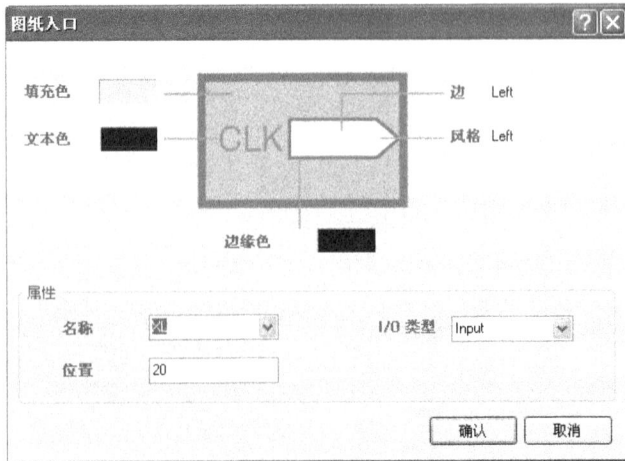

图 5-10   端口属性修改对话框

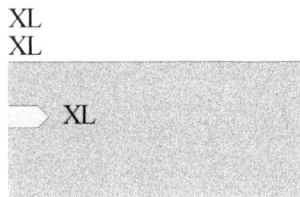

图 5-11   修改了属性的端口效果图

用同样的方法放置其余 11 个方块电路端口，并修改其属性，则效果如图 5-12 所示。

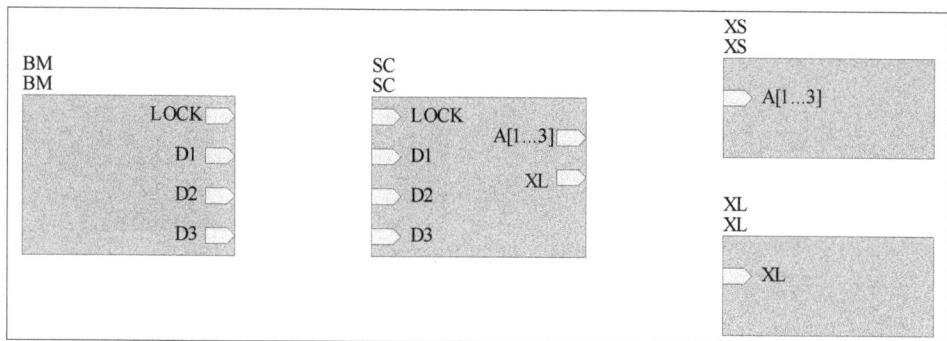

图 5-12　6 个输入端口 6 个输出端口效果图

4．连接方块电路端口并添加网络标号。用导线和总线将电路端口连接起来，其中 A[1…3]为总线连接，其余 5 根线为导线连接，整个层次电路的顶层图就设计好了，如图 5-13 所示。

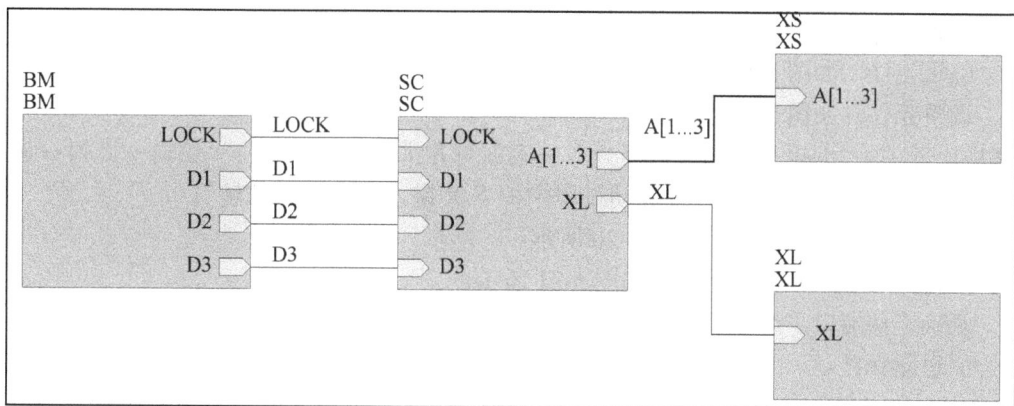

图 5-13　数码抢答器方块电路图

第 2 步　生成 4 个子电路图

选择"设计→根据符号创建图纸"命令，光标将变成十字形，将鼠标移动到方块图"BM"上单击，将弹出一个对话框，如图 5-14 所示，单击"No"按钮，生成方块图"BM"所对应的子电路图纸"BM.SCHDOC"，图纸上有 4 个端口，其名字和数量都和方块图中的端口是对应的，如图 5-15 所示。

绘制子电路编码模块电路的全部。注意：端口已经自动生成，绘制好电路后只需要把端口移动到合适的位置即可。

按照同样的方法，自动生成其余方块图的图纸，如图 5-16 所示。

保存项目文件，保存 4 个子电路文件。

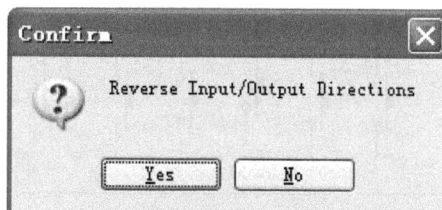

图 5-14　根据符号创建图纸对话框

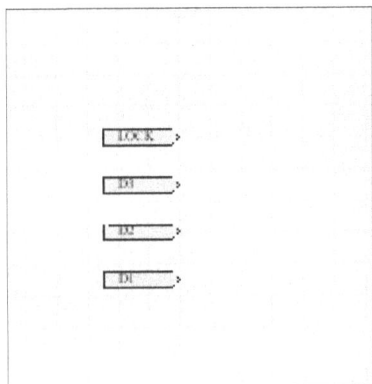

图 5-15 编码模块自动生成的端口

图 5-16 自动生成的 4 个子电路

第 3 步 绘制 BM 子电路图

1．放置元件，如图 5-17 所示。

2．编辑元件，如图 5-18 所示。

3．调整元件，如图 5-19 所示。

其中，开关："编辑→排列→水平分布→底部对齐排列"；与非门："编辑→排列→垂直分布→左对齐排列"；排阻："在元件浮动过程中按下 X 键，实现左右翻转"。

4．放置电源和接地符号，如图 5-20 所示。

5．放置电气节点和连接导线，如图 5-21 所示。

6．正确连接端口，如图 5-22 所示。

7．原理图保存。

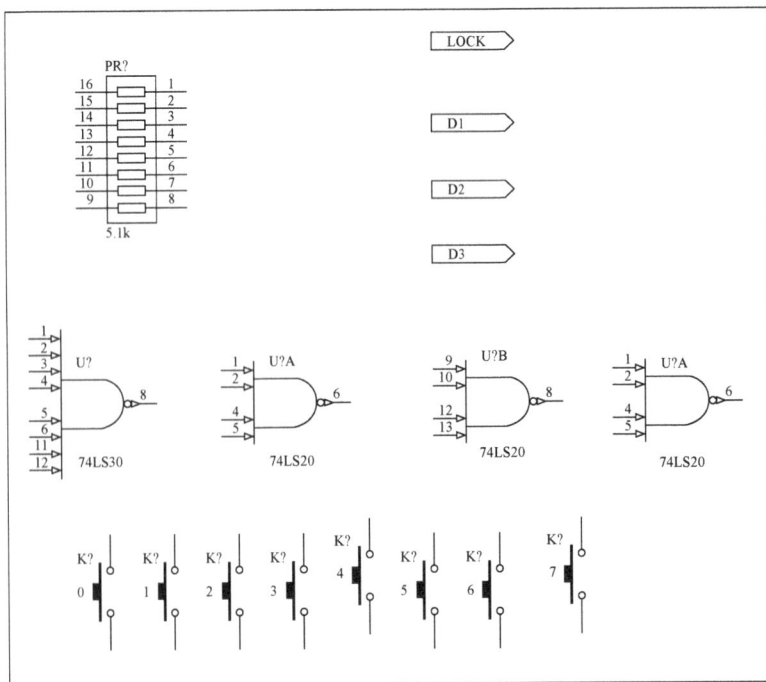

图 5-17 放置 BM 子电路元件

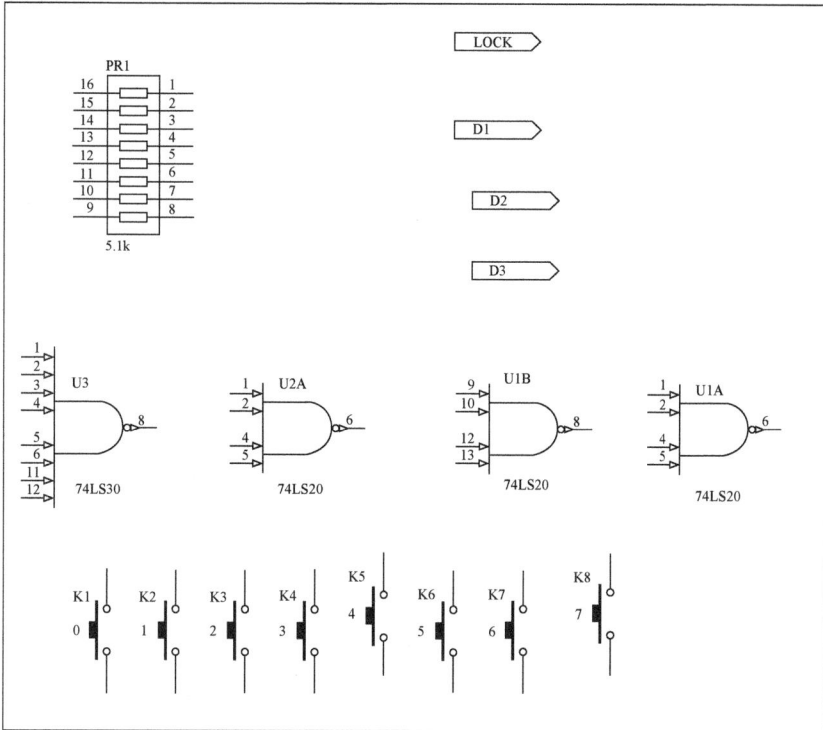

图 5-18 编辑 BM 子电路元件

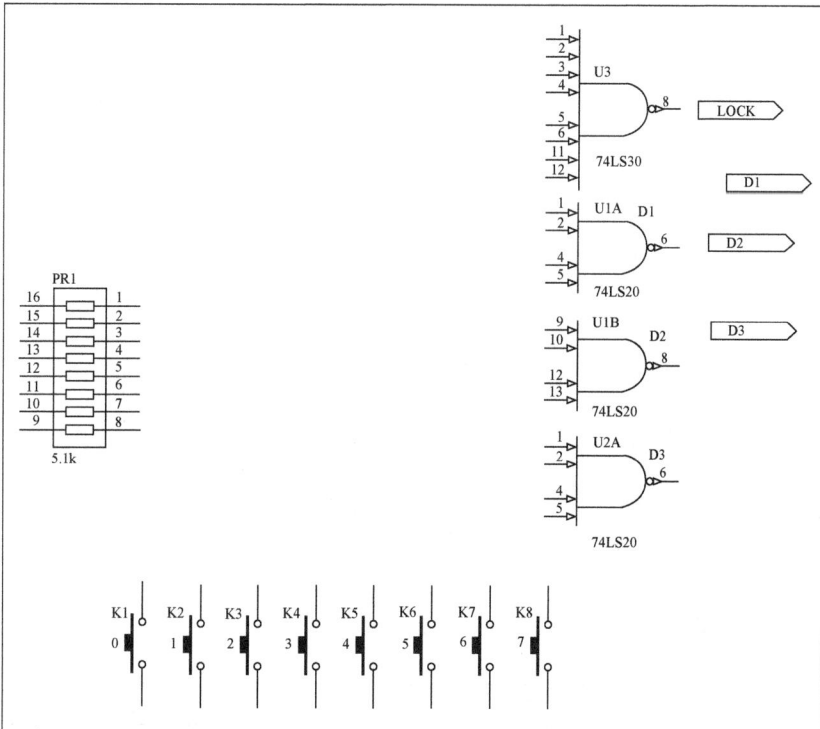

图 5-19 调整 BM 子电路元件

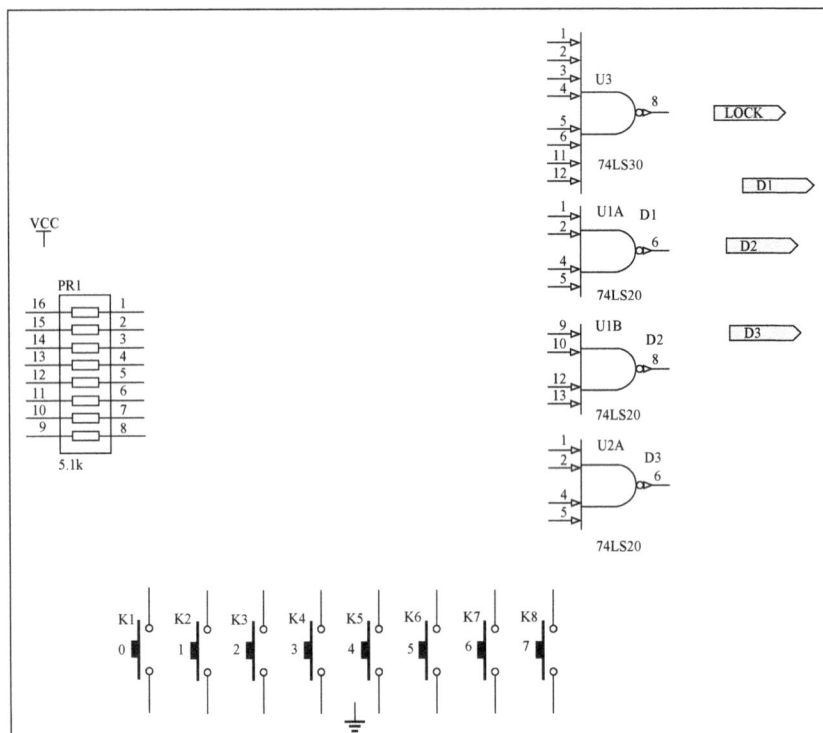

图 5-20　给 BM 子电路放置电源和接地符号

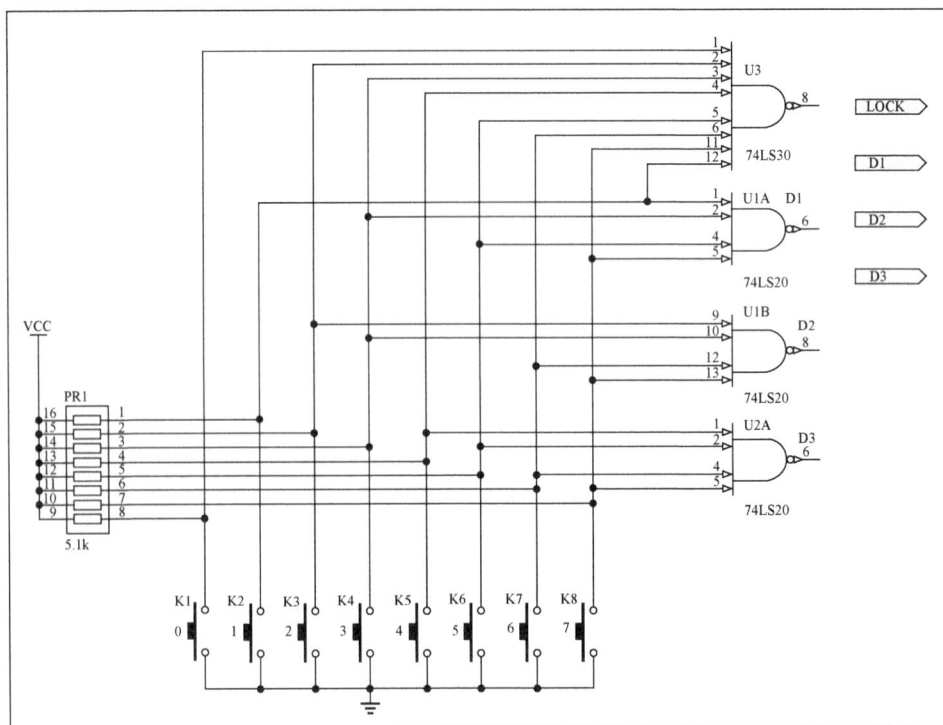

图 5-21　给 BM 子电路连接导线

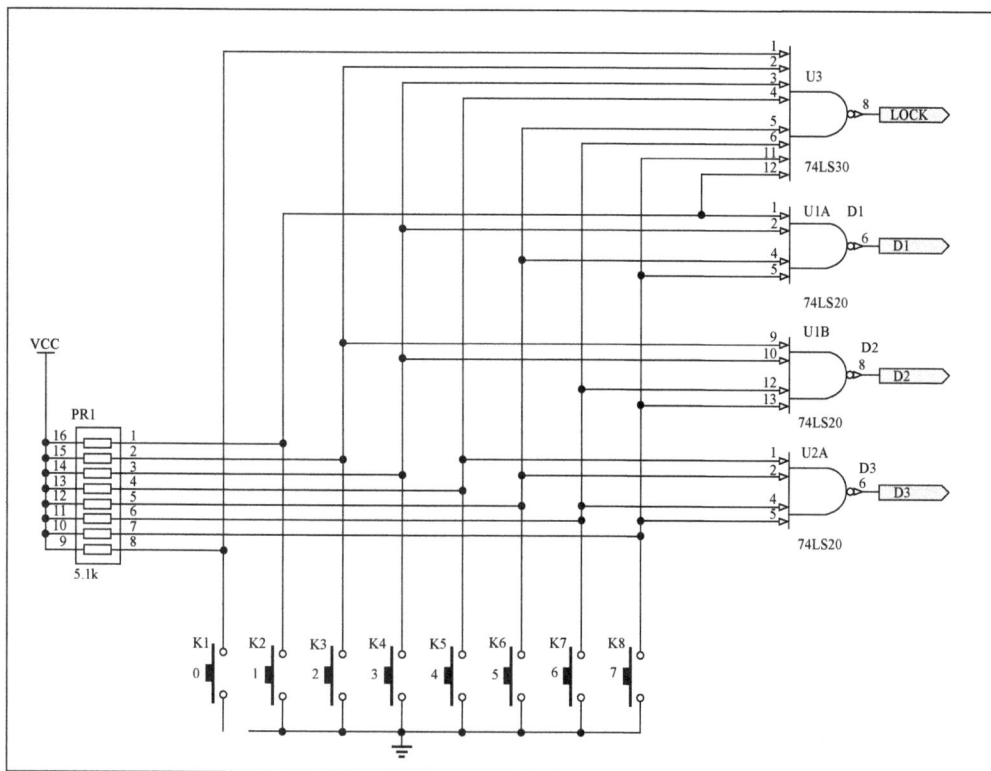

图 5-22　给 BM 子电路连接端口

第 4 步　绘制 SC 子电路图

1. 放置元件，放置电源和接地符号，如图 5-23 所示。

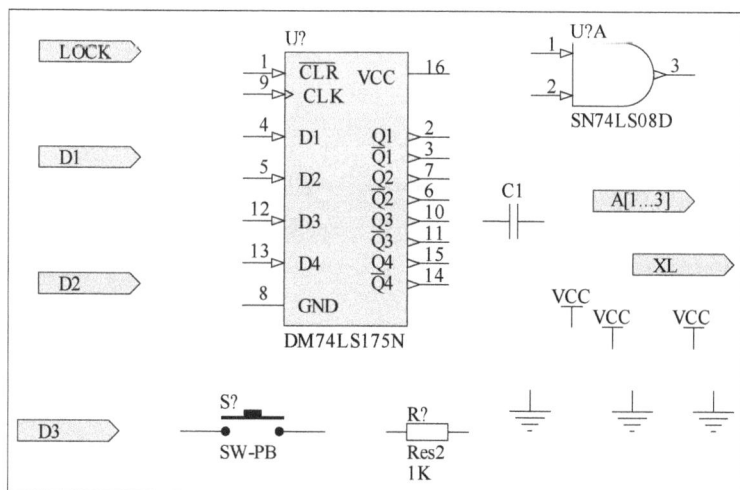

图 5-23　放置 SC 子电路元件

2. 编辑元件，如图 5-24 所示。

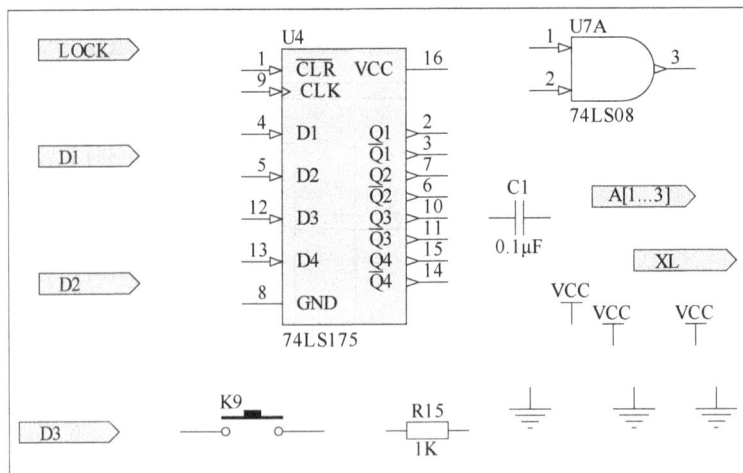

图 5-24 编辑 SC 子电路元件

3．调整元件，如图 5-25 所示。
4．放置电气节点，连接导线和总线。
5．正确连接端口，如图 5-26 所示。
6．原理图保存。

总线的绘制方法：选择"放置→总线"命令，将光标移动到图纸上需要绘制总线的起始位置，单击确定起始点，将鼠标移动到另一个位置，单击确定总线的下一点，右击，退出放置总线状态。双击总线，弹出"总线属性"对话框，可以修改总线的宽度和颜色。

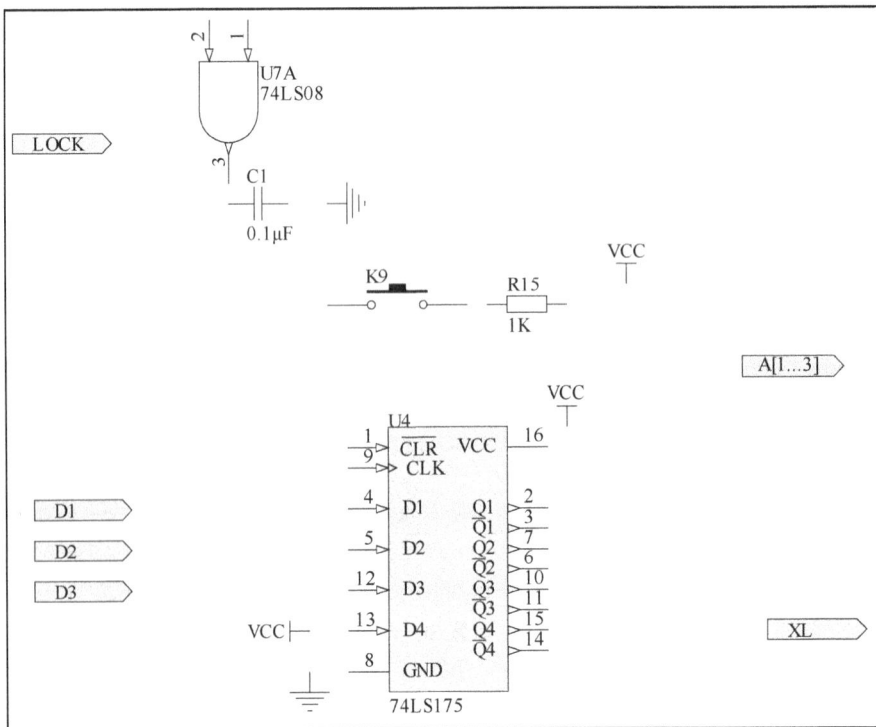

图 5-25 调整 SC 子电路元件

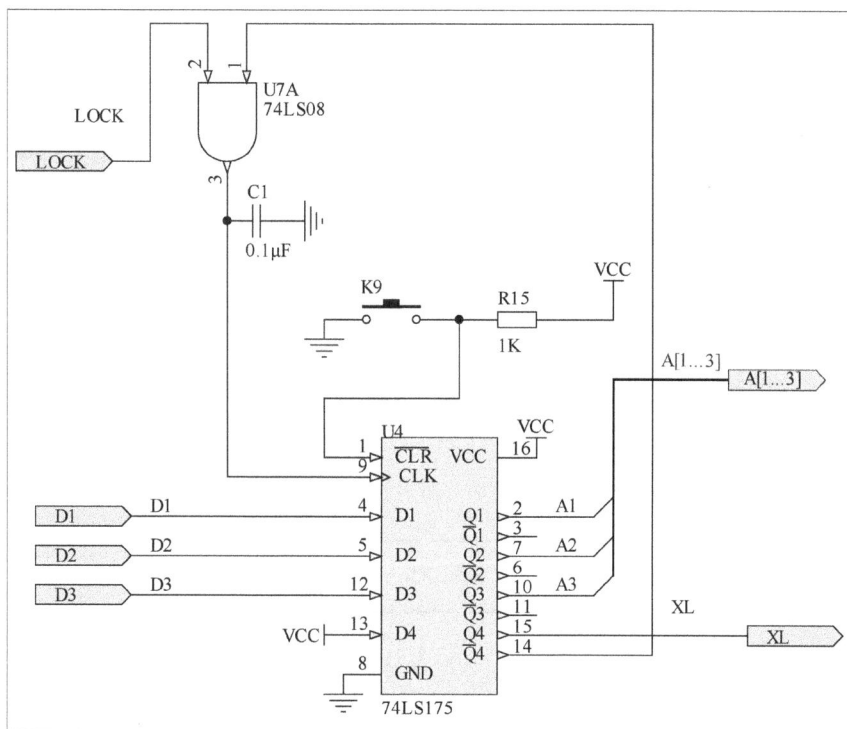

图 5-26 给 SC 子电路连接导线、总线、端口

总线分支的绘制方法：选择"放置→总线分支"命令，将鼠标移动到总线和导线之间单击即可。双击总线分支，弹出"总线分支属性"对话框，可以修改总线分支的位置、宽度和颜色。

第 5 步 绘制 XS 子电路图

1. 放置元件，放置电源和接地符号，如图 5-27 所示。

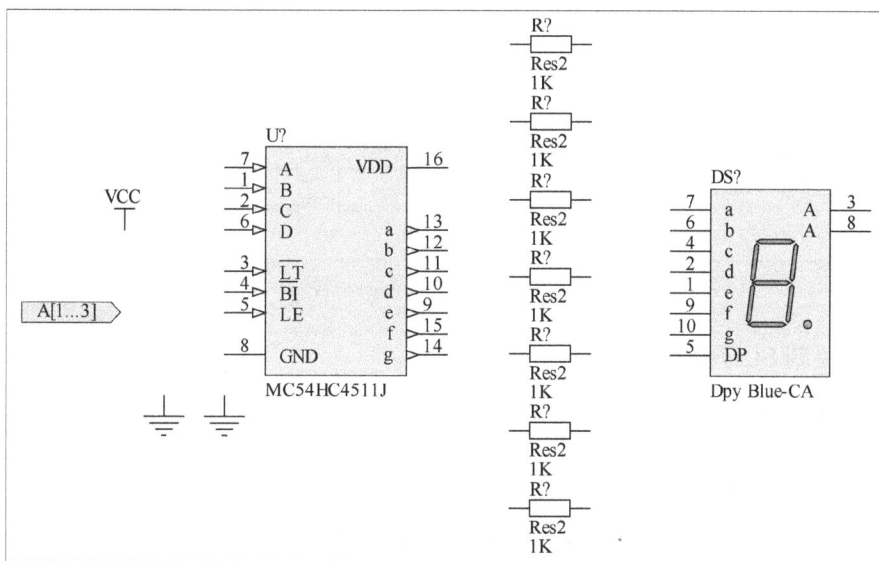

图 5-27 放置 XS 子电路元件

2．编辑元件，如图 5-28 所示。

3．调整元件，如图 5-29 所示。

4．放置电气节点、连接导线、总线、端口，如图 5-30 所示。

5．原理图保存。

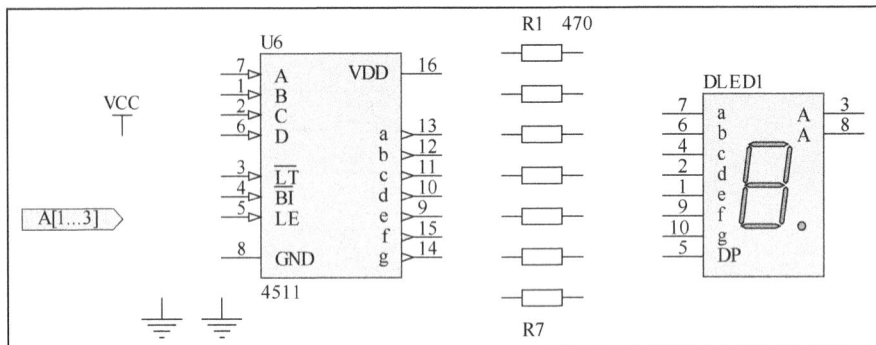

图 5-28　编辑 XS 子电路元件

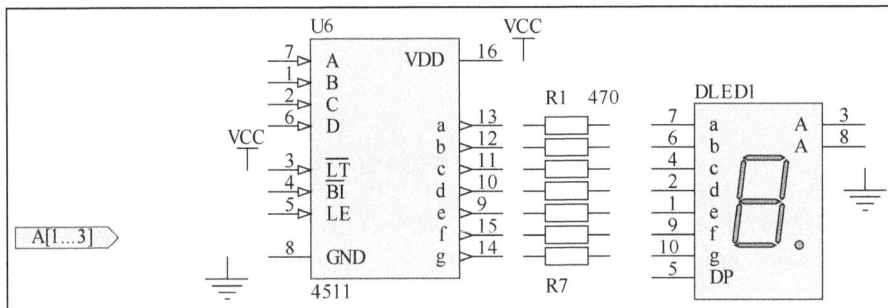

图 5-29　调整 XS 子电路元件

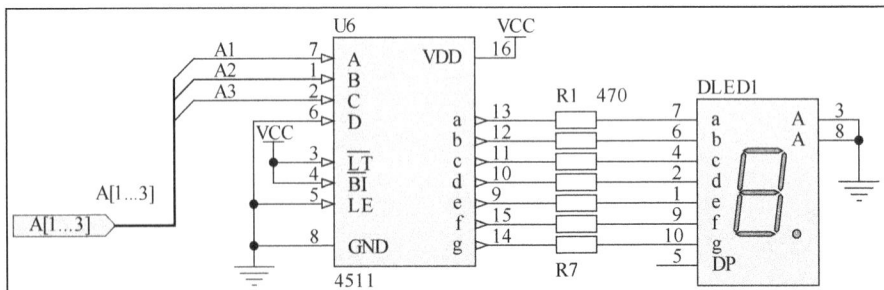

图 5-30　给 XS 子电路连接导线、总线、端口

第 6 步　绘制 SL 子电路图

1．放置元件，放置电源和接地符号，如图 5-31 所示。

2．编辑元件，如图 5-32 所示。

3．调整元件，如图 5-33 所示。

4．放置电气节点和连接导线、端口，如图 5-34 所示。

5．原理图保存。

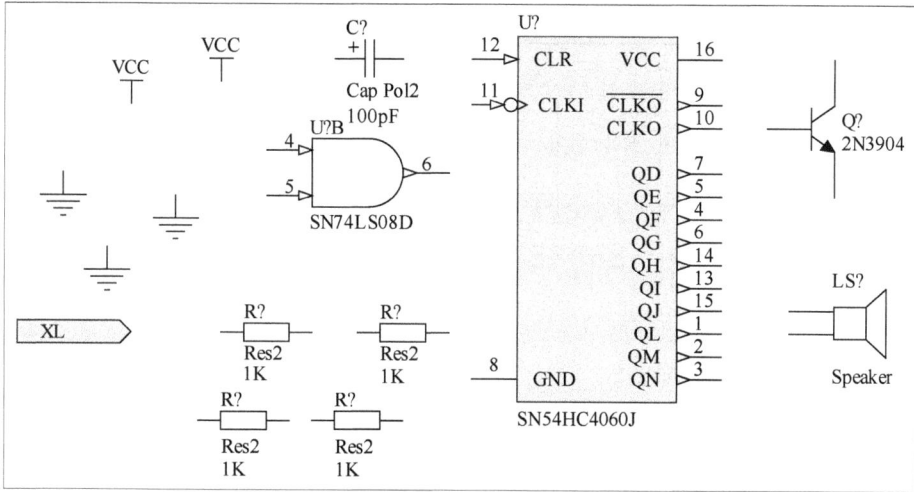

图 5-31 放置 SL 子电路元件

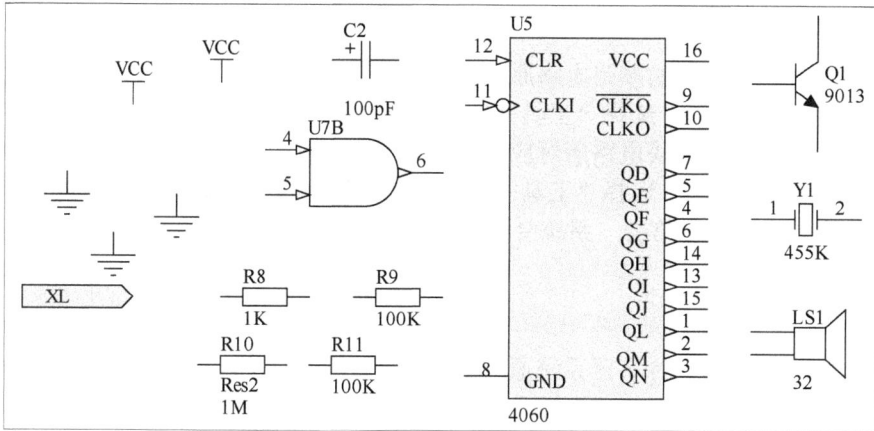

图 5-32 编辑 SL 子电路元件

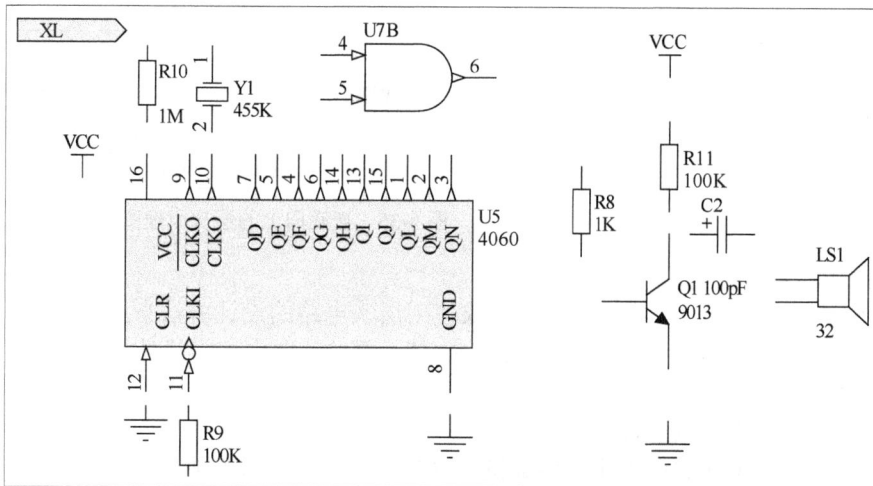

图 5-33 调整 SL 子电路元件

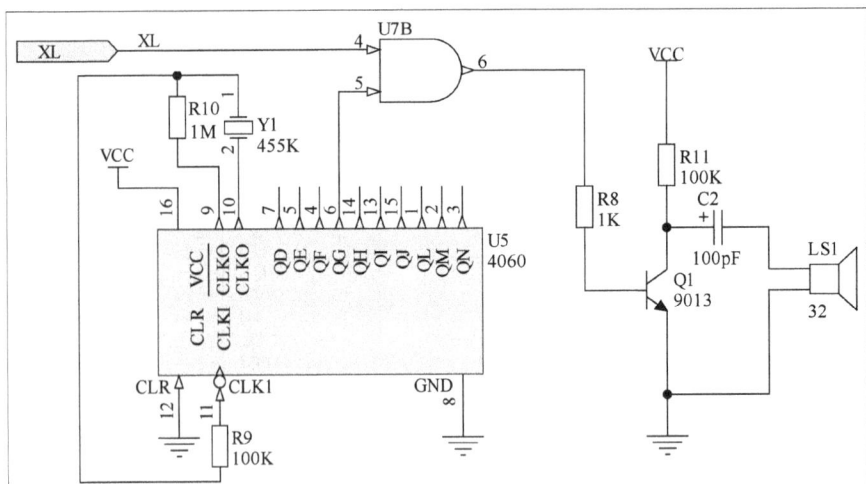

图 5-34　给 SL 子电路连接导线、端口

第 7 步　层次原理图之间的切换

当同时打开层次原理图的多张电路原理图时，可以在不同层次原理图之间进行切换。

1．从总图切换到子图。选择"工具→改变设计层次"命令，此时光标变成十字状，单击方块电路，系统会切换到方块电路所对应的子图。

2．从子图切换到总图。选择"工具→改变设计层次"命令，此时光标变成十字状，移动光标到子图中某个 I/O 口上单击，系统会切换到总图对应的 I/O 口上。

内容小结

本项目主要以绘制数码抢答器系统原理图为例，重点介绍了层次性电路图的基本概念和自顶向下设计的方法，介绍了层次原理图总图和子图之间的相互切换。

自底向上的设计方法就是由原理图产生电路方块图，其流程如图 5-35 所示。

在子图绘制里，复习了原理图绘制一般步骤：放置元件、编辑元件、调整元件、连接导线等。又重点讲解了总线的画法和如何正确连接由总图产生的端口的方法。

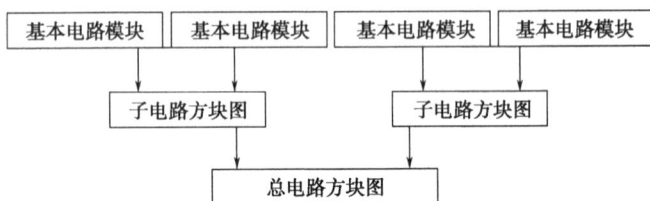

图 5-35　自底向上的层次原理图设计方法流程

上机实训

1．课内操作题。

图 5-36 是一张红外遥控器电路图，要求使用层次电路的设计方法来简化电路，将电路分为两级模块"mk1.SCHDOC"和"mk2.SCHDOC"，要求从图中的虚线处分开。

2．课外操作题。

（1）职业技能鉴定考点五样题。

在考生的设计数据库文件夹中，将如图 5-37 所示的原理图改画成层次电路图，要求抄画图中的元件必须和样图一致，保存结果时，总图文件名为"demo.SCHDOC"，子图文件名为模块名称。

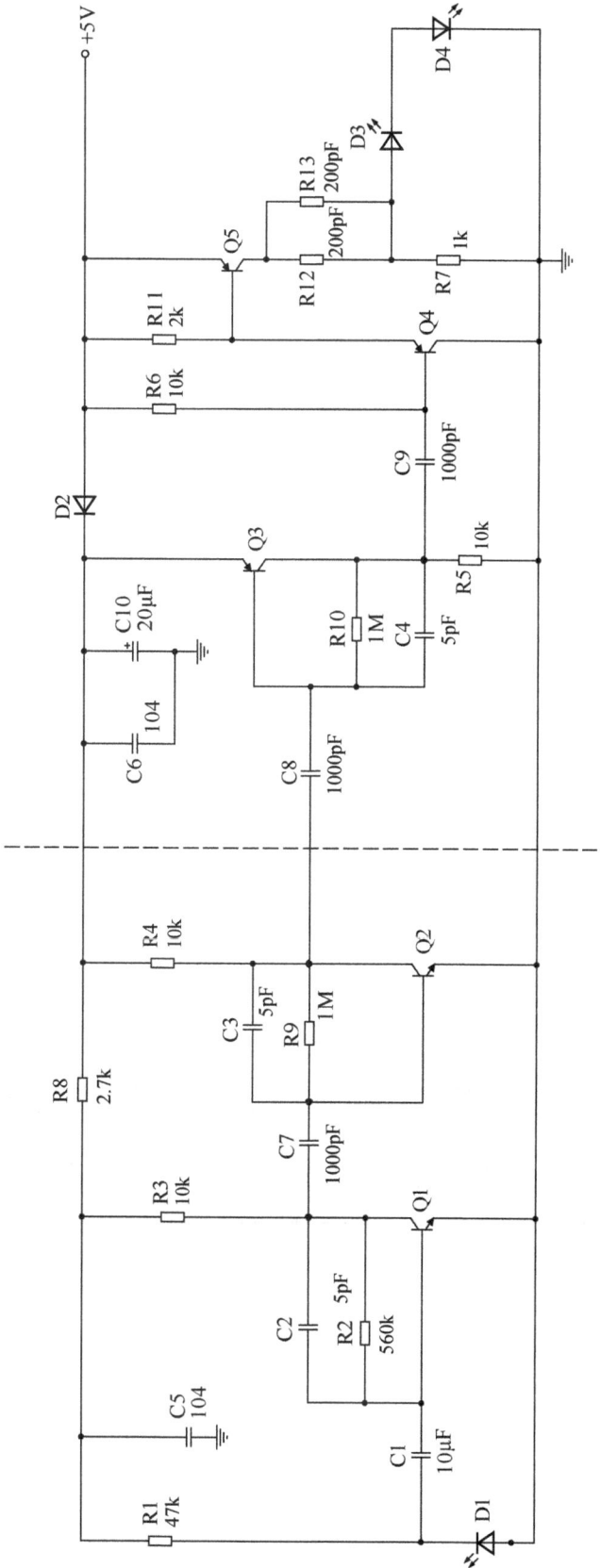

图 5-36 红外遥控器电路

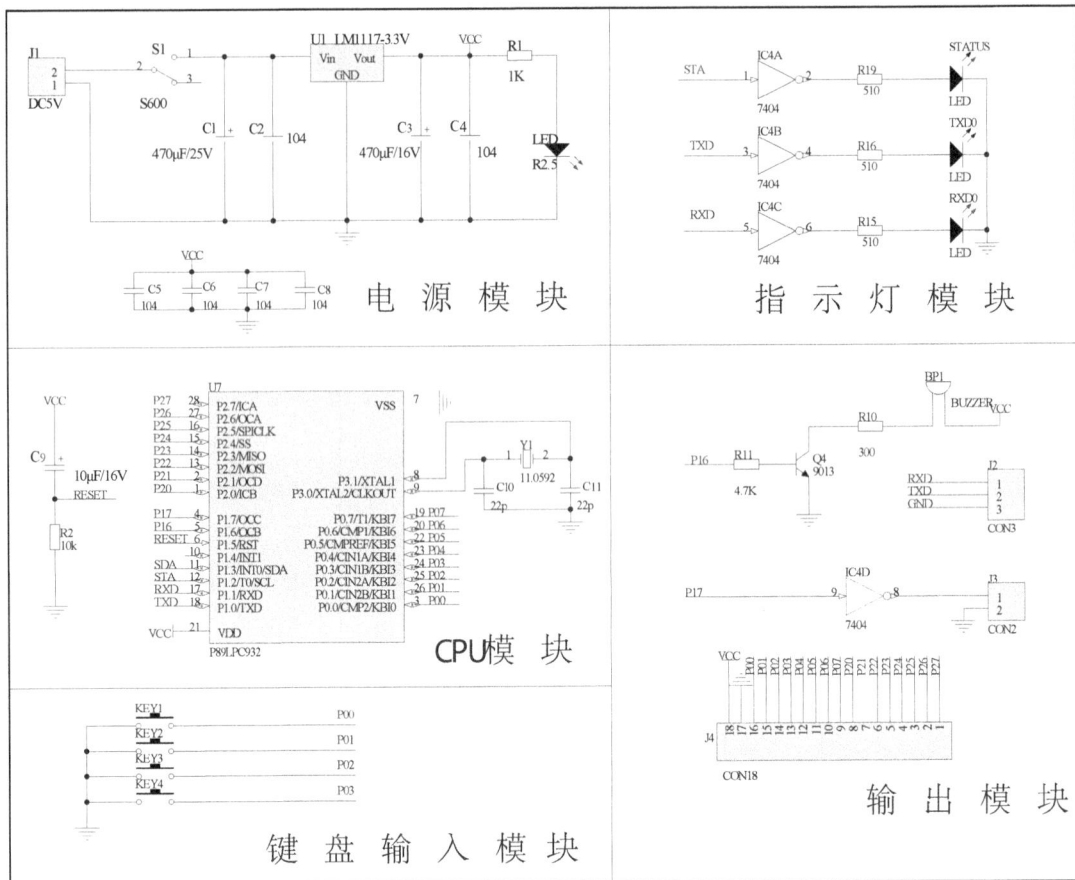

图 5-37 原理图样图

（2）职业技能鉴定考点五（24%）评分表（见表 5-1）。

表 5-1 改画层次电路原理图评分表

作图方法：共 14 分		
漏画、错画元件（2 分/个）	漏画、错画电线（0.5 分/条）	漏标、错标元件标号（0.5 分/个）
漏写、错写文字（0.5 分/个）	电源、接地错误（2 分/个）	漏标引脚封装（1 分/个）
作图质量：共 10 分		
元件标称合理度（3 分）	整体布局合理度（3 分）	走线合理度（3 分）
其他（1 分）		

项目六

555 电路印制板的绘制

印制电路板（PCB）的设计主要包括原理图的设计和 PCB 的设计两部分。通过前面几个项目对原理图的设计做了详细介绍，从本项目开始，讲解 PCB 设计知识。

下面将通过绘制 555 电路 PCB，重点讲解印制电路板环境设置。

学习目标

☆ 掌握创建 PCB 文件的方法。
☆ 掌握为原理图元件添加封装的方法。
☆ 掌握引脚封装和网络的载入方法。
☆ 掌握元件布局的方法。
☆ 掌握 PCB 电路参数、电路板工作层的设置方法。

教学方式

教学节奏		教学方式
教学项目	课时安排	
教师讲授	2	讲授印制电路板图绘制的一般步骤，重点讲授 PCB 的参数和电路板规划的方法
学生上机	4	教师指导学生实际操作，制作一个简单电路的 PCB，进行 PCB 电路参数及电路工作层的设置

训练任务

一个简单的 555 电路原理图如图 6-1 所示，将其生成印制电路板图。印制电路板元件移动的网格大小为 10mil，可视网格大小为 200mil，电路板尺寸为 1000mil×1000mil。

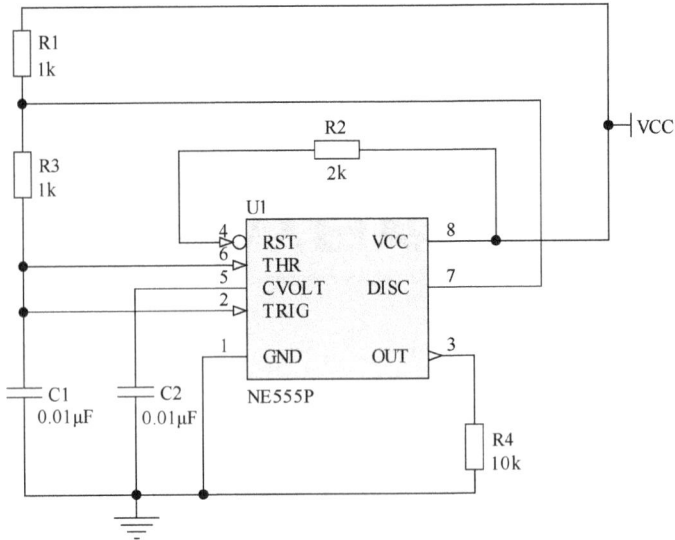

图 6-1　555 电路原理图

🐝 执行步骤

第 1 步　绘制电路原理图

1．新建文件。新建项目文件"项目六.PRJPCB"，并新建原理图文件，保存为"555 电路.SCHDOC"。

2．绘制原理图。查找放置元件、编辑元件、设置元件属性、连接导线，如图 6-1 所示。

3．产生网络表。

（1）ERC 检查。对原理图进行 ERC 检查，排除错误。

（2）生成网络表。选择"设计→设计项目的网络表→protel"命令，网络表文件为"项目六.NET"。

通过网络表查看各元件编号、参数是否正确，封装是否合适，元件之间的网络连接关系是否正确等。

如果网络表没有错误，可以进行下一步的 PCB 制作，一旦查出错漏之处，则必须回到原理图文件修改，重新产生网络表，再次检查无误，才能进入下一步操作。

第 2 步　认识印制电路板

1．印制电路板的结构简介。

印制电路板是电子元件装载的基板，它的结构比较复杂，一般根据板层的多少将印制电路板分为单层板、双面板和多层板，如图 6-2 所示为一个四层板结构。

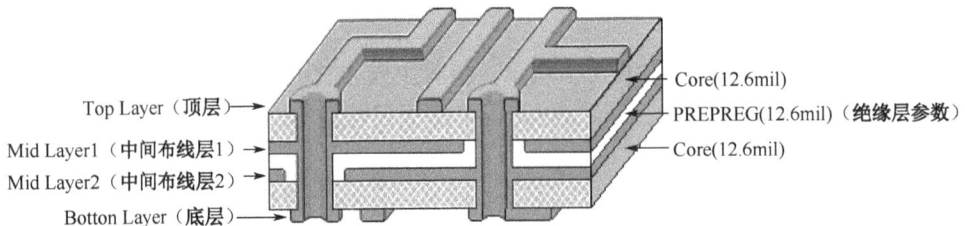

图 6-2　印制电路板结构示意图

2．元件的外形与封装实例。

每个元器件都有它的原理图符号和与之对应的封装，如表 6-1 所示。

表 6-1　典型元件外形、原理图和封装对应实例

元件名称	实物图	原理图符号	封装图
电阻		R? Res2 1K	R?
电容		C? + Cap Pol2 100pF	C?
二极管		D? Diode 1N5406	D? 1N5406
三极管	2N3904	Q? 2N3904	Q?BCYW3/E4
集成元件		U?A TL064ACN U?B TL064ACN U?C TL064ACN U?D TL064ACN	U? DIP14

第 3 步　创建 PCB 文件

1．添加封装。打开原理图，555 电路元件封装如表 6-2 所示。

表 6-2　555 电路元件封装

元件名称	标识符	封装
电阻	R1、R2、R3、R4	AXIAL-0.4
电容	C1、C2	RAD-0.1
555 集成块	U1	DIP-8

（1）添加的方法。

以电容 C1 为例：双击 C1，打开图 6-3 所示的元件属性对话框，在其右下方的"Footprint"前的列表框中选择"元件封装类型"，单击"编辑"按钮，打开图 6-4 所示对话框，然后在"PCB库"中选择"任意"，在封装模型的名称中（如果封装要求与默认封装不一致时，可以修改其封装），单击"确认"按钮。

（2）该电路中的电容封装为默认封装，不需要修改。

（3）可用同样的方法设置其余元件的属性。

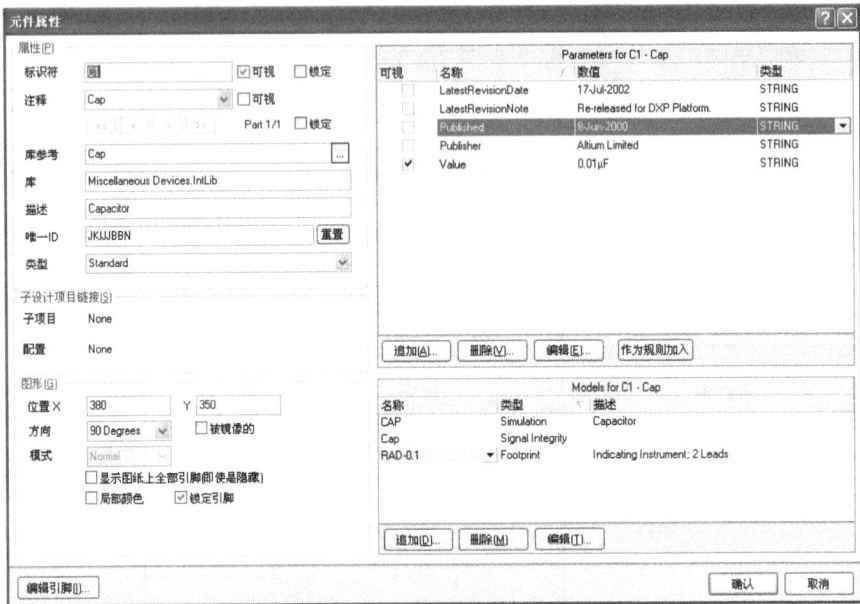

图 6-3　"元件属性"对话框

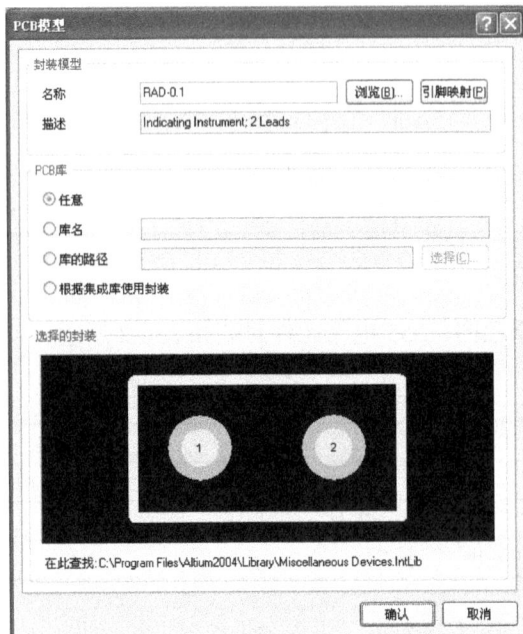

图 6-4　"PCB 模型"对话框

（4）修改 R1、R2、R3、R4 的封装。选中电阻 R1→右击→选择"查找相似对象"命令，弹出如图 6-5 所示的对话框→将"Library Reference"后面的"Any"改为"Same" →将"Current Part"后面的"Any"改为"Same"，如图 6-5 所示→将"Object Kind"后面的"Any"改为"Same"，如图 6-6 所示→单击"确认"按钮，如图 6-7 所示→几个电阻都被选中→如图 6-8 所示，将"Current Footprint"后面的"AXIAL-0.4"改成"AXIAL-0.3"封装→几个电阻的封装就全部改成了新的封装→右击鼠标，弹出如图 6-9 所示，选择"过滤器"，"清除过滤器"，原理图恢复为无过滤器的状态。

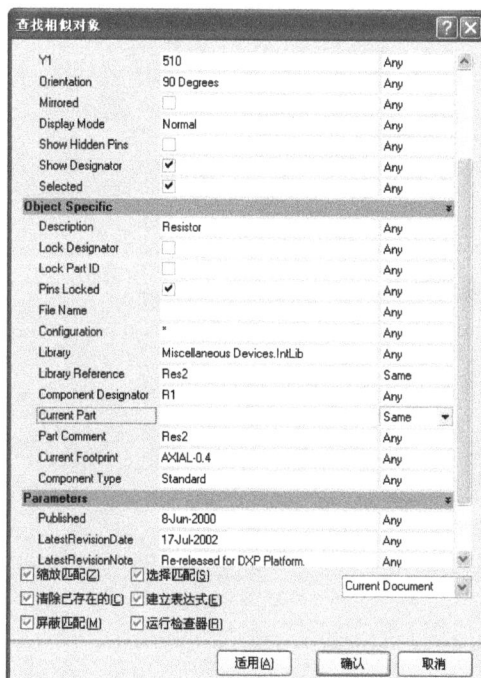

图 6-5　设置"Library Reference""Current Part"

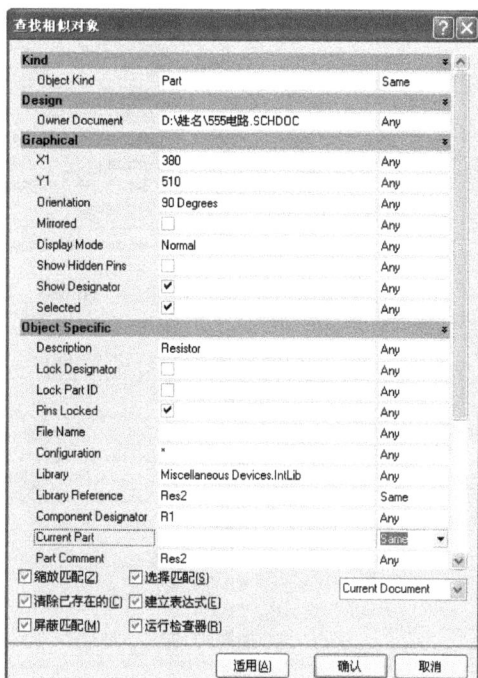

图 6-6　设置"Object Kind"

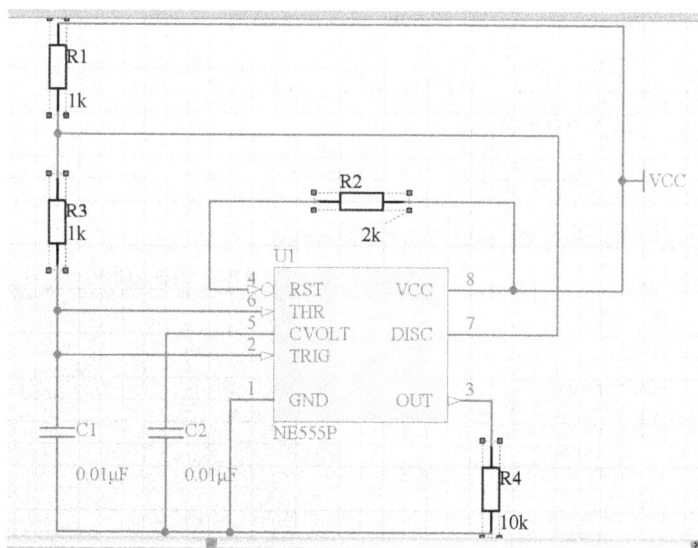

图 6-7　所有电阻都被选中

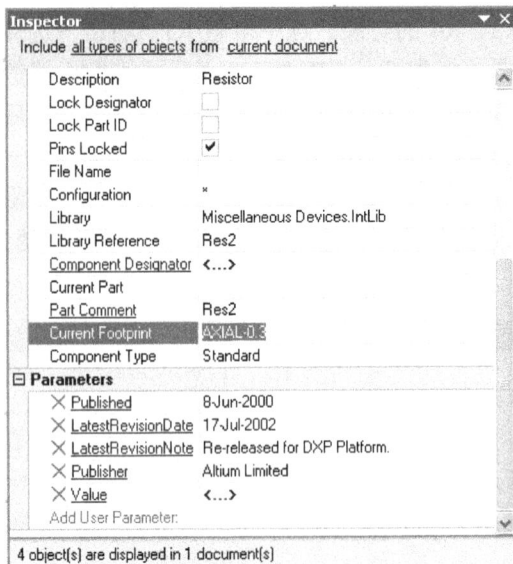

图 6-8　修改电阻的封装

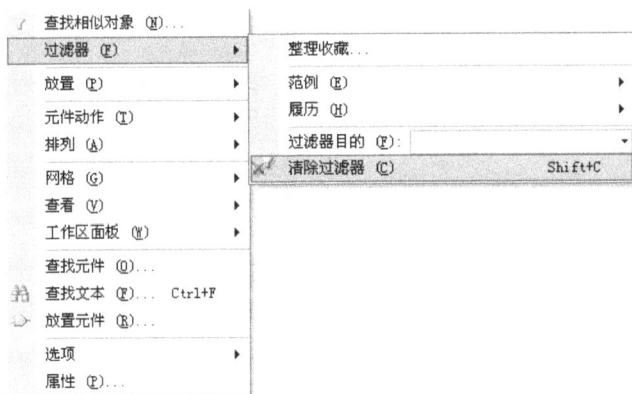

图 6-9　清除过滤器

2. 新建印制电路板文件。选择"文件→创建→PCB 文件"命令，将印制电路板保存为"555电路 PCB.PCBDOC"，如图 6-10 所示。

图 6-10　555 印制电路板文件

3．PCB 环境参数设置。

（1）电路板板级环境参数设置。选择"设计→PCB 选择项"命令，弹出图 6-11 所示的对话框：设置测量单位为"Imperial（英制）"，而 Metric 表示公制；设置捕获网格为 5mil，表示光标移动的最小距离；设置元件网格为 10mil，表示元件移动的距离；设置电气网格为 10mil；设置可视网格为"Lines"（线状网格），而 Dots 表示点状网格，网格 1 为 10mil，网格 2 为 200mil；其余设置为默认，最后单击"确认"按钮。

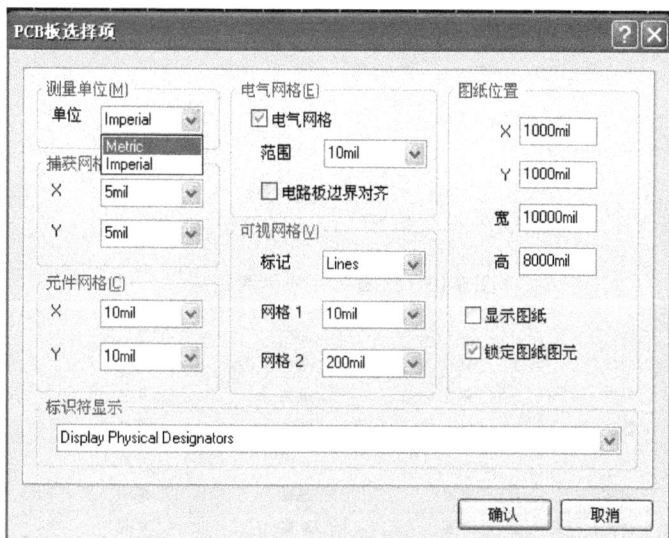

图 6-11 "PCB 板选择项"对话框

（2）系统环境参数设置。选择"工具→优先设定"命令，弹出图 6-12～图 6-16 所示的对话框，进行相应的设置。

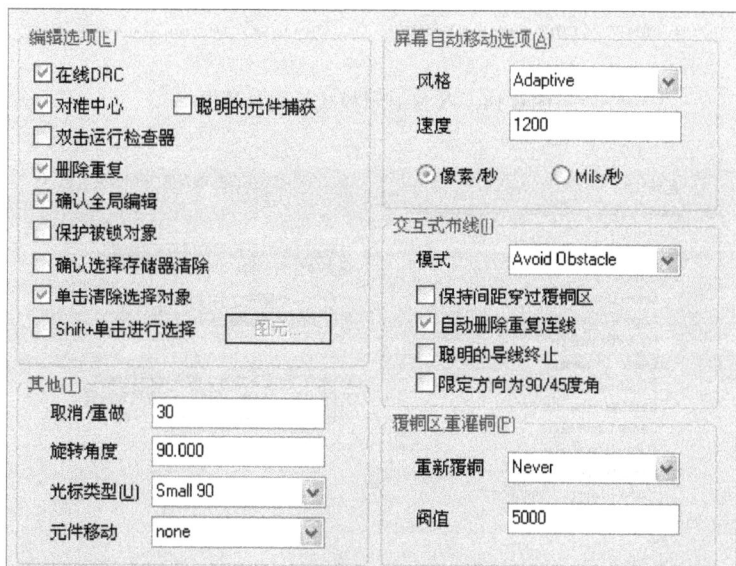

图 6-12 PCB 通用设置对话框

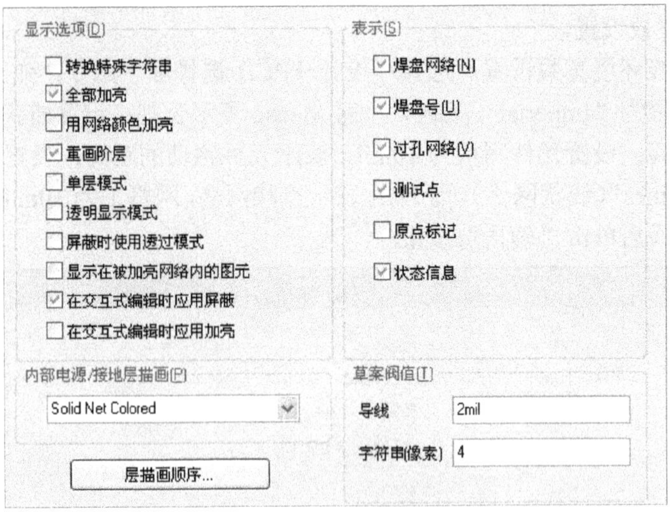

图 6-13　PCB 显示设置对话框

图 6-14　PCB 显示模式设置对话框

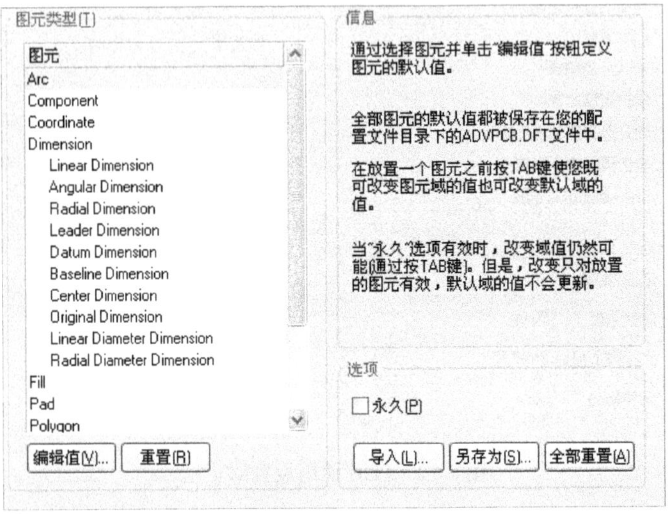

图 6-15　PCB 系统默认值设置对话框

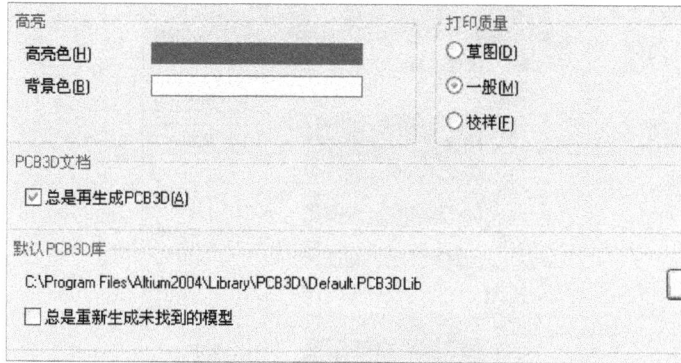

图 6-16　PCB 3D 设置对话框

（3）电路板工作层环境设置。选择"设计→PCB 层次颜色"命令，打开图 6-17 所示的对话框。各种工作层表示的含义如图 6-18 所示，双击某工作层，可以修改工作层的颜色，如图 6-19 所示。一般采用默认的工作层颜色。

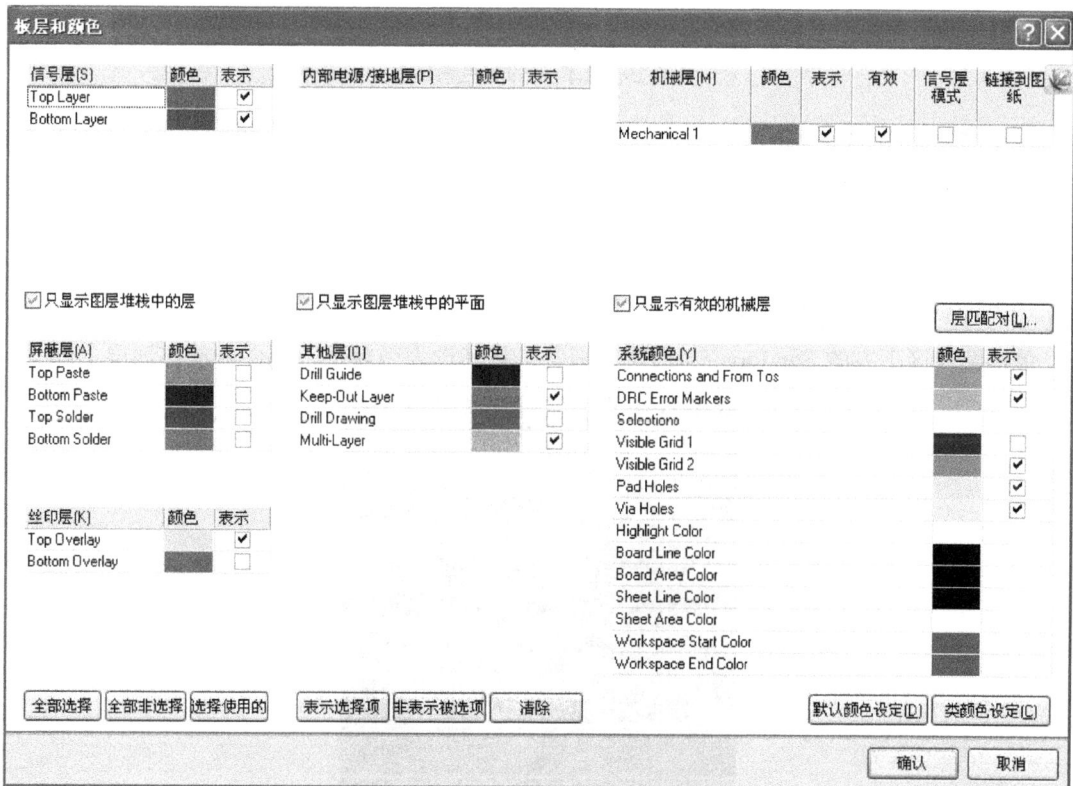

图 6-17　电路板工作层设置对话框

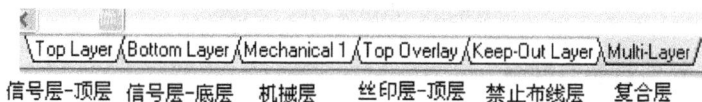

信号层-顶层　信号层-底层　机械层　　丝印层-顶层　禁止布线层　复合层

图 6-18　各种工作层表示的含义

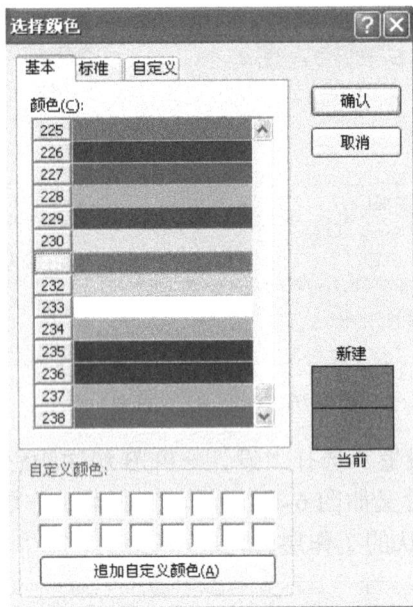

图 6-19　工作层的颜色选择框

第 4 步　规划印制电路板

定义电路板的电气轮廓。单击编辑区下方的 Keep Out Layer（禁止布线层）标签，将其设置为当前层。

选择"放置→禁止布线层→导线"命令，在编辑区的适当位置绘制一个尺寸 1000mil×1000mil 封闭多边形，如图 6-20 所示。

单击编辑区下方的 Top Layer（顶层）标签，将其设为当前层，元件就放在该层上。

图 6-20　电路板的电气轮廓

第 5 步　载入元件封装与网络

（1）打开原理图，选择"设计→Update PCB Document 555 电路 PCB 图.PCBDOC"命令，弹出图 6-21 所示的对话框。

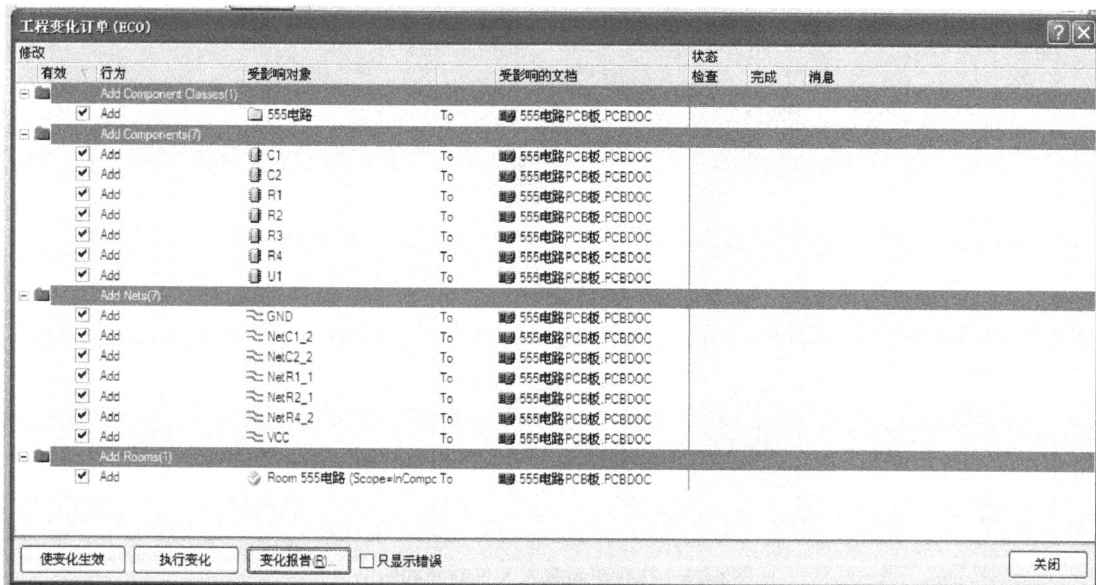

图 6-21　更新 PCB 文件对话框

（2）单击"使变化生效"按钮，如图 6-22 所示，系统在右边的"检查"栏的对应位置打钩，以此来检查所有更改是否正确，其中正确标志为绿色的"√"，错误标志为红色的"×"。

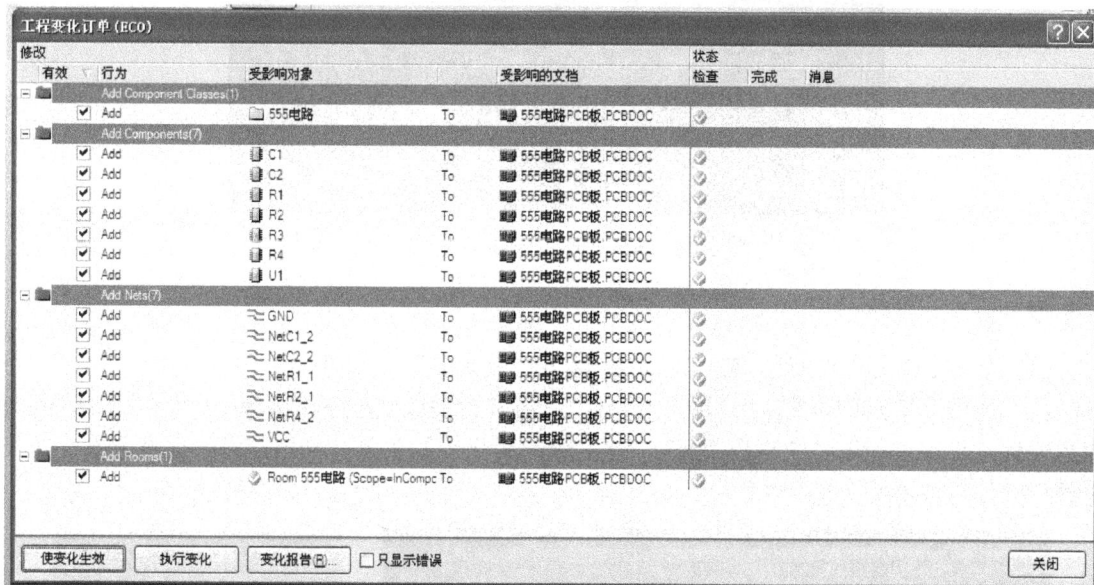

图 6-22　检查更新是否有效对话框

（3）在更新有效标志全部正确时，单击"执行变化"按钮，如图 6-23 所示。

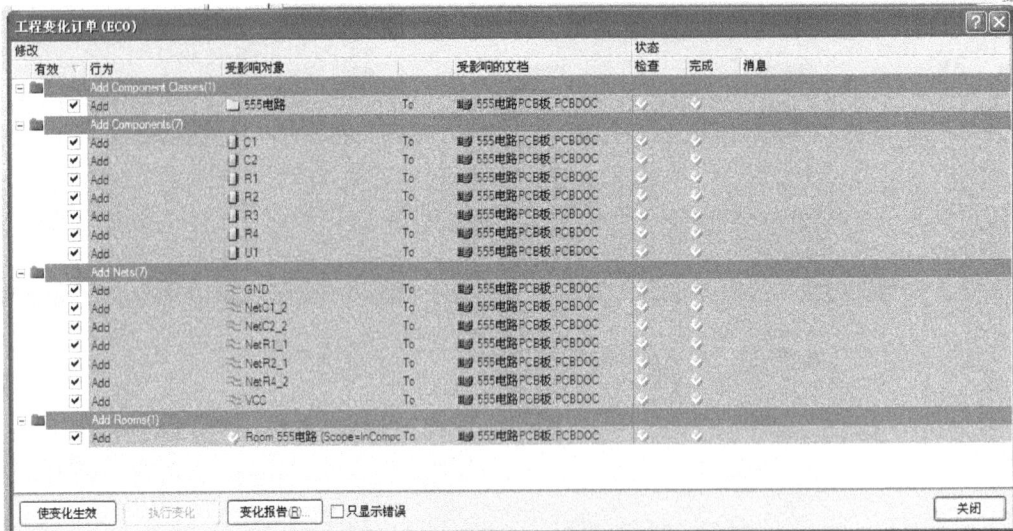

图 6-23　执行更新载入元件封装和网络

（4）单击"关闭"按钮。PCB 文件被更新，如图 6-24 所示。

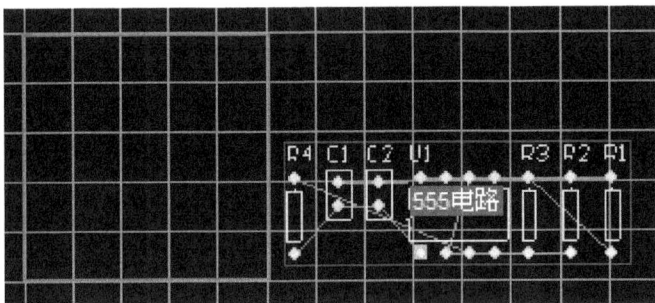

图 6-24　装入电路板的 PCB 封装元件

第 6 步　元件布局

（1）单击 ROOM 空白处，裁剪 ROOM 区域，效果如图 6-25 所示。

（2）选择"排列布局元件"，单击"元件"，将其封装放到电路板区域中，如图 6-26 所示。放置元件过程中，利用"空格"、"X"、"Y"键改变元件的放置方向。注意：元件紧靠、不要重叠、元件名称不要倒置。

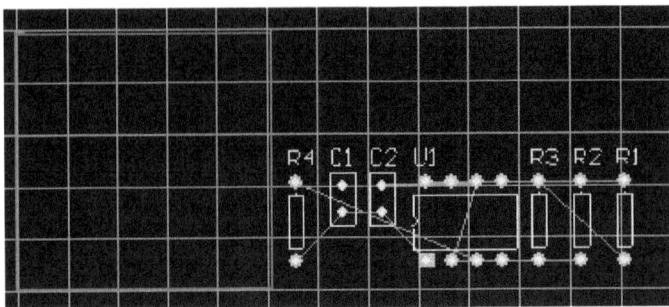

图 6-25　去除 ROOM 处的 PCB

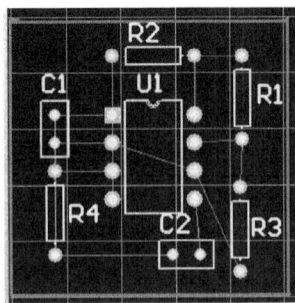

图 6-26　元件封装排列好的电路板

第 7 步　自动布线

1．选择"全部对象"命令，弹出图 6-27 所示的对话框。

2．单击"Route All"按钮自动布线，如图 6-28 所示。

3．保存文件，PCB 设计结束。

系统默认为双面板，其实该电路比较简单，通过设置布线层面规则决定电路板为单面板。

选择"设计→规则"命令，进行设置，如图 6-29 所示，将有效的层"Bottom Layer"后的允许布线"√"去掉，自动布线，PCB 设计单面板效果如图 6-30 所示。

图 6-27　"Situs 布线策略"对话框

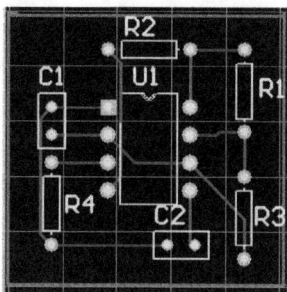

图 6-28　PCB 设计效果图

图 6-29   单面板的设置

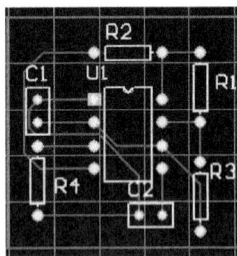

图 6-30   PCB 设计单面板效果

第 8 步   3D 效果图

选择"查看→显示三维 PCB"命令,可生成电路板的立体效果图,如图 6-31 和图 6-32 所示。

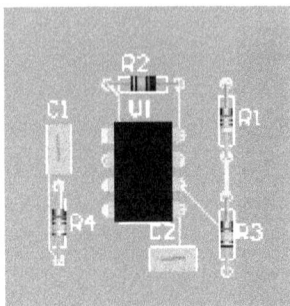

图 6-31   PCB 双面板 3D 效果图

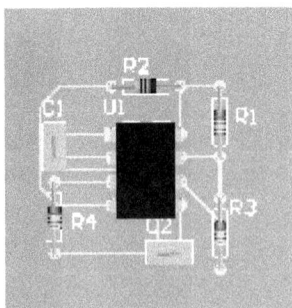

图 6-32   PCB 单面板 3D 效果图

内容小结

本项目通过制作一个简单的 555 电路 PCB，让我们初步体验电路板制作的主要过程，增强制作电路板的信心。

绘制印制电路板一般有以下几个步骤。

1. 设计原理图。

2. 定义元件封装。

3. 生成网络表。

4. 新建 PCB 文件。

5. PCB 图纸的基本设置。

6. 载入网络表，更新 PCB 图。

7. 自动或手动布局。

8. 布线规则设置。

9. 自动布线。

10. 保存文件。

上机实训

1. 课内操作题。

新建一个项目文件和原理图文件，保存到"D:\学生作业文件夹"目录下，文件名分别为"按钮控制电路.PRJPCB""按钮控制电路.SCHDOC"。绘制图 6-33 所示的按钮控制电路原理图，生成印制电路板。要求：板子尺寸 1000mil×1000mil，元件网格为10mil，可视网格 2 为 200mil，电阻的封装设为AXIAL-0.4，按钮开关的封装设为 SPST-2，其余默认。

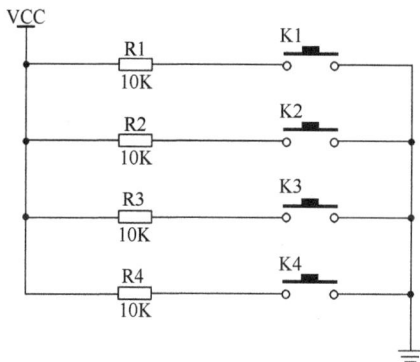

图 6-33　按钮控制电路原理图

2. 课外操作题。

（1）职业技能鉴定考点六样题。

在考生的设计数据库文件夹中，按照项目三中如图 3-20 所示样图，将原理图生成双面电路板，规格为 X：140mm，Y：40mm，将接地线和电源线加宽至 20mil，保存 PCB 文件。

操作提示：如何设置电源、地线的线宽。选择"设计→规则"命令，右击 Width 选项，将名称框中输入"VCC"，在网络框中选择"VCC"，将最大宽度改为"20mil"优选尺寸改为"20mil"，最小宽度改为"20mil"，最后设置优先权。

（2）职业技能鉴定考点六（8%）评分表（见表 6-3）。

表 6-3　检查原理图及生成网络表评分表

工作层设置（2分）	测量单位设置（1分）	电路板尺寸设置（2分）
接地线和电源线宽度设置（2分）	保存 PCB 文件（1分）	

项目七

创建"个性化"封装库

现代电子技术发展迅猛，新的元件不断涌现，在电子电路设计中常要用到定做的元件。这些元件的封装在 Protel DXP 2004 自带的 PCB 元件库中是无法找到的，但可以利用元件封装编辑器创建 PCB 元件库，并制作元件封装。

实际上，常用的元件封装都放在同一个元件封装库中，形成自己的个性化元件封装库。

学习目标

☆ 学会启动 PCB 元件封装编辑器。
☆ 掌握手工创建元件封装的方法。
☆ 掌握利用向导创建元件封装的方法。
☆ 学会修改系统元件封装的方法。
☆ 学会生成元件封装报表的方法。
☆ 掌握创建个性化元件封装库的方法。

教学方式

教学节奏		教学方式
教学项目	课时安排	
教师讲授	4	重点讲授创建元件封装和个性化元件库的方法
学生上机	4	教师指导学生实际操作，启动元件封装编辑器创建一个元件封装，并建立个性化元件库

训练任务

本项目需要完成的任务是创建自己的封装库文件 MYPCBLIB.PCBLIB，按照要求在其中创建元件的封装。

1. 元件 1：利用向导创建数码管元件引脚封装，数码管尺寸如图 7-1 所示。

2. 元件 2：手工创建按键开关引脚封装，按键开关的外形和尺寸参数如图 7-2 所示，引脚粗 0.5mm。

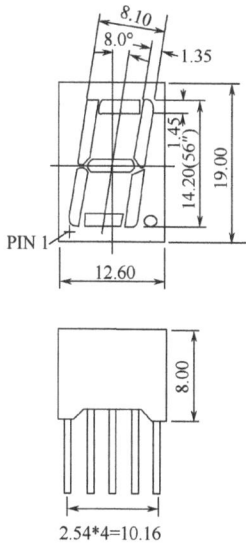

图 7-1 数码管尺寸（单位：mm）

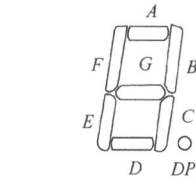

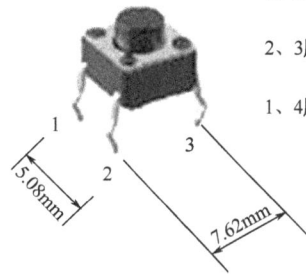

1、2 脚开关

2、3 脚短路

1、4 脚短路

图 7-2 按键开关的外形和尺寸参数

3. 元件 3：修改三极管的封装，图 7-3（a）为原封装库中三极管封装 BCY-W3，图 7-3（b）为 PNP 三极管的原理图符号，图 7-3（c）为使用的 9012 三极管的引脚极性，按照实际三极管的极性要求和原理图符号的引脚序号，需要将原三极管封装修改为图 7-3（d）所示。

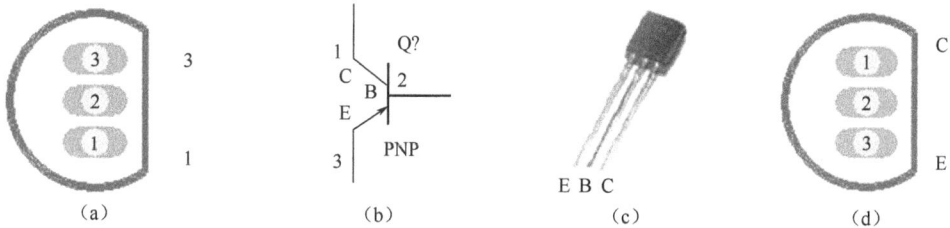

图 7-3 三极管封装与极性之间的关系

4. 将 Miscellaneous Devices.IntLib 元件库中的如图 7-4 所示元件封装复制到 MYPCBLIB. PCBLIB 元件库中，形成个性化元件库。

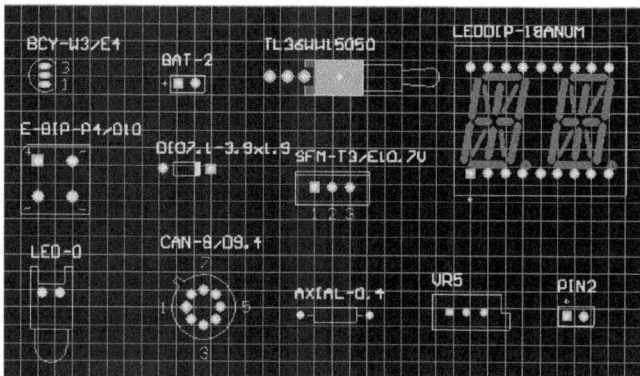

图 7-4 PCB 元件库中的放置图形

93

5. 生成元件封装报表（见表 7-1）。

表 7-1　元件封装报表

序号	元件	元件名称	封装
1	三极管	2N3906	BCY-W3/E4
2	直流电源	Battery	BAT-2
3	拨动开关	SW-SPDT	TL36WW15050
4	数码管	Dpy-16-Seg	LEDDIP-18ANUM
5	桥堆	Bridge	E-BIP-P4/D10
6	二极管	Diode 1N4148	DIO7.1-3.9x1.9
7	晶闸管	SCR	SFM-T3/E10.7V
8	发光二极管	LED0	LED-0
9	运算放大器	Op-Amp	CAN-8/D9.4
10	电阻	Res2	AXIAL-0.4
11	可变电阻器	RPot	VR5
12	传声器	Speaker	PIN2

🐝 执行步骤

第 1 步　创建自己的 PCB 库

1. 新建项目。在 "D:\姓名" 文件夹下，新建项目，命名为 "项目七.PrjPCB"，如图 7-5 所示。

2. 新建 PCB 库。在 "项目七.PrjPCB" 项目下，追加新文件 PCB 库，如图 7-6 所示，命名为 "xiangmu7.PcbLib"，如图 7-7 所示。

图 7-5　新建 "项目七.PrjPCB" 项目

图 7-6　追加新文件 PCB 库

图 7-7　新建 PCB 库命名为 "xiangmu7.PcbLib"

第2步 绘制数码管的封装

1．读数码管尺寸图。由图 7-1 得到数码管的封装示意尺寸图，如图 7-8 所示。

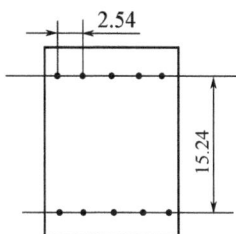

图 7-8 数码管封装示意尺寸（单位：mm）

2．新建元件封装库文件。选择"文件→创建→库→PCB 库"命令，将文件另存为"MYPCBLIB.PCBLIB"，单击面板下方的 PCB Library 标签，打开元件封装库管理器，如图 7-9 所示。按"Ctrl＋End"组合键，让光标回到系统的坐标原点。

3．设置编辑环境。选择"工具→库选择项"命令，选择公制 mm 为单位，如图 7-10 所示。或按下键盘"Q"，实现公制与英制的切换。

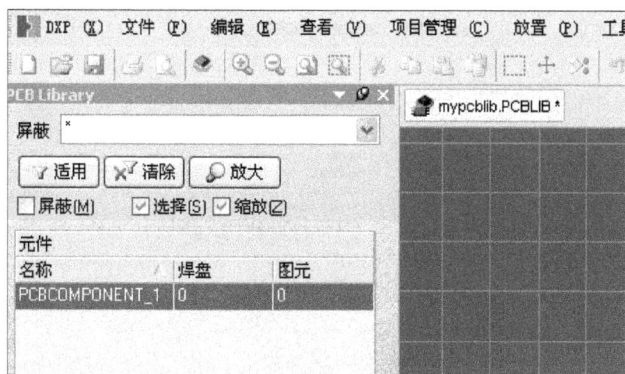

图 7-9 元件封装库编辑器

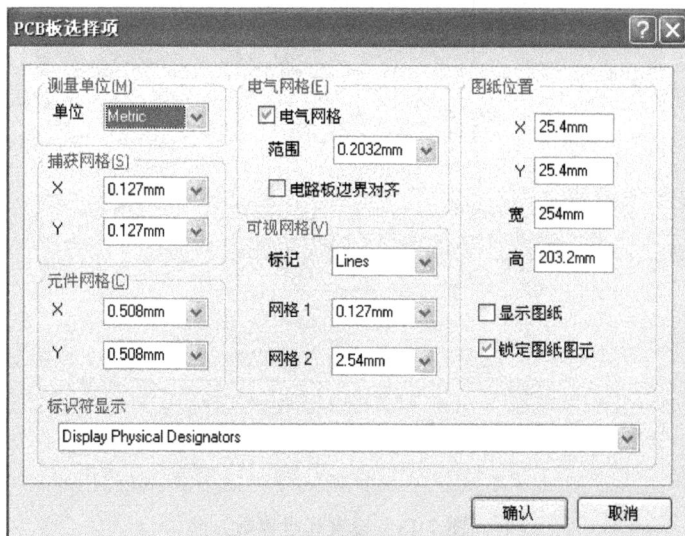

图 7-10 "PCB 板选择项"对话框

4．通过向导，创建数码管封装，确定相关参数。选择"工具→新元件"命令，打开封装向导，如图 7-11～图 7-19 所示。

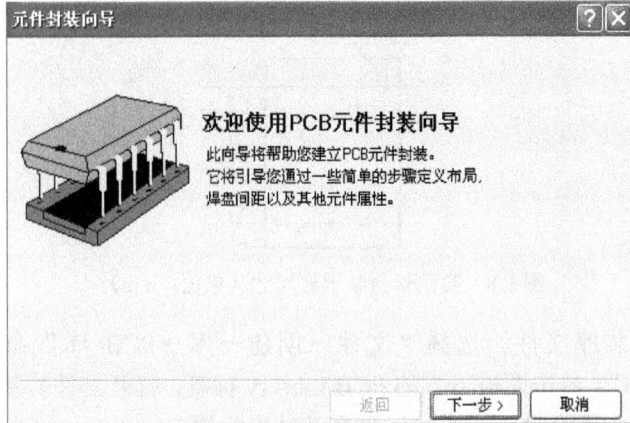

图 7-11　"元件封装向导"对话框

图 7-12　选择元件封装类型和单位

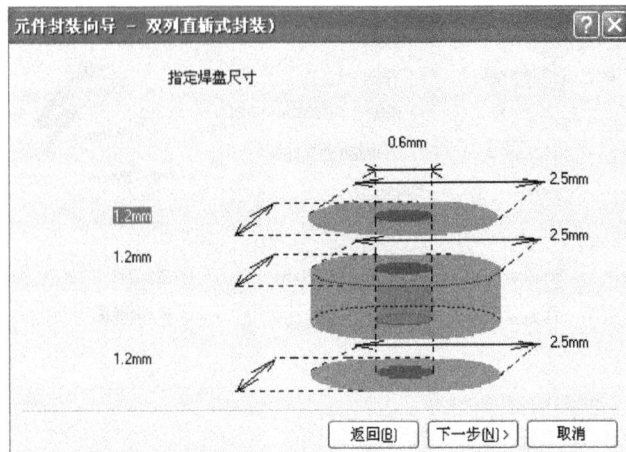

图 7-13　设置焊盘参数

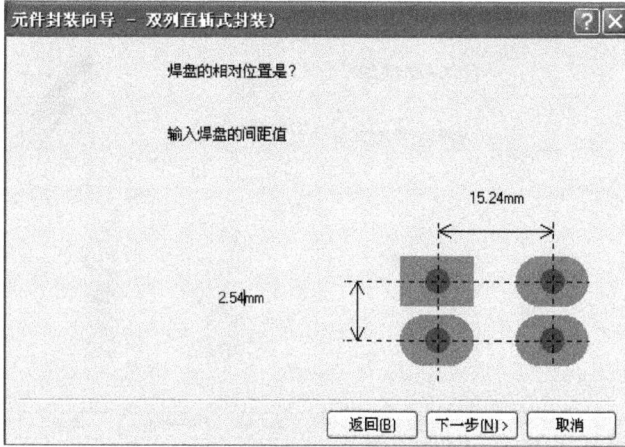

图 7-14 设置焊盘间距

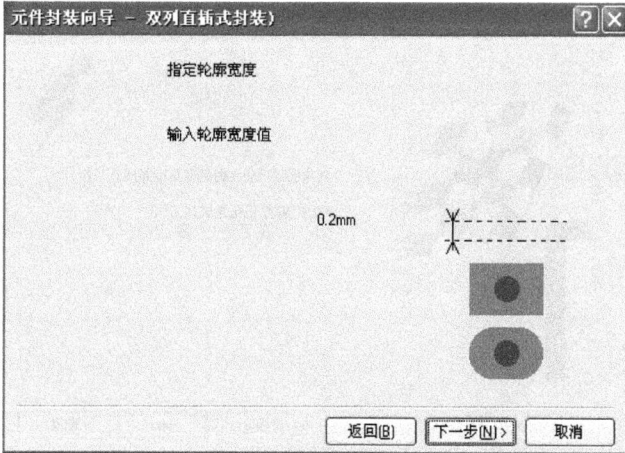

图 7-15 设置轮廓宽度

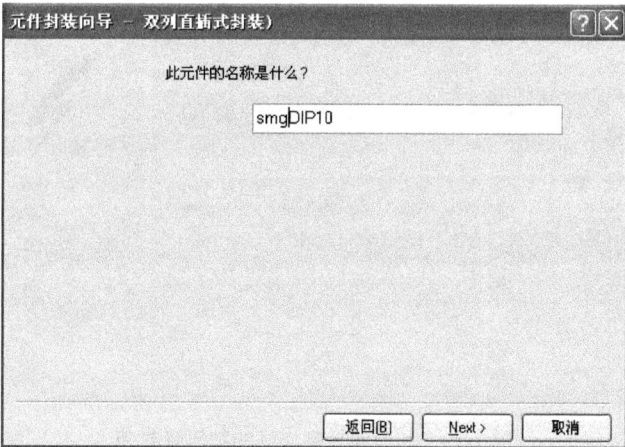

图 7-16 元件封装命名

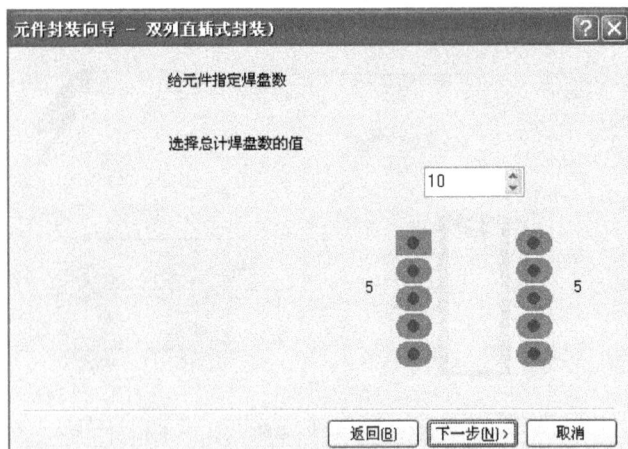

图 7-17　设置焊盘数量

图 7-18　结束对话框

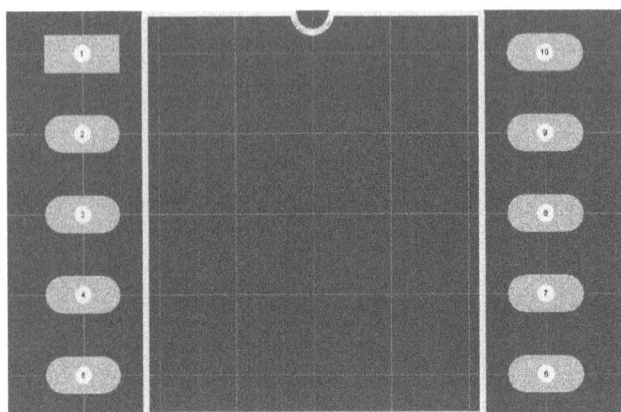

图 7-19　利用向导制作好的数码管封装

5．修改封装：旋转封装方向。选中全部封装，按住左键不放，同时按空格键，逆时针旋转 90°，如图 7-20 所示。

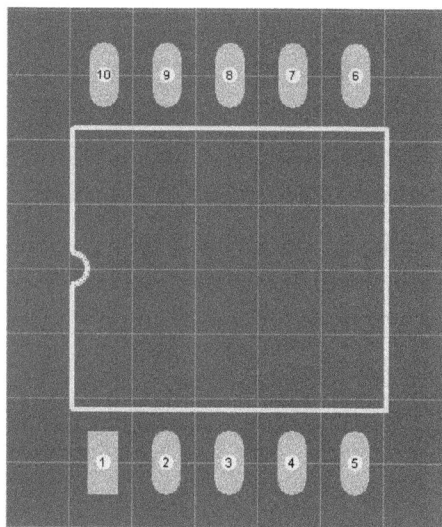

图 7-20 旋转 90° 的数码管封装

删除原外围框：选中原黄色的外围框，按"Delete"键，如图 7-21 所示。

在 Top Overlay 层重新绘制元件外围边框，利用放置导线，手工绘制外围边框，如图 7-22 所示。

保存"MYPCBLIB.PCBLIB"文件。

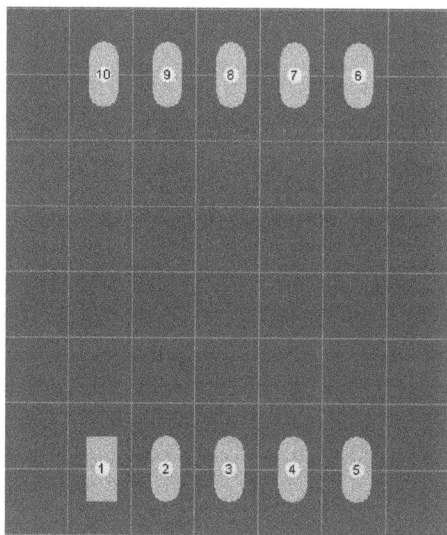

图 7-21 删除原外围边框

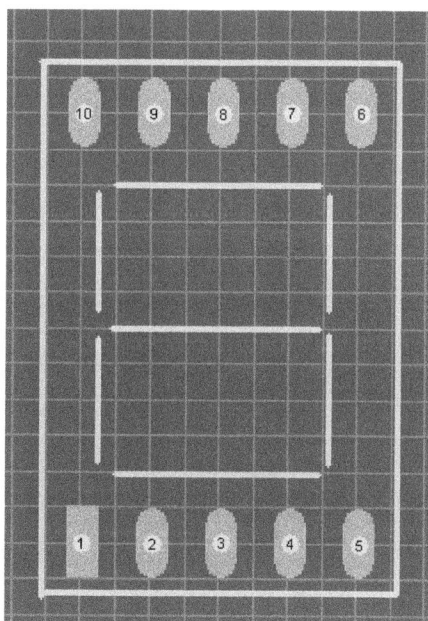

图 7-22 数码管封装图

第 3 步 绘制按钮开关的封装

打开"MYPCBLIB.PCBLIB"文件，单击面板下方的 PCB Library 标签，打开元件封装库管理器，选择"工具→新元件"命令，弹出如图 7-11 所示元件封装向导，单击"取消"按钮。

选择放置焊盘工具，如图 7-23 所示；设置焊盘属性，如图 7-24 所示。按钮的引脚直径为

0.5mm，留有 0.3mm 的余量，设置焊盘内孔为 0.8mm，外径为 1.524mm，1 号焊盘形状为矩形（Rectangle），位置 X＝0，Y＝0；2 号焊盘形状为圆形（Round），位置 X＝5.08mm，Y＝0；用同样方法设置 3 号 4 号焊盘的属性。焊盘位置和坐标示意如图 7-25 所示。

放置焊盘过程中按"Tab"键或双击焊盘进入如图 7-24 所示焊盘参数设置对话框，其中标识符必须与原理图中的元件标识符对应，也必须与实际元件对应。

绘制外围边框：在 Top Overlay 层，利用放置导线，手工绘制外围边框，如图 7-26 所示。

重命名：选择"工具→元件属性"命令，修改为"ANKG"名称。或双击"PCBCOMPONENT 1（新建空元件名称）"，修改其封装名称。

保存"MYPCBLIB.PCBLIB"文件。

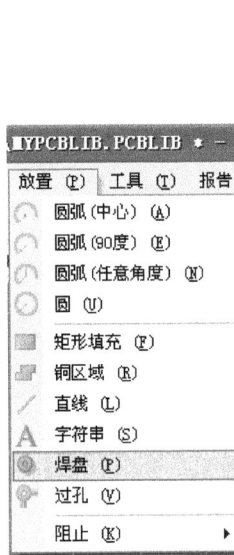

图 7-23　放置焊盘菜单　　图 7-24　设置 1 号焊盘属性

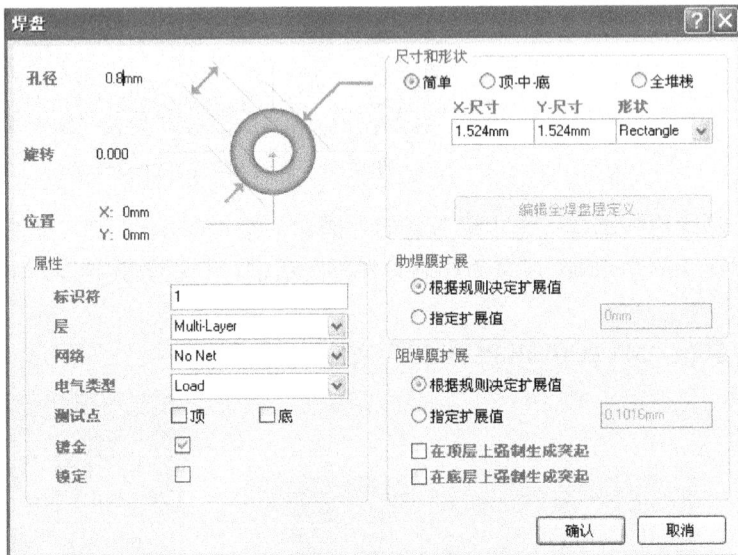

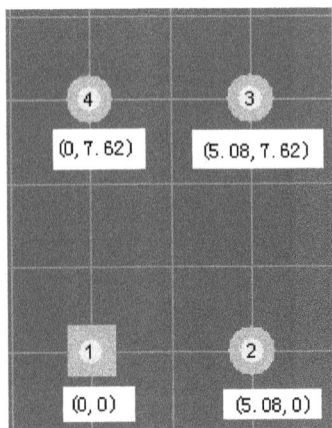

图 7-25　焊盘位置和坐标示意　　图 7-26　按钮开关封装图

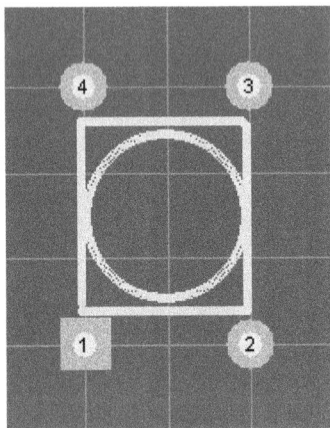

第 4 步　修改三极管的封装

1．新建一个 PCB 文件 PCB1.PCBDOC。

2．放置三极管封装 BCY-W3，如图 7-27 所示。

3．双击打开属性对话框。

4．清空部分信息，如图 7-28 所示。

5．选中三极管封装图，按"Ctrl＋C"快捷键复制至剪切板中。

PCB 文件 PCB1.PCBDOC 为一桥梁，不需要保存。

打开"MYPCBLIB.PCBLIB"文件，单击面板下方的 PCB Library 标签，打开元件封装库管理器，选择"工具→新元件"命令，弹出如图 7-11 所示元件封装向导，单击"取消"按钮。

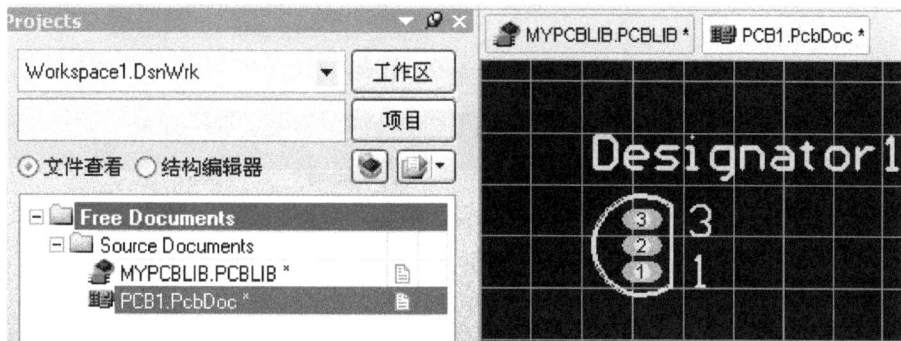

图 7-27　将原三极管封装放置到 PCB 上

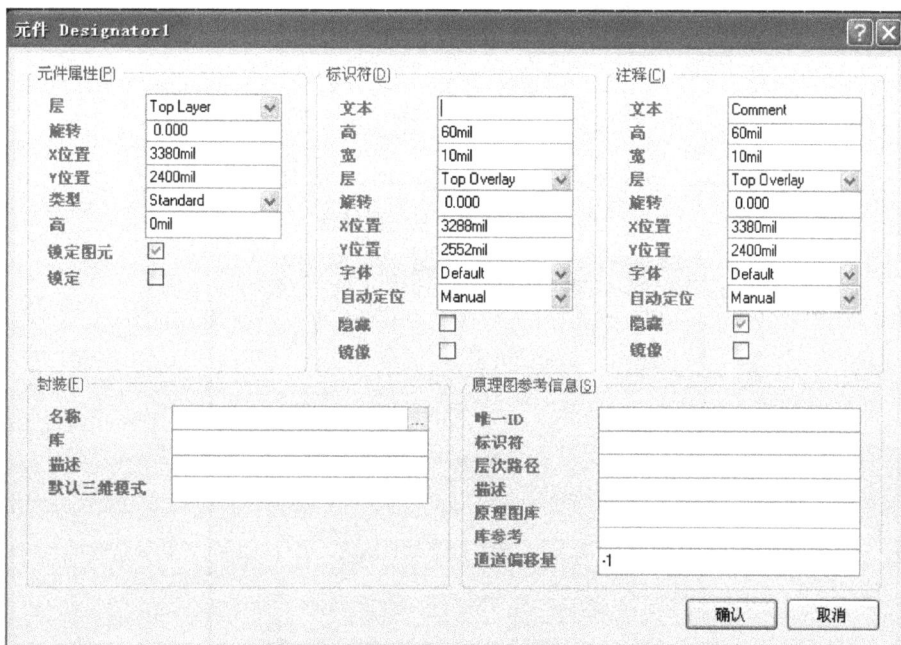

图 7-28　清空原三极管放置相关信息

6．在图纸中心按"Ctrl＋V"快捷键，粘贴复制的三极管封装图如图 7-29 所示。

7．编辑原引脚封装。双击 1 号焊盘，弹出图 7-30 所示的对话框，将标识符 1 改成 3，单击"确认"按钮；双击文字 1，如图 7-31 所示，将文本 1 改成 E，单击"确认"按钮；用同样的方法编辑原 3 号焊盘，2 号焊盘不变。

8．重命名。选择"工具→元件属性"命令，修改为"XBCY"名称。

9．保存"MYPCBLIB.PCBLIB"文件。

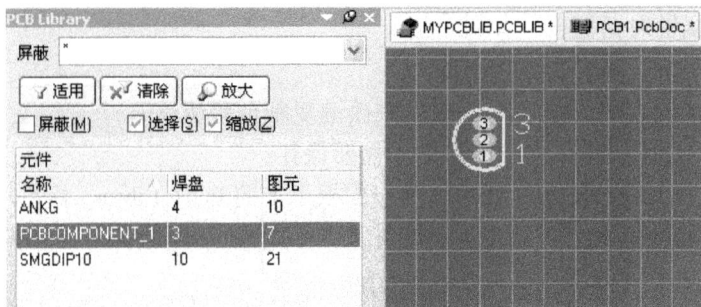

图 7-29　粘贴复制的三极管封装图

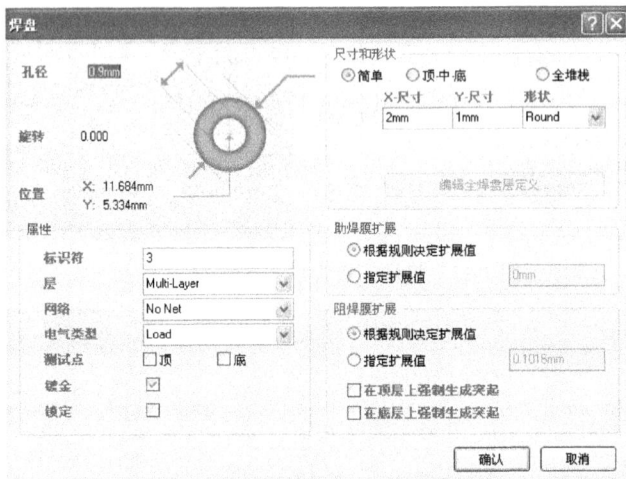

图 7-30　修改 1 号焊盘属性

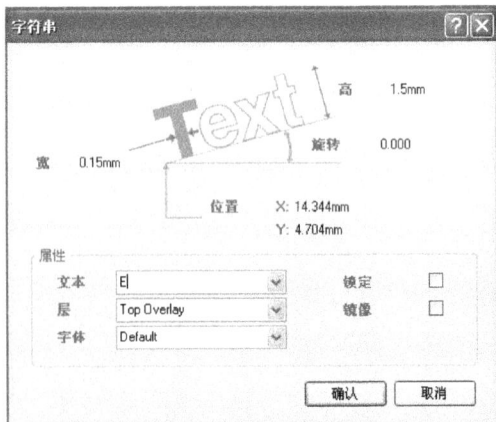

图 7-31　修改 1 号焊盘文字标注

第 5 步　载入原库的元器件封装

1．复制元件库文件。在"D:\姓名"文件夹下→创建 Library 文件夹→将"C:\Program Files\Altium2004\Library\"集成元件库 Miscellaneous Devices.IntLib 复制到该文件夹中，如图 7-32 所示。

2．新建项目文件和库文件。新建项目文件"项目七.PRJPCB"　→选中→选择"追加新文件到项目中→PCB Library"命令，在该项目中创建并保存"xiangmu7.PcbLib"文件，如图 7-33 所示。

图 7-32　D:\姓名\Library 文件夹中的内容

图 7-33　在项目文件中创建 PcbLib1.PcbLib 文件

3．抽取源库。单击"打开"按钮，弹出图 7-34 所示的对话框→打开"D:\姓名\Library"文件夹中的 Miscellaneous Devices.IntLib 文件→单击"抽取源"按钮，如图 7-35 所示→解压 Miscellaneous Devices.PcbLib 文件和 Miscellaneous Devices.schlib 文件→保存到"D:\姓名\Library\ Miscellaneous Devices"文件夹中，如图 7-36 所示→选择"追加已有文件到项目中"命令→选择 "Miscellaneous Devices.PcbLib"文件，如图 7-37 所示→单击"打开"按钮，如图 7-38 所示。

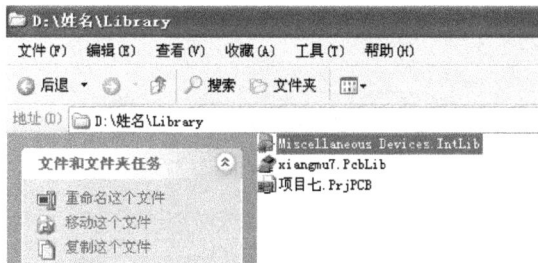

图 7-34　按路径选中 Miscellaneous Devices.IntLib 文件

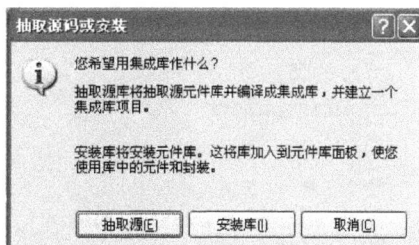

图 7-35　抽取源码信息框

图 7-36　Projects 面板

图 7-37　按路径选中 Miscellaneous Devices.PcbLib 文件

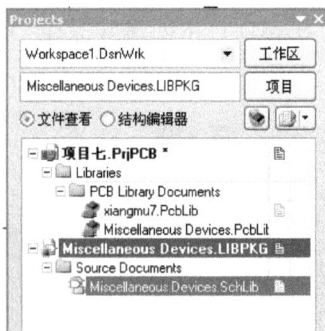

图 7-38　Projects 面板

4．在"xiangmu7.PcbLib"中编辑封装。双击"Miscellaneous Devices.PcbLib"文件名→打开 PCB 元件库→单击要复制的元件名称，如 AXIXL-0.4→选中封装图形，选择"编辑→复制"命令，如图 7-39 所示。打开目的库"xiangmu7.PcbLib"，单击元件名 PCBCOMPONENT-1，选择"编辑→粘贴"命令，将 PCBCOMPONENT-1 更名为 AXIXL-0.4，如图 7-40 所示，单击"确认"按钮，如图 7-41 所示，保存文件。

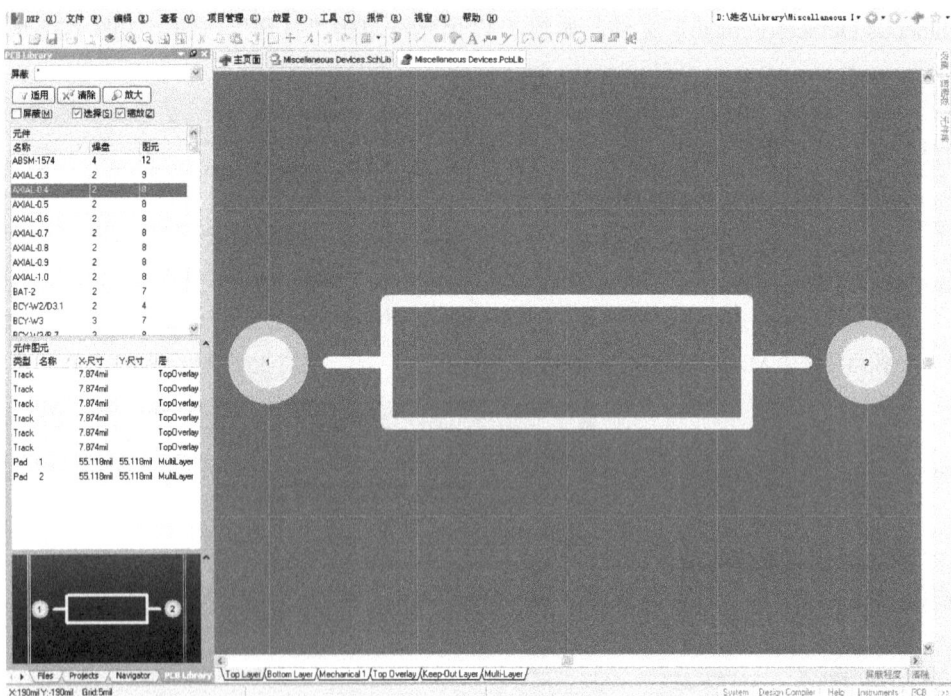

图 7-39　复制电阻封装图形

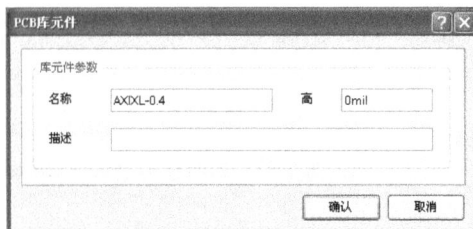

图 7-40　更名对话框

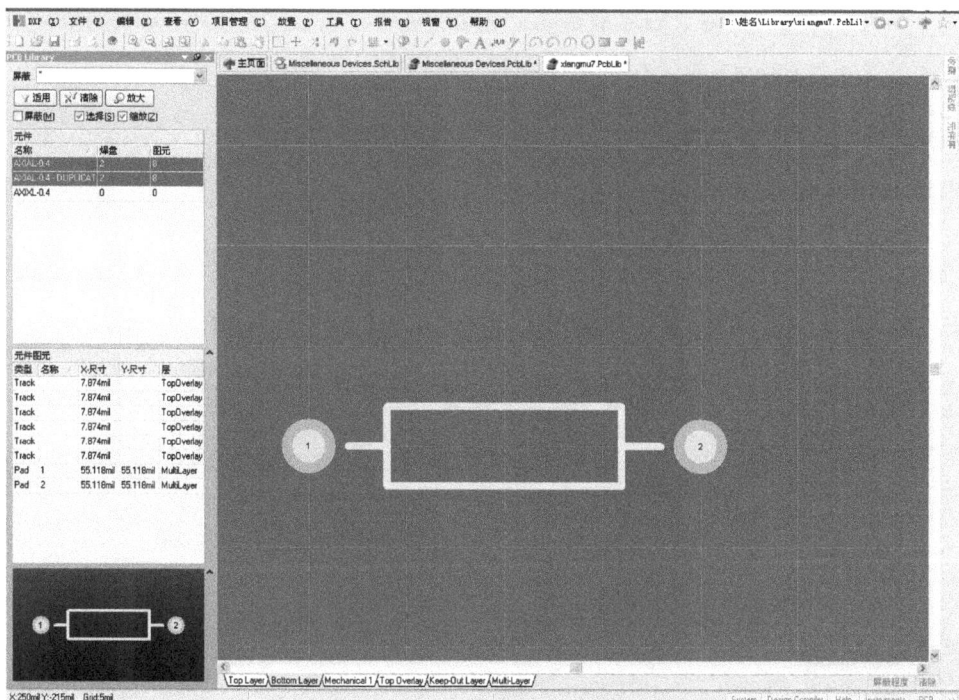

图 7-41 粘贴电阻封装图并更名

5. 用同样的方法，将图 7-4 中元件封装都复制到 xiangmu7.PcbLib 文件中，形成个性化元件库。

第 6 步 生成项目 PCB 库

将项目六中的 555 电路生成项目库。

1. 打开"项目六.PRJPCB"中的"555 电路 PCB.PCBDOC"，选择"设计→生成 PCB 库"，如图 7-42 所示。生成的项目库文件名为"555 电路 PCB 板.PcbLib"。如图 7-43 所示。

图 7-42 生成 PCB 库工作面板

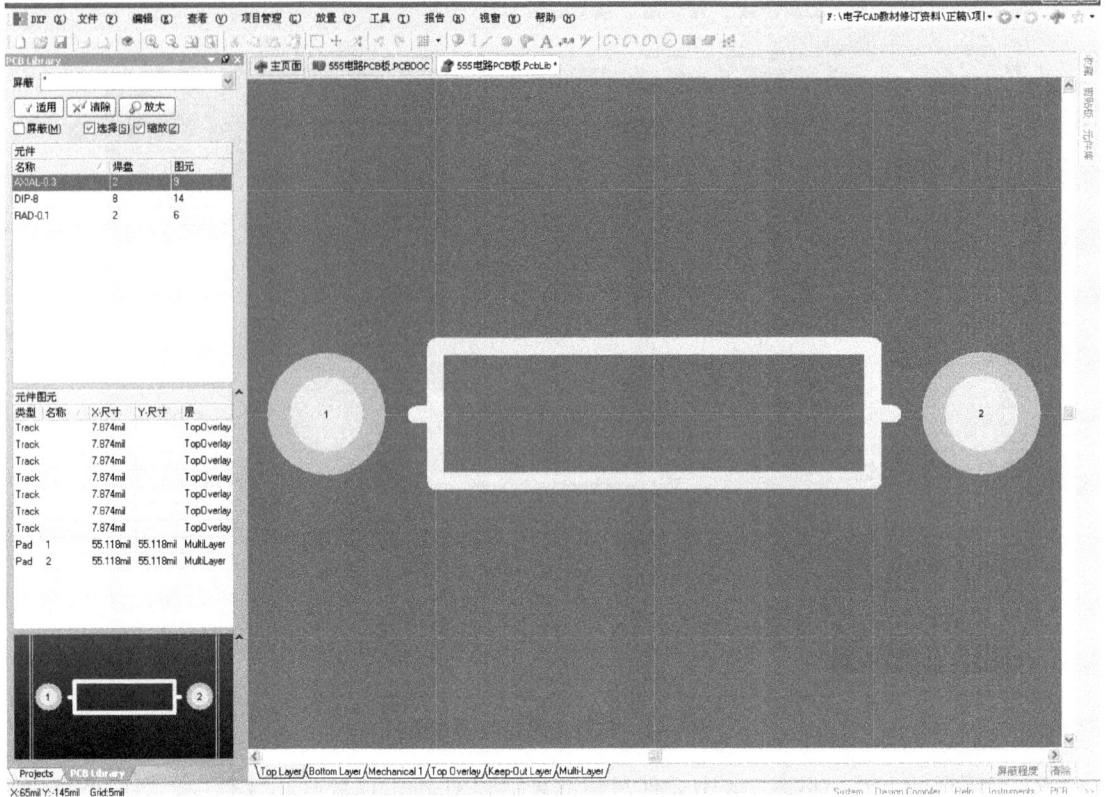

图 7-43　生成的项目 PCB 库文件面板

2．另存为"项目七.PRJPCB"中，如图 7-44 所示。

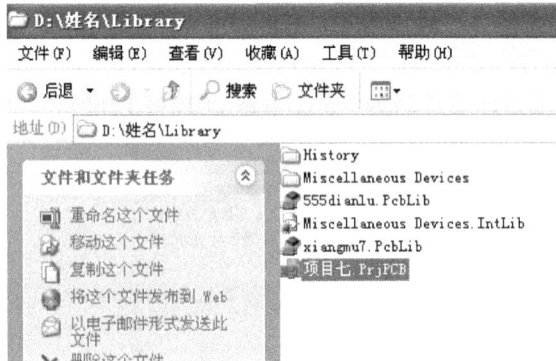

图 7-44　"D:\姓名\Library"的内容

第 7 步　生成集成库

1．创建集成元件库文件。选择"文件→创建→项目→集成元件库"命令，如图 7-45 所示，创建集成文件库项目文件为 Integrated_Library1.LibPkg，如图 7-46 所示。

图 7-45　Projects 面板

图 7-46　Projects 面板

单击 Integrated_Library1.LibPkg 文件，选择"追加已有文件到项目中"命令，在项目中追加 xiangmu7.PcbLib，如图 7-47、7-48 所示。

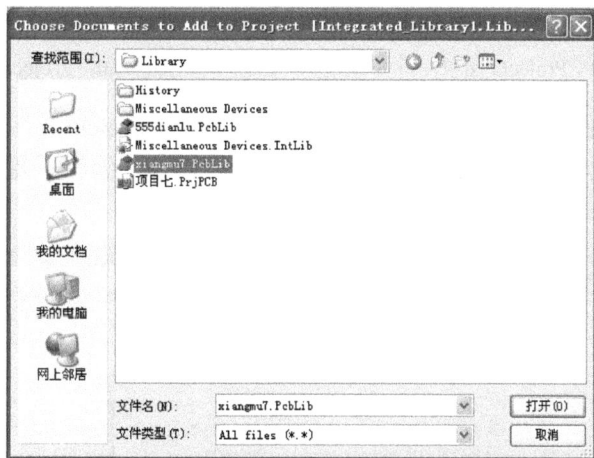

图 7-47　按路径选中 xiangmu7.PcbLib 文件

图 7-48　Projects 面板

2．在项目中创建原理图元件库文件。单击项目文件，选择"追加新文件到项目中→Schmetic Library"命令，在该项目中创建并保存 Schlib1.SchLib 文件，如图 7-49 所示。

单击 Integrated_Library1.LibPkg 文件，选择"追加已有文件到项目中"命令，在项目中追加 Miscellaneous Devices.SchLib，如图 7-50 所示。

图 7-49　Projects 面板　　　　　图 7-50　Projects 面板

3．编辑原理图元件库文件。双击"Miscellaneous Devices.SchLib"文件名，打开元件库，单击要复制的元件名称，如 2N3906，选中封装图形，选择"编辑→复制"命令，如图 7-51 所示。

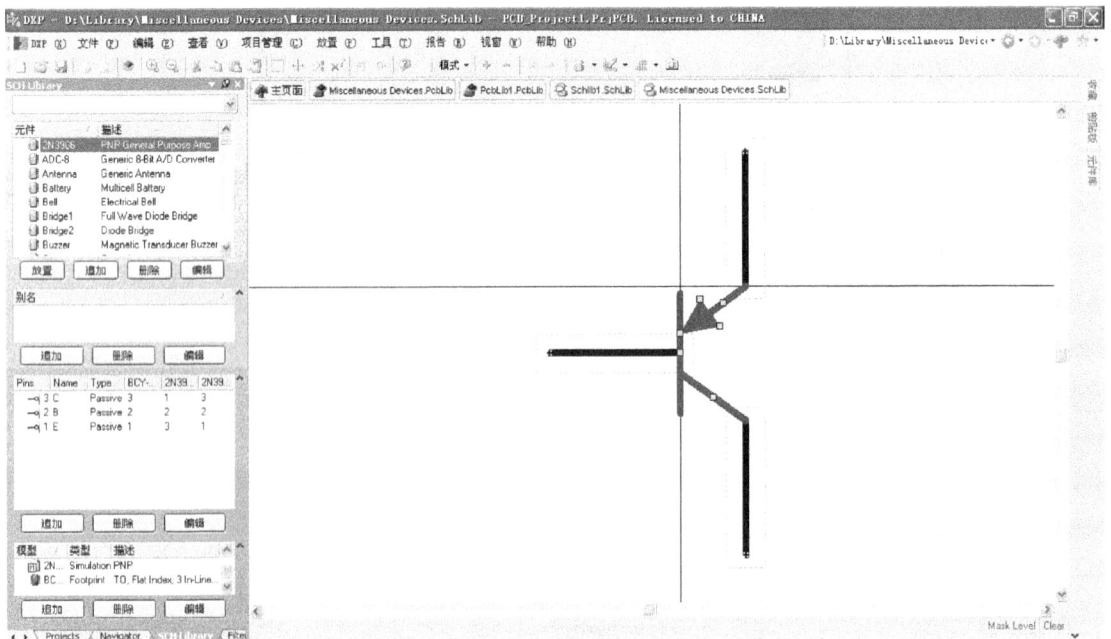

图 7-51　复制三极管元件图形

图 7-52 SCHLibrery 面板

打开目的库"SchLib1.SchLib",单击元件名 Component_1,选择"编辑→粘贴"命令,将 Component_1 更名为 2N3906,如图 7-52 所示,保存文件,如图 7-53 所示。

编辑元件,追加相应的封装,如图 7-54 和图 7-55 所示。

用同样的方法,将图 7-5 中元件封装的元件都复制到 Schlib1.SchLib 文件中,形成个性化元件库。

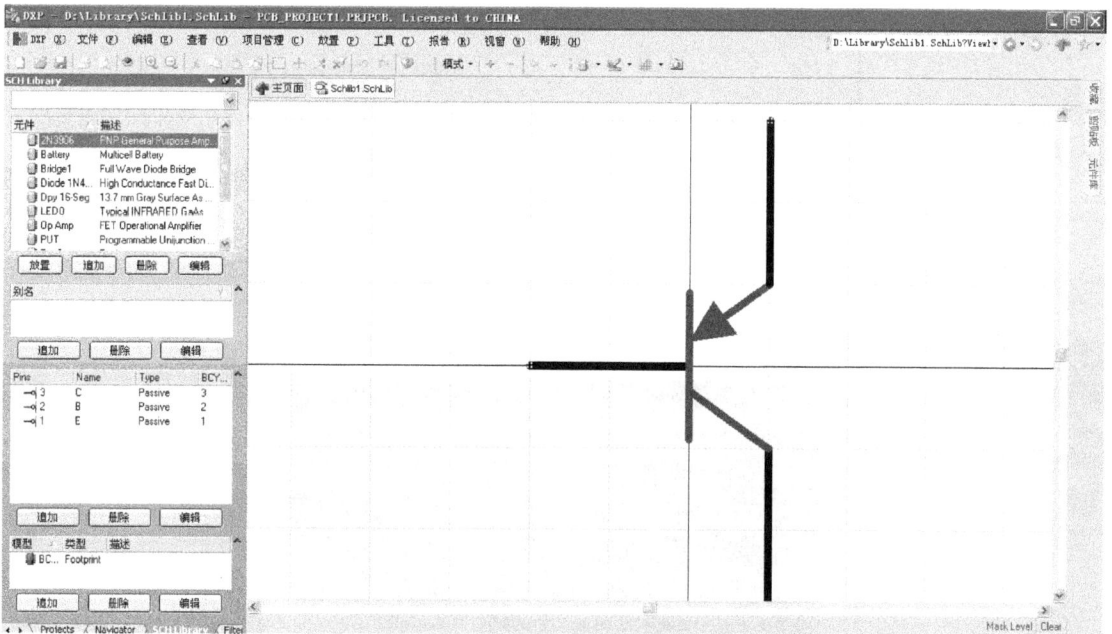

图 7-53 粘贴三极管元件图形并更名

图 7-54　编辑元件对话框

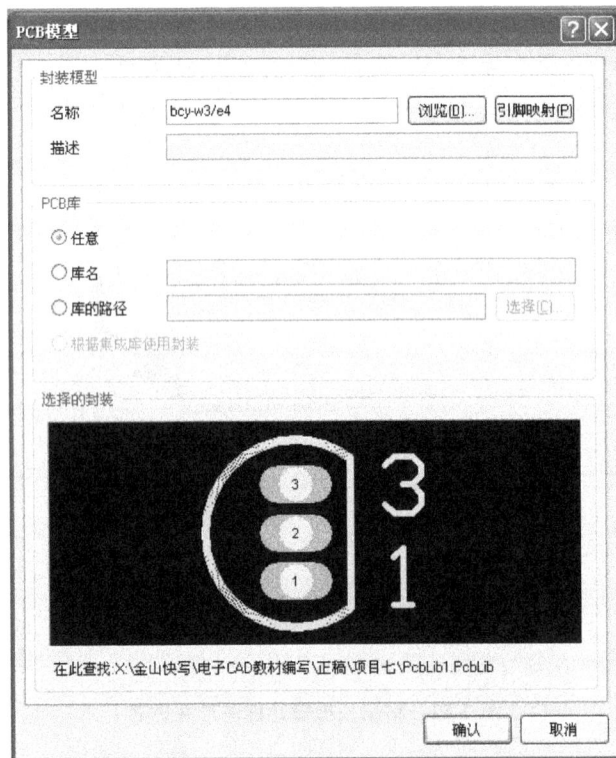

图 7-55　"PCB 模型"对话框

4. 编译集成元件库。选择"项目管理→Compile Integrated Library Integrated_Library1.LibPkg"命令，编译产生一个同名的集成库文件 Integrated_Library1.IntLib，并自动加载到"元件库"面板

上，如图 7-56 所示。

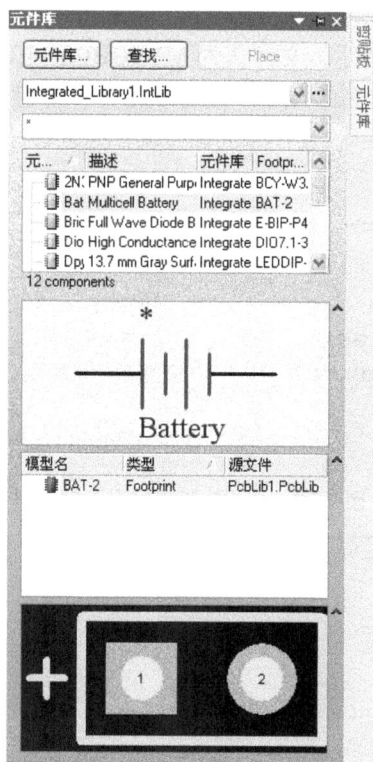

图 7-56　元件库面板

第8步　生成元件封装报表

1．生成元件封装信息报表。选择一个已新建的 ANKG 元件封装，选择"报告→元件"命令，生成元件信息报表，如图 7-57 所示，文件名为 MYPCBLIB.CMP，提供了元件名称、所在库名称、创建日期、元件封装等信息。

```
Component    : ANKG
PCB Library  : MYPCBLIB.PCBLIB
Date         : 2017-4-14
Time         : 下午 03:23:43



Dimension : 0.272 x 0.372 in

Layer(s)          Pads(s)  Tracks(s)  Fill(s)  Arc(s)  Text(s)
------------------------------------------------------------------
Top Overlay          0        5         0        1        0
Multi Layer          4        0         0        0        0
------------------------------------------------------------------
Total                4        5         0        1        0
```

图 7-57　生成的 ANKG 元件封装信息报表

2. 生成元件封装规则检查报表。选择"MYPCBLIB.PCBLIB"一个新建的 ANKG 元件封装，选择"报告→元件规则检查"命令，弹出图 7-58 所示的对话框，采用默认的规则，生成元件规则检查报表，如图 7-59 所示，文件名为 MYPCBLIB.ERR，提供检查新建元件封装是否存在规则错误，例如，是否有重名的焊盘、是否缺少元件焊盘、是否参考点等。

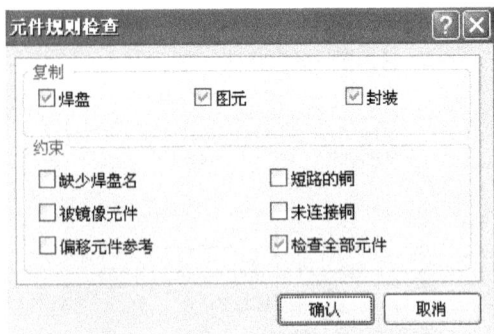

图 7-58　"元件规则检查"对话框

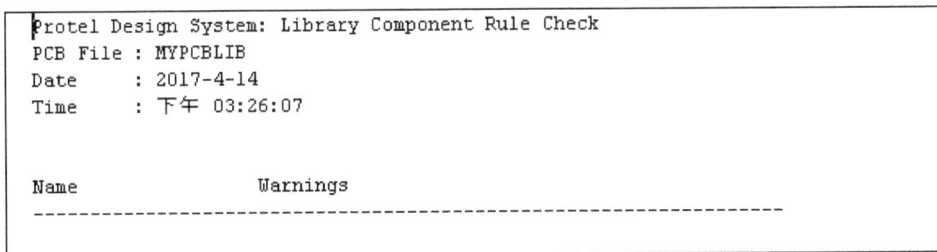

```
Protel Design System: Library Component Rule Check
PCB File : MYPCBLIB
Date     : 2017-4-14
Time     : 下午 03:26:07

Name              Warnings
-------------------------------------------------------------
```

图 7-59　系统自动生成的元件规则检查报表

3. 生成元件封装库报表。选中 MYPCBLIB.PCBLIB 文件，选择"报告→库"命令，生成元件库封装库报表，如图 7-60 所示，文件名为 MYPCBLIB.REP，用来显示封装库的名称、创建的日期，以及元件封装的个数、名称等信息。

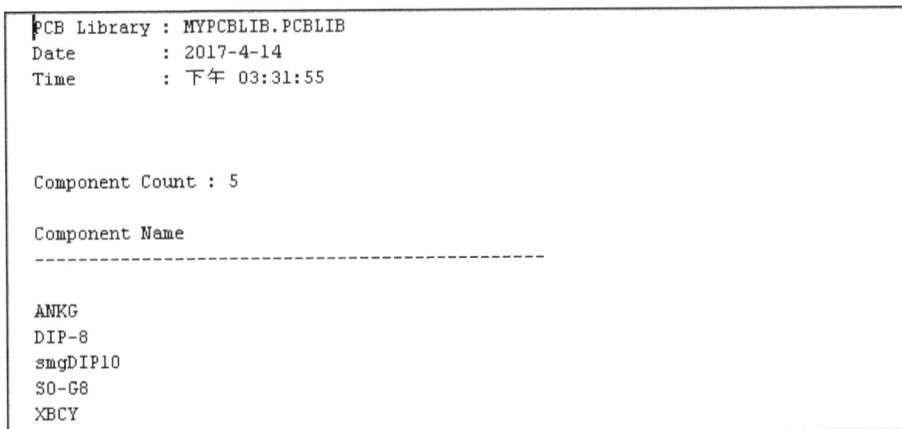

```
PCB Library : MYPCBLIB.PCBLIB
Date     : 2017-4-14
Time     : 下午 03:31:55

Component Count : 5

Component Name
-----------------------------------------------

ANKG
DIP-8
smgDIP10
SO-G8
XBCY
```

图 7-60　系统自动生成的元件封装库报表

内容小结

本项目介绍了元件封装的两种制作方法：向导自动生成和手动绘制。介绍了如何将建好的原理图库和 PCB 封装库连接并编译成一个集成库。还介绍了元件封装信息报表、元件规则检查报表、元件封装库报表这三种元件封装报表的生成。

实际上，在制作 PCB 电路板时，有许多元件的封装在元件库中是没有的，基本是用手工绘制的，因此，要熟练掌握手工绘制封装元件，练好基本功。

放置焊盘时注意：双直插式元件的焊盘必须设置为 Multi-Layer 层，STM 元件焊盘必须设置为 Top-Layer 或 Bottom-Layer 层。

上机实训

1. 课内操作题。

手工制作贴片式 8 脚集成块 SO-G8 元件封装，其贴片元件如图 7-61 所示，其封装外形如图 7-61 所示，焊盘尺寸为 2.2mm×0.6mm，形状为矩形；相邻焊盘之间的距离为 1.27mm；相对焊盘之间的间距为 5.2mm；焊盘所在层为 Top layer（顶层）；线框的宽度为 0.2mm，长、宽分别为 5.08mm 和 2.286mm，所在层为 Top Overlay（顶层丝印层）。

2. 课外操作题。

（1）职业技能鉴定考点七样题。

在考生的设计数据库文件夹中，抄画图 7-62 所示元件封装，要求按照图示标称对元件进行命名（尺寸标注的单位为 mil，不要将尺寸标注画在图中）。保存文件。

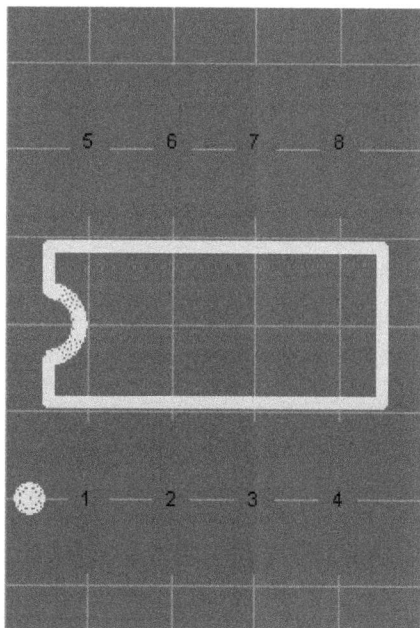

图 7-61 贴片元件

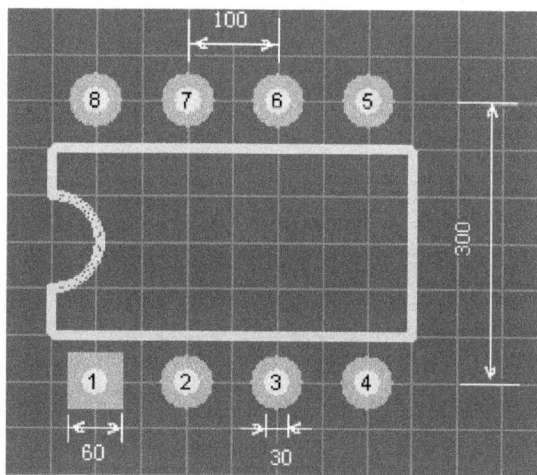

图 7-62 封装外形

（2）职业技能鉴定考点七（8%）评分表（见表 7-2）。

表 7-2 PCB 库操作评分表

板层选择错误或元件命名错误	元件命名错误	焊盘形状、尺寸、名称错误
（1分/个，共4分）	（2分）	（0.5分/个，共2分）

项目八

8031 最小系统电路 PCB 的设计

　　PCB 设计的流程一般包括绘制电路原理图、规划电路板、设置有关参数、装入网络表和元件封装、元件的布局、自动布线、手工调整和文件的保存、输出。

　　PCB 设计完成后，可以生成各种类型的 PCB 报表，这些报表包括 PCB 的元件引脚、元件列表、网络、布线等信息。通过这些报表，可以对电路板进行检测。

　　PCB 设计完成后，还可以对打印机的类型、纸张的大小、电路图纸等进行设置，使用打印机打印输出电路板图。

　　通过 8031 最小系统电路 PCB 的设计，掌握多层板的设计方法，掌握 PCB 制板的其他技术，了解 PCB 报表生成及其 PCB 图的打印等相关内容。

学习目标

☆ 理解多层板的概念。
☆ 掌握多层板的设计方法。
☆ 掌握 PCB 制板的其他技术。
☆ 掌握生成各种 PCB 报表的方法。
☆ 掌握 PCB 图打印输出的方法。

教学方式

教学节奏		教学方式
教学项目	课时安排	
教师讲授	4	重点讲授自动布线命令的使用方法和手工调整线路板的方法，讲授生成各种 PCB 报表的方法
学生上机	6	教师指导学生实际操作，进行自动布线和线路板的手工调整，生成各种 PCB 报表，打印 PCB 图

训练任务

　　图 8-1 是 8031 最小系统电路原理图。

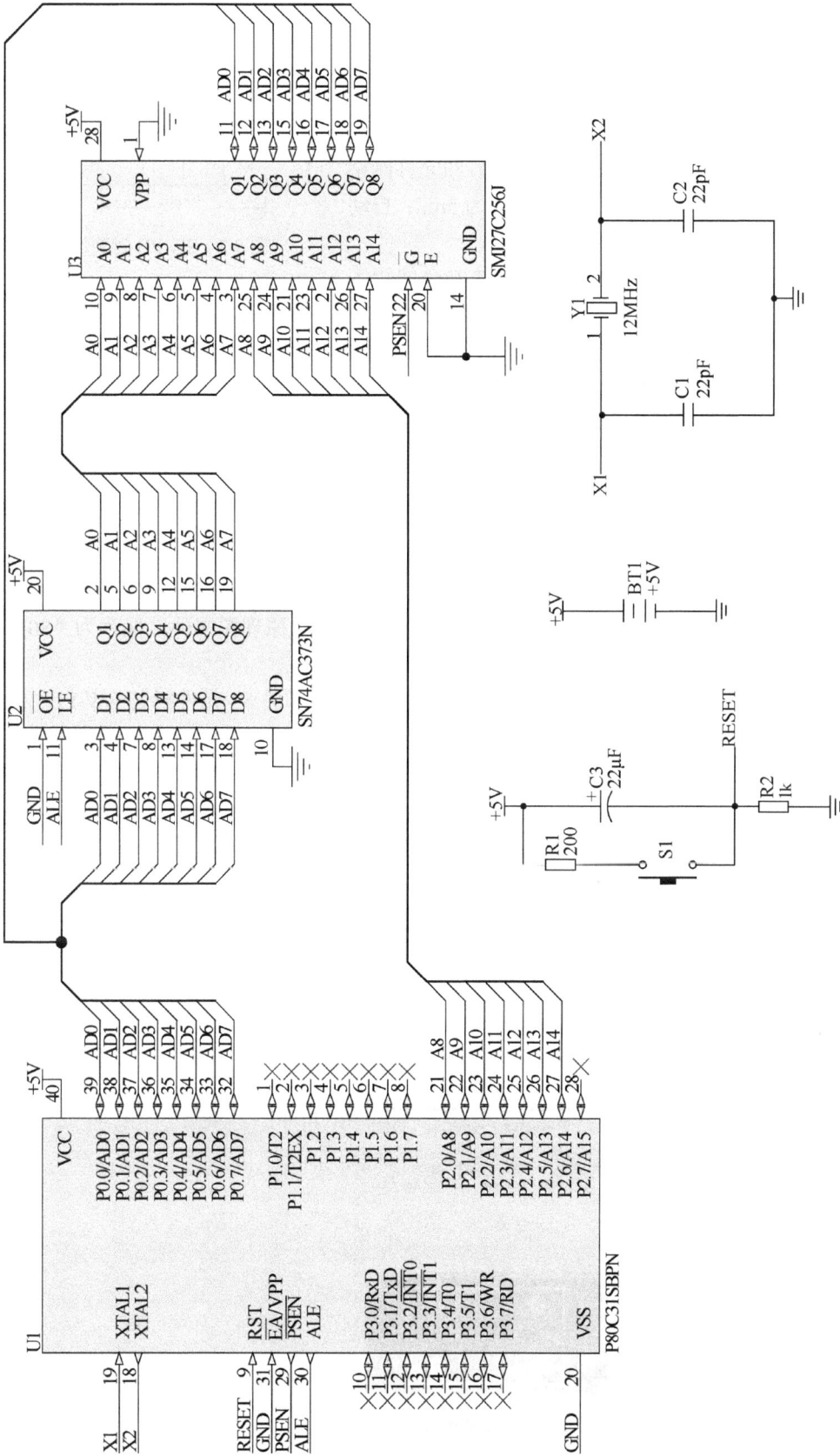

图 8-1 8031 最小系统电路原理图

元件 S1 需要自制封装。SW-PB 封装尺寸如图 8-2 所示，焊盘直径为 1.8mm，孔径为 1.2mm。

要求绘制原理图，生成印制电路板。利用向导规划 PCB，水平放置，图纸为矩形板，板子尺寸为 100mm×60mm；四层板，采用贴片元件，放置在顶层；可视网格 1 和元件网格大小为 20mil，可视网格 2 为 100mil，捕获网格为 5mil；自动布线。

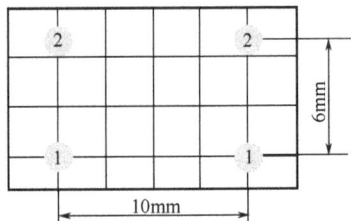

图 8-2 SW-PB 封装尺寸

布线规则是：四层板，VCC、GND 网络的安全间距为 15mil，其余为 8mil；布线拐角为 45°，拐弯大小为 100mil；自动布线拓扑规则设置为 Shortest；过孔大小设置钻孔孔径为 12mil，外直径为 28mil；印制导线宽度限制设置为：VCC 网络为 30mil，GND 网络为 50mil，其他布线宽度均为 10mil。

由 8031 最小系统电路板图生成电路板信息报表，生成电路板元件报表，PCB 图的保存，打印页面的设置和打印层面设置。

执行步骤

第 1 步 绘制原理图

1．新建项目文件。新建项目文件"项目八.PRJPCB"，并新建原理图文件，保存为"8031 最小系统电路.SCHDOC"。

2．新建 PCB 元件封装库 PcbLib2.PcbLib，在库中创建按钮开关 S1 元件封装 SW-PB。编译集成库 Integrated Library2.IntLib 文件，并自动加载到元件库面板上，元件库面板如图 8-3 所示。

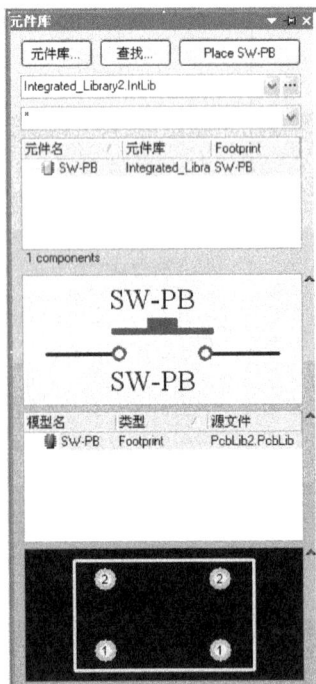

图 8-3 元件库面板

在 PcbLib2.PcbLib 库中创建电解电容 C3 元件封装 R5-10.5，其 PCB 模型如图 8-4 所示。8031 最小系统电路元件的封装如表 8-1 所示。

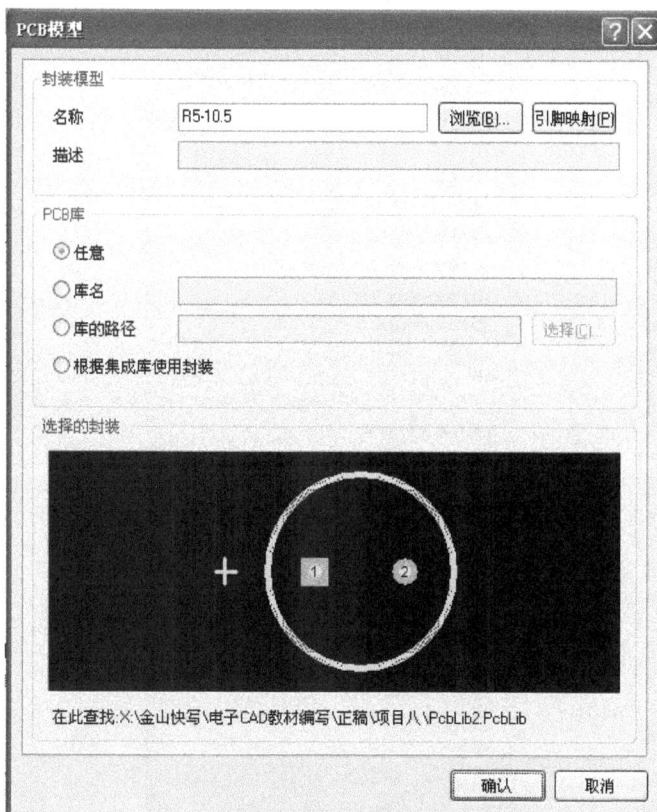

图 8-4　电容 C3 PCB 模型

表 8-1　8031 最小系统电路元件的封装

元件标识符	元件库名称	PCB 封装名称	封装库
U1	P80C31SBPN	SOT129-1	Philips Microcontroller 8-Bit.IntLib
U2	SN74AC373N	DIP-20	TI Logic Latch.IntLib
U3	SMJ27C256J	DIP-28	TI Memory EPROM.IntLib
R1、R2	RES2	AXIAL-0.4	Miscellaneous Devices.IntLib
C1、C2	CAP	RAD-0.1	Miscellaneous Devices.IntLib
C3	Cap Pol3	R5-10.5	PCBLib2.PCBLIB
BT1	Battery	BAT-2	Miscellaneous Devices.IntLib
Y1	XTAL	BCY-W2/D3.1	Miscellaneous Devices.IntLib
S1	SW-PB	SW-PB	Integrated_Library2.IntLib

3．进行 ERC 校验。

（1）ERC 设置：选择"项目管理→项目管理选项"命令，进行产生报告类型的设置。

（2）编译：选择"项目管理→Compile PCB Project 项目八.PRJPCB"命令，编译后打开消息提示框，发现无提示信息，表示编译无错。

第2步　设计 PCB 文件

1. 新建 PCB 文件。在项目八.PRJPCB 下，利用模板向导新建 PCB 文件，命名为"8031 最小系统电路 PCB 图.PCBDOC"。各参数设置如图 8-5 到图 8-15 所示。

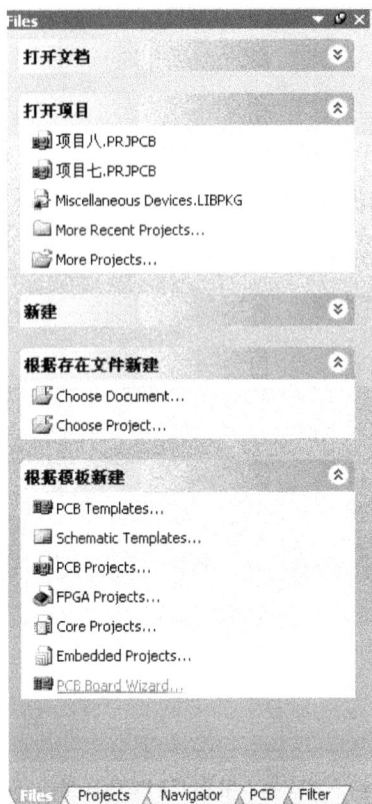

图 8-5　选择 PCB Board Wizard 选项

图 8-6　启动 PCB 向导

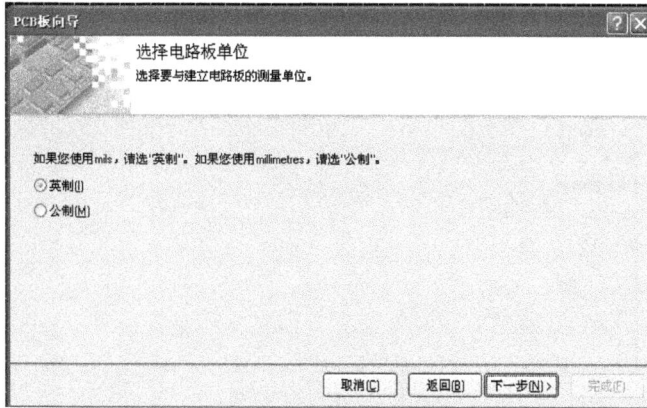

图 8-7 度量单位设置

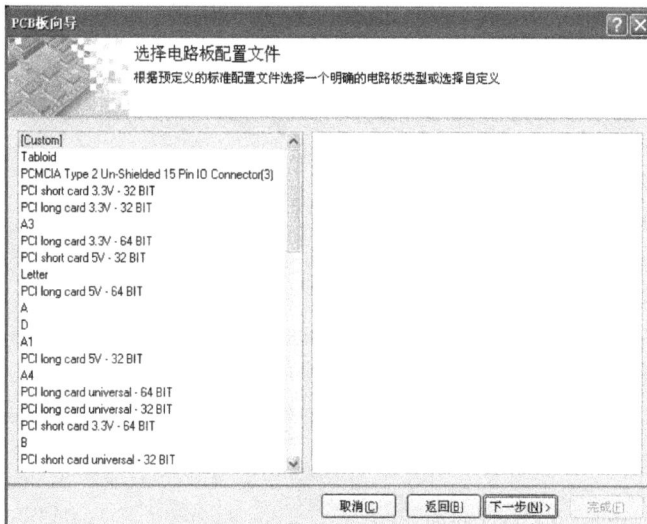

图 8-8 选用 Custom（用户自定义）模式

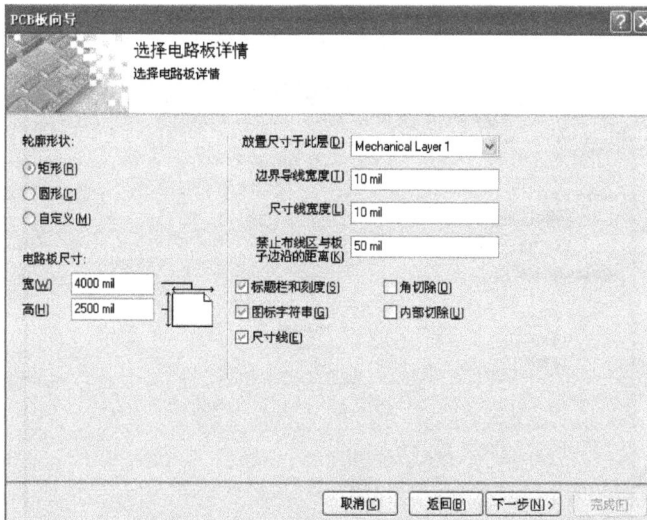

图 8-9 指定 PCB 尺寸类型

图 8-10　选择电路板层

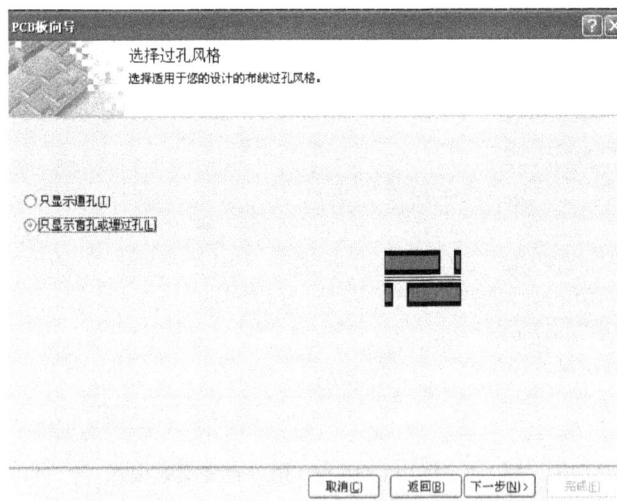

图 8-11　选择过孔风格

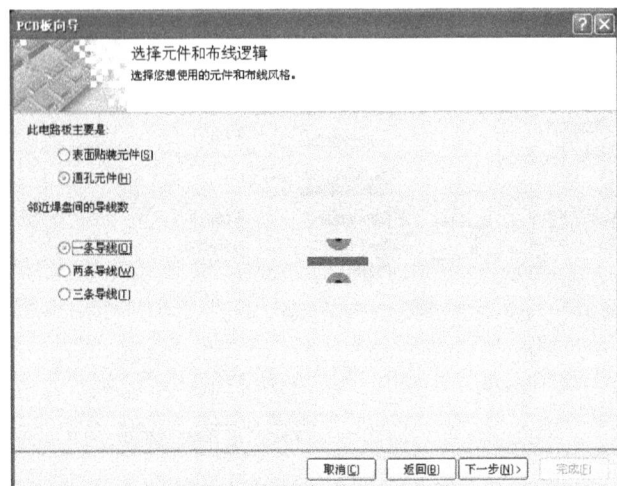

图 8-12　选择元件和布线逻辑

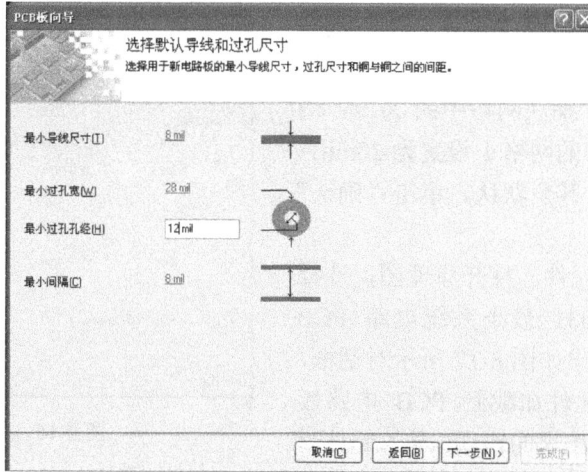

图 8-13　选择默认导线和过孔尺寸

图 8-14　电路板向导完成

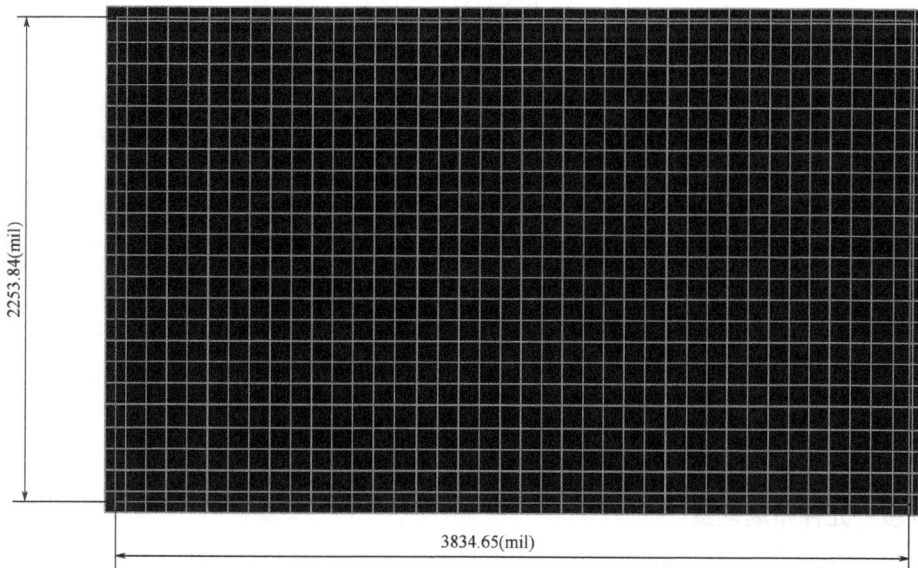

图 8-15　通过向导生成的印制电路板

2．设置图纸参数。选择"设计→PCB 选择项"命令，弹出如图 8-16 所示对话框，单位设置为 Imperial（英制），捕获网格中的 X、Y 均设为 5mil，可视网格中的网格 1 设置为 20mil，网格 2 设置为 100mil，其余默认，单击"确认"按钮。

3．从原理图导入元件。打开原理图，选择"设计→Update PCB8031 最小系统电路 PCB 图.PCBDOC"命令，弹出如图 8-17 所示对话框，将原理图的网络表和元件加载到 PCB 电路板中，在加载过程中消除出现的错误。导入元件封装的 PCB 图如图 8-18 所示。

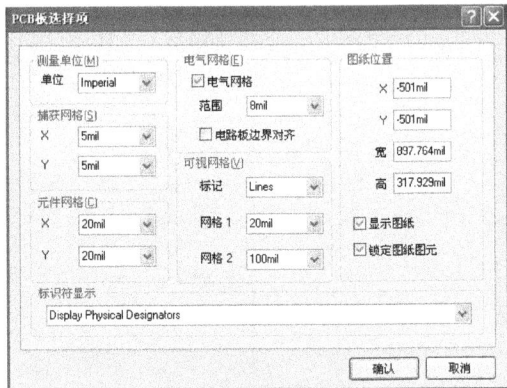

图 8-16　图纸的设定

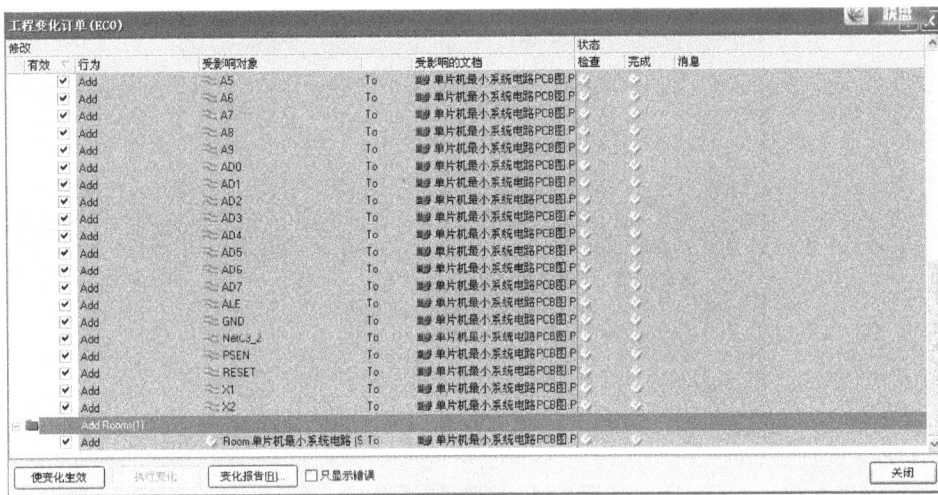

图 8-17　"工程变化订单（ECO）"对话框

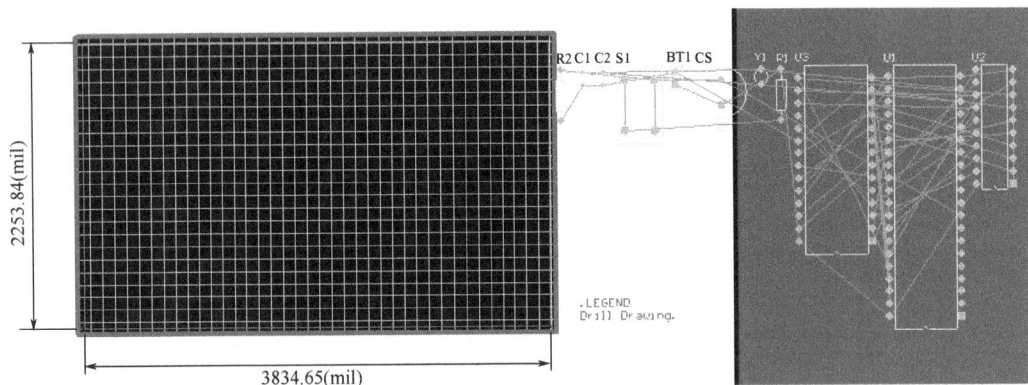

图 8-18　导入元件封装的 PCB 图

第 3 步　元件布局调整

1．自动布局。在 PCB 文件中，选择"工具→放置元件→自动布局"命令，弹出图 8-19 所示的对话框，选择"分组布局"，单击"确认"按钮，系统自动布局如图 8-20 所示。

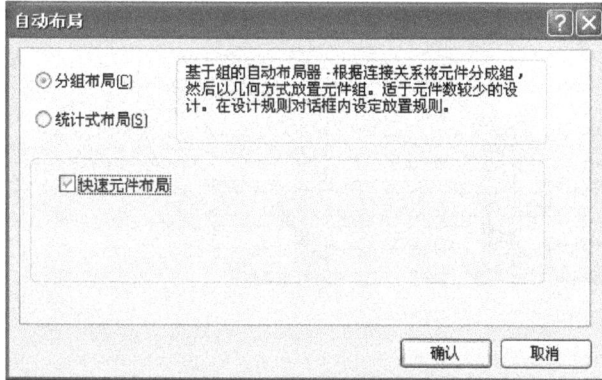

图 8-19 "自动布局"对话框

2. 手工调整。确定元件封装在电路板上的位置，电路板布局如图 8-21 所示。

3. 设置相应的层。选择"设计→层堆栈管理器"命令，系统弹出图 8-22 所示的对话框，选中第一个内层[Internal Plane1（No Net）]并双击，弹出图 8-23 所示的对话框，进行内层属性设置。

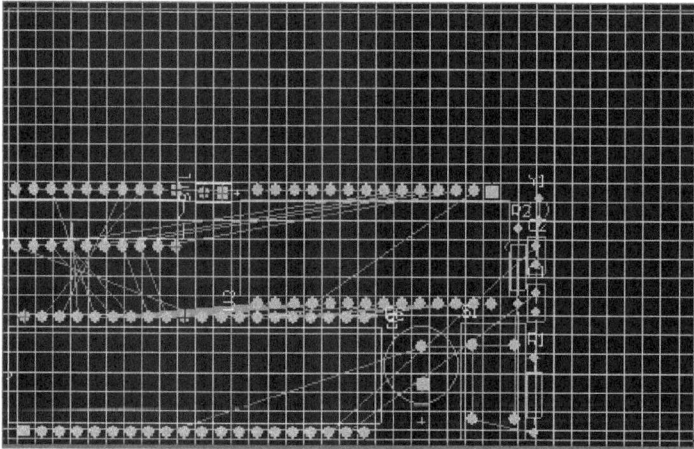

图 8-20 自动布局效果图

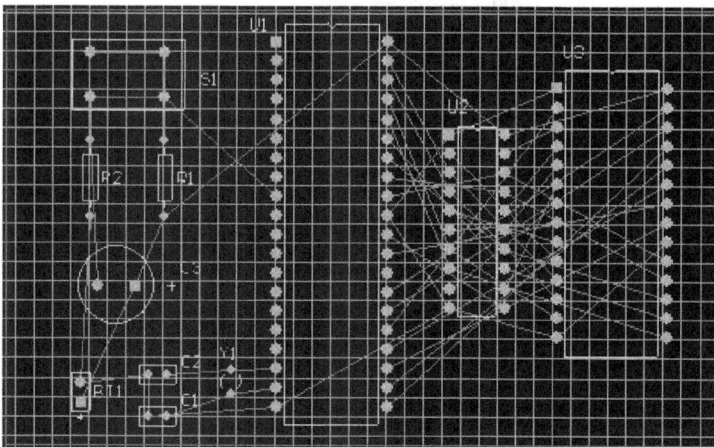

图 8-21 电路板布局

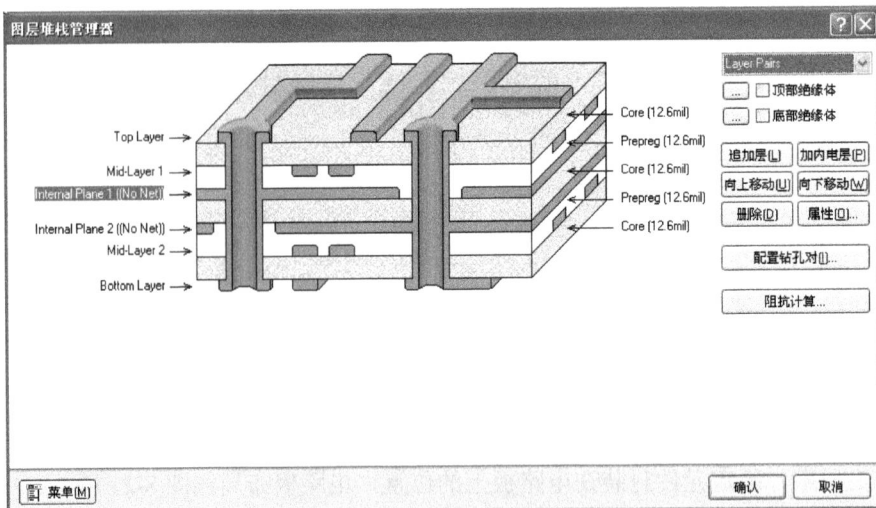

图 8-22 "图层堆栈管理器"对话框

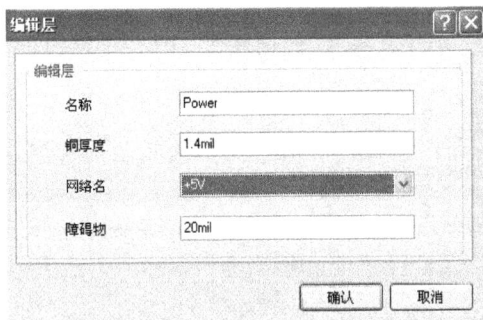

图 8-23 内层属性编辑对话框 1

用同样的方法，进行另一内层属性的设置，如图 8-24 所示。

两个内层的属性设置完成效果如图 8-25 所示。单击"确认"按钮，弹出图 8-26 所示的对话框，单击"OK"按钮完成设置。

内层设置完成的 PCB 模型如图 8-27 所示。

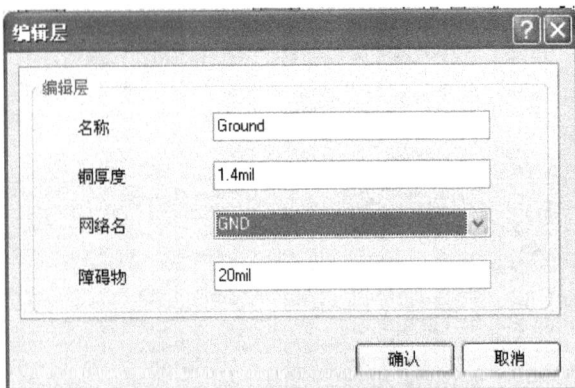

图 8-24 内层属性编辑对话框 2

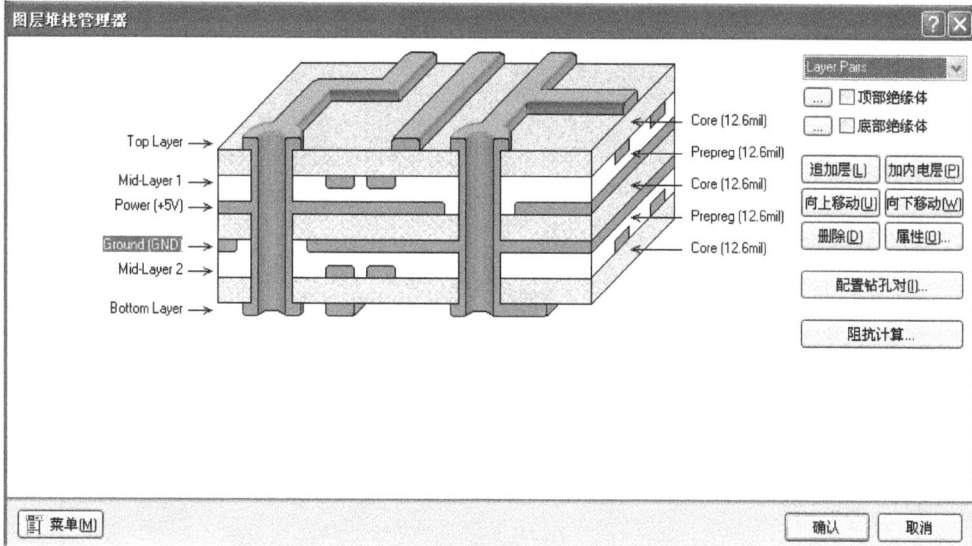

图 8-25 两个内层的属性设置完成效果

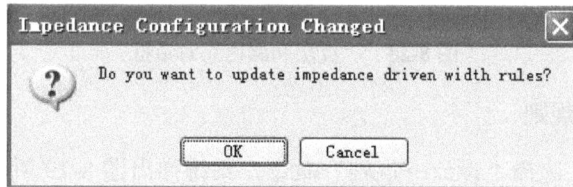

图 8-26 内层设置完成

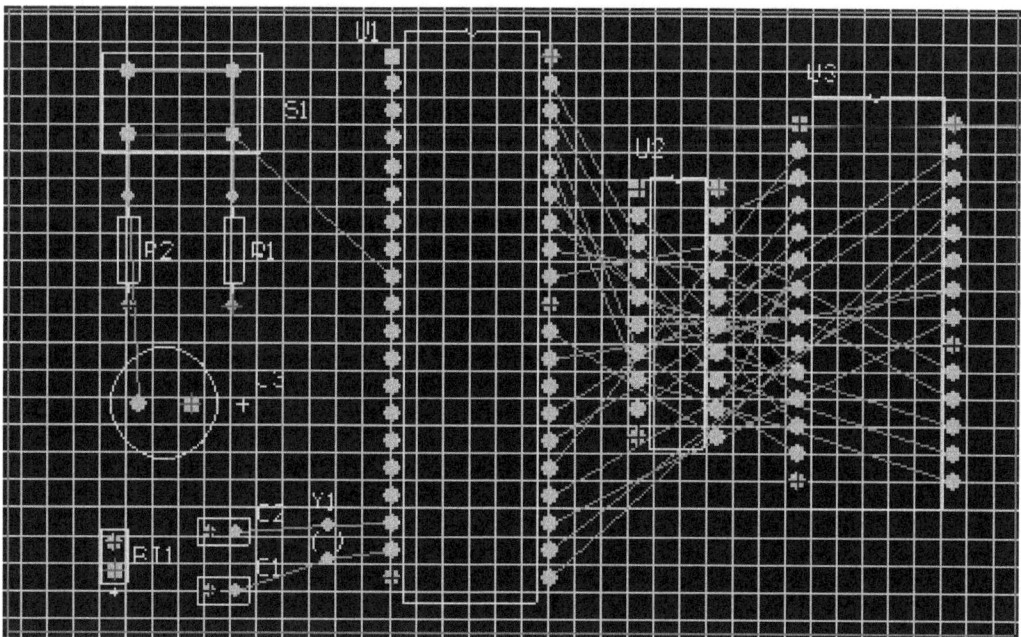

图 8-27 内层设置完成的 PCB 模型

4. 显示相应的层。选择"设计→PCB 层次颜色"命令，系统弹出图 8-28 所示的对话框，并进行相应的设置。

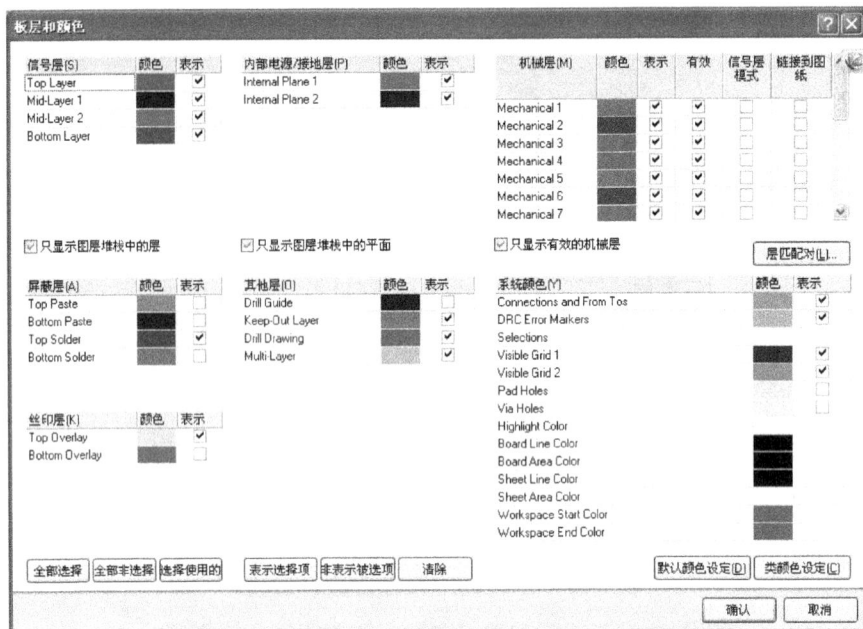

图 8-28　"板层和颜色"对话框

第 4 步　设置布线规则

1. 电气规则设置。选择"设计→规则"命令，系统弹出图 8-29 所示的对话框，安全布线间距设置为默认。

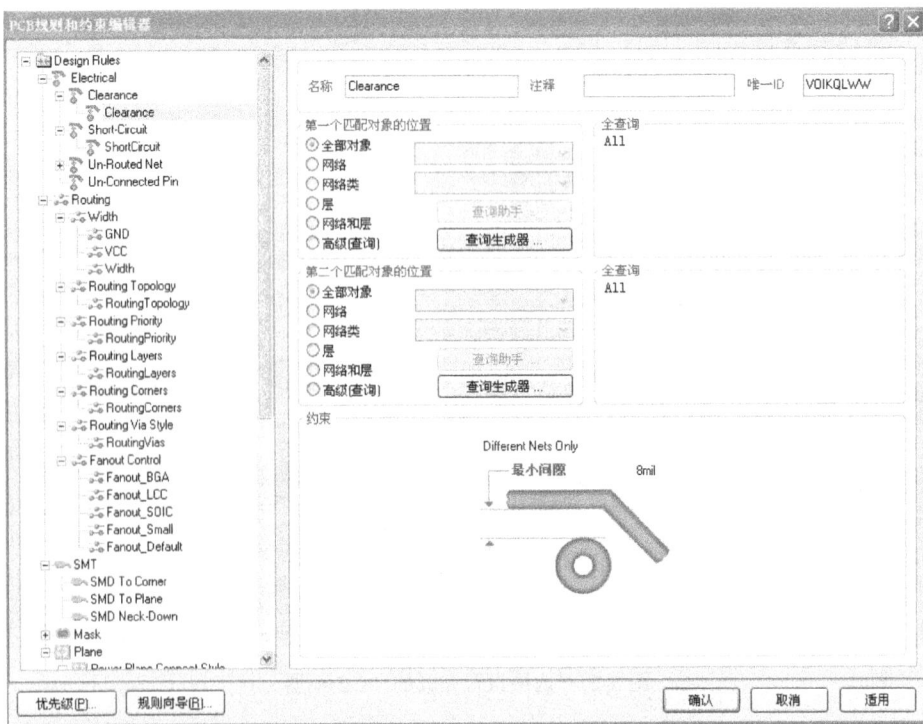

图 8-29　"PCB 规则和约束编辑器"对话框

2．导线宽度设置。选择"设计→规则"命令，系统弹出如图8-30所示对话框，设置普通线宽为10mil；如图8-31所示，设置电源线宽为30mil；如图8-32所示，设置GND线宽为50mil；设置线宽优先级从高到低为"GND网络→电源→普通线"，如图8-33所示。

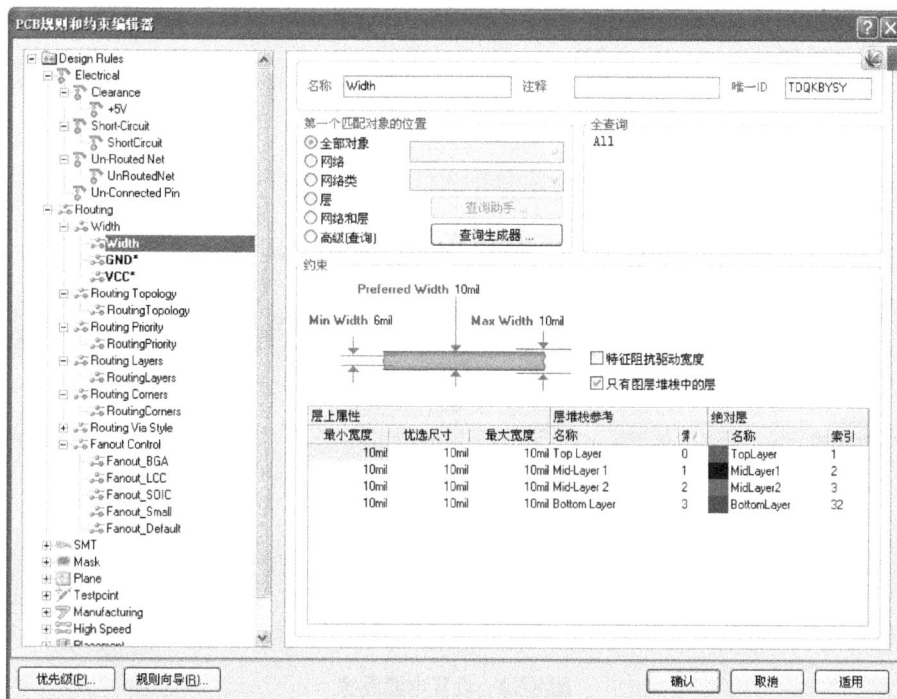

图8-30　设置普通线宽

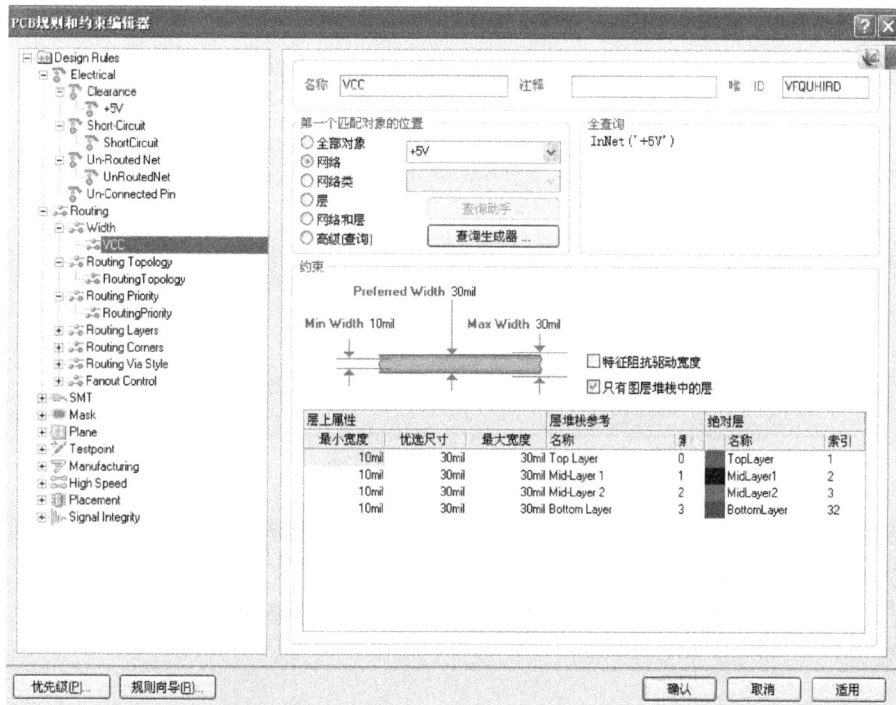

图8-31　设置VCC线宽

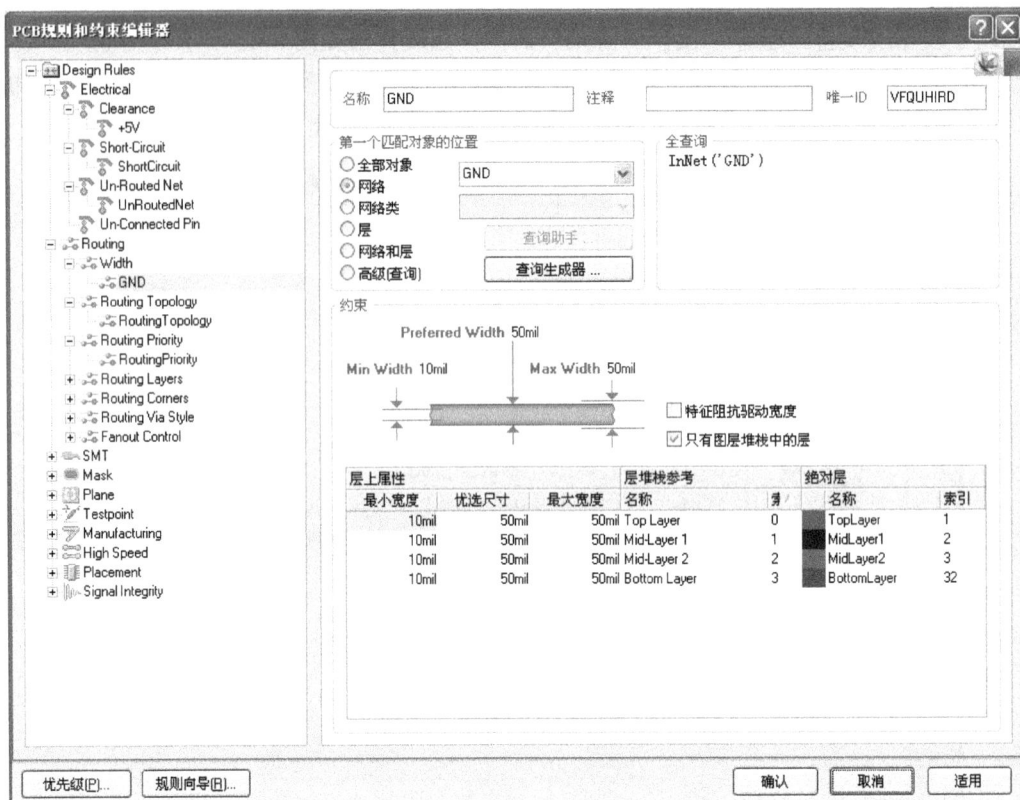

图 8-32　设置电源线宽

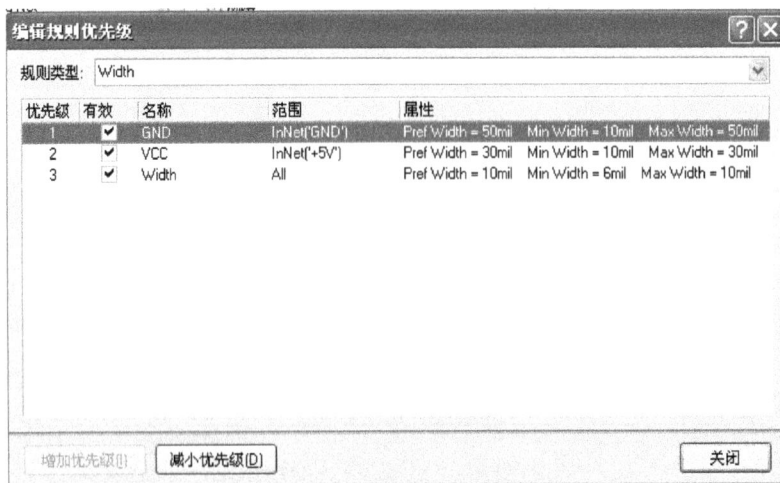

图 8-33　设置线宽优先级

3．布线拐角规则设置。选择"设计→规则"命令，系统弹出图 8-34 所示的对话框，进行布线拐角方式和拐弯大小的设置。

4．过孔形式设置。选择"设计→规则"命令，系统弹出图 8-35 所示的对话框，进行过孔直径的设置。

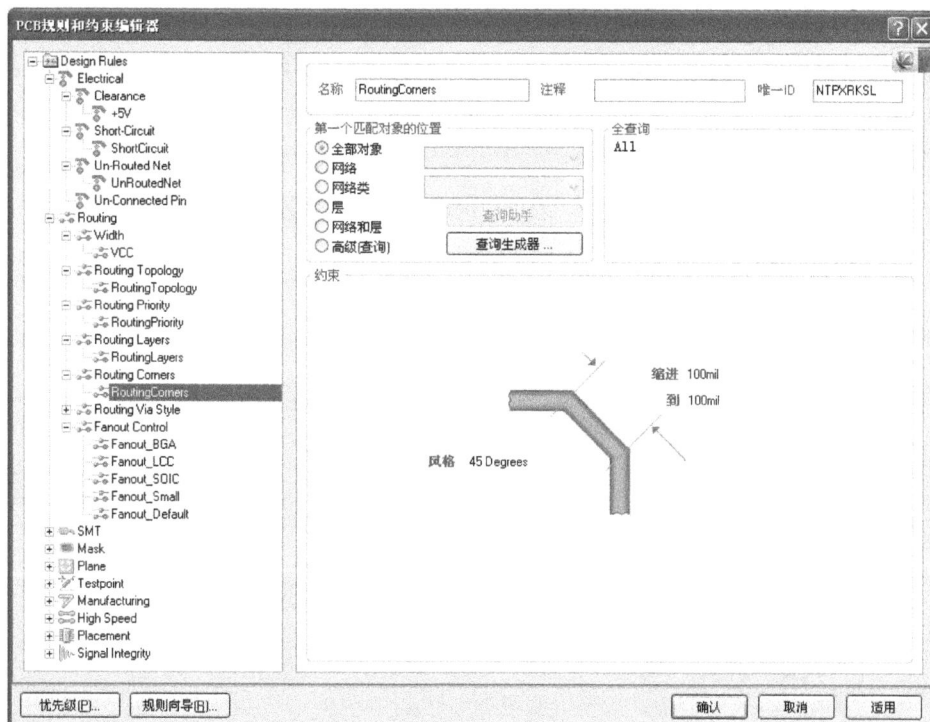

图 8-34　设置布线拐角方式和拐弯大小

图 8-35　设置过孔直径

5．布线拓扑规则设置。选择"设计→规则"命令，系统弹出图 8-36 所示的对话框，将自动布线拓扑规则设置为 Shortest。

6. 多层板的特殊规则设置。Power Plane Connect Style 设置如图 8-37 所示，设置过孔或焊盘与电源层连接的方法。Power Plane Clearance 设置如图 8-38 所示，设置内电源和地层与穿过它的焊盘或过孔之间的安全距离。Polygon Connect Style 设置如图 8-39 所示，设置多边形覆铜与焊盘之间的连接方式。

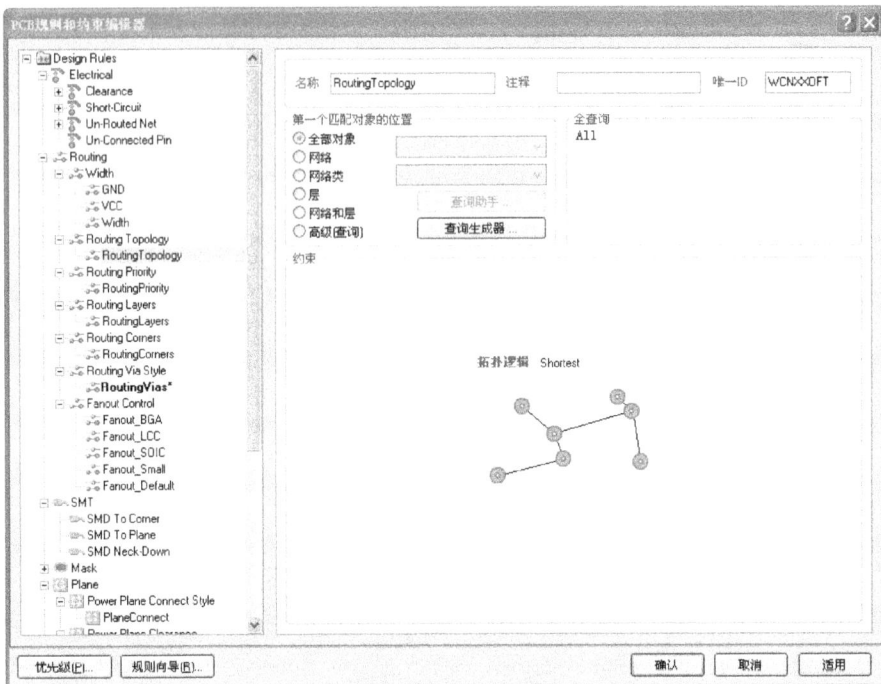

图 8-36　设置自动布线拓扑规则为 Shortest

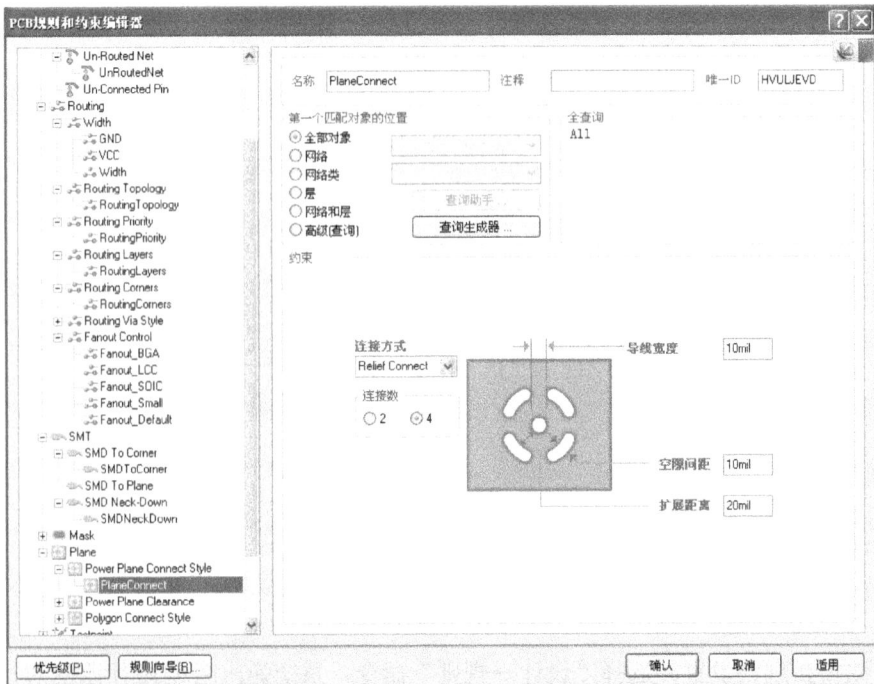

图 8-37　Power Plane Connect Style 设置

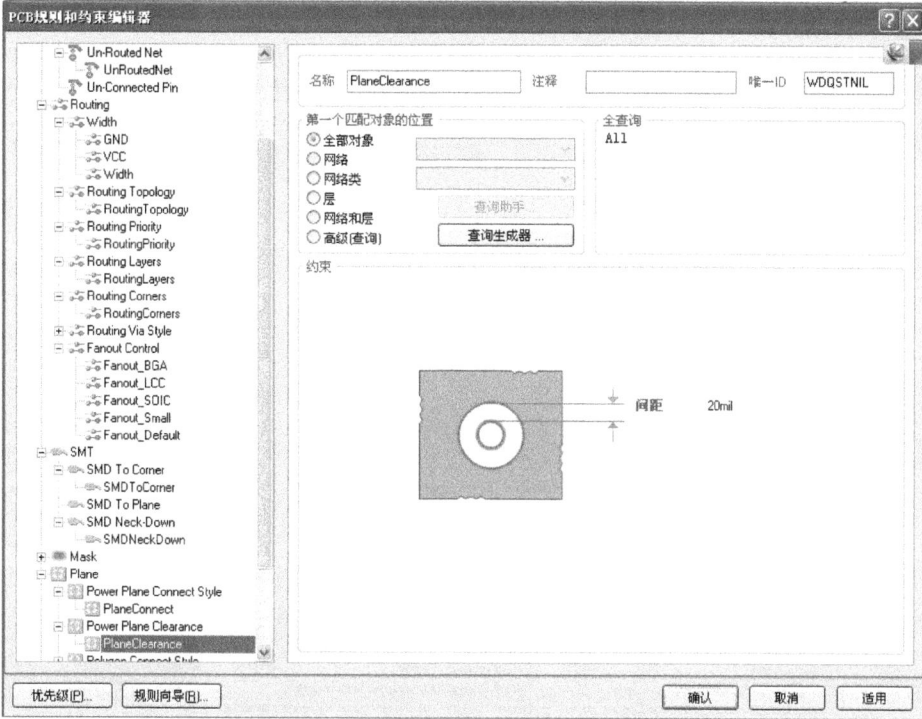

图 8-38　Power Plane Clearance 设置

图 8-39　Polygon Connect Style 设置

第 5 步　自动布线

选择"自动布线→全部对象"命令，系统弹出图 8-40 所示的对话框，单击"Route All"按钮，软件开始自动布线，布好线的多层板布线效果如图 8-41 所示。

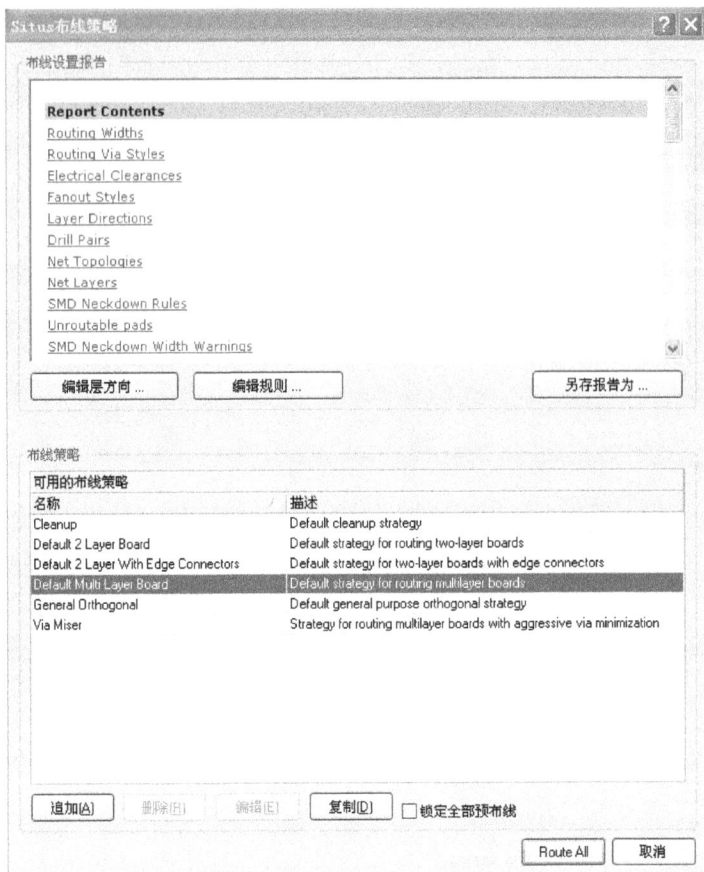

图 8-40　"Situs 布线策略"对话框

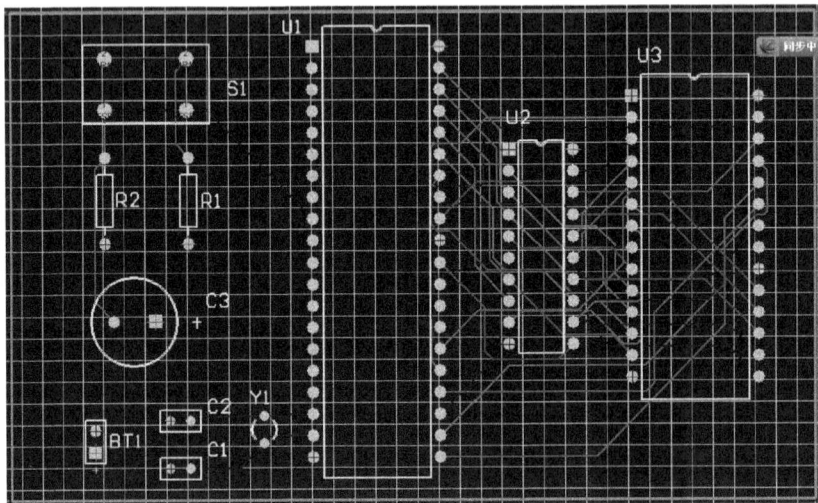

图 8-41　多层板布线效果

第 6 步　添加覆铜

选择"放置→覆铜"命令,系统弹出图 8-42 所示的对话框,进行图 8-43 所示的覆铜参数设置,单击"确认"按钮,给晶振电路添加覆好铜的 PCB,如图 8-44 所示。

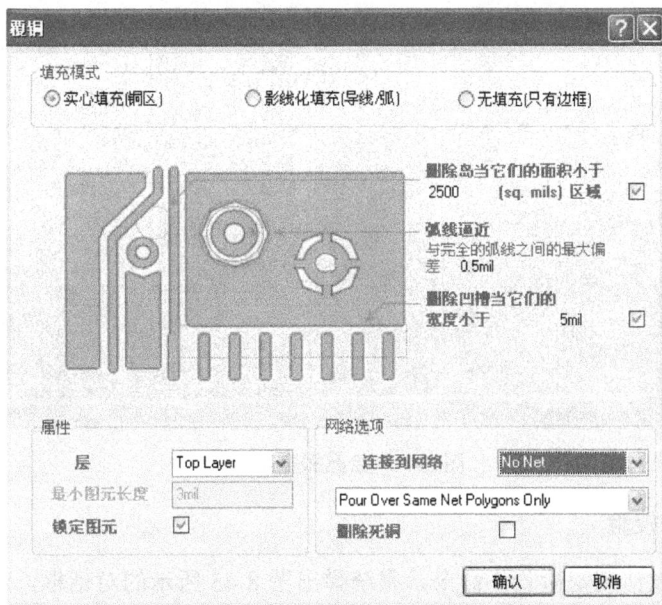

图 8-42　"覆铜"对话框

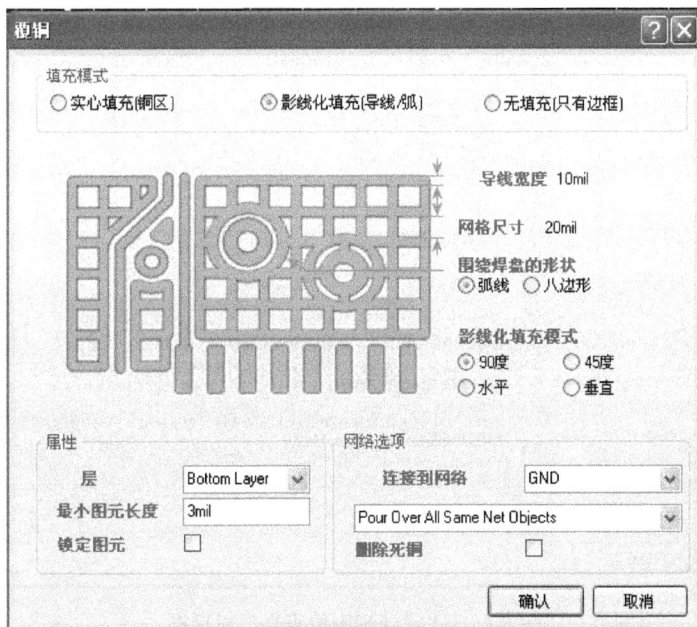

图 8-43　设置覆铜参数

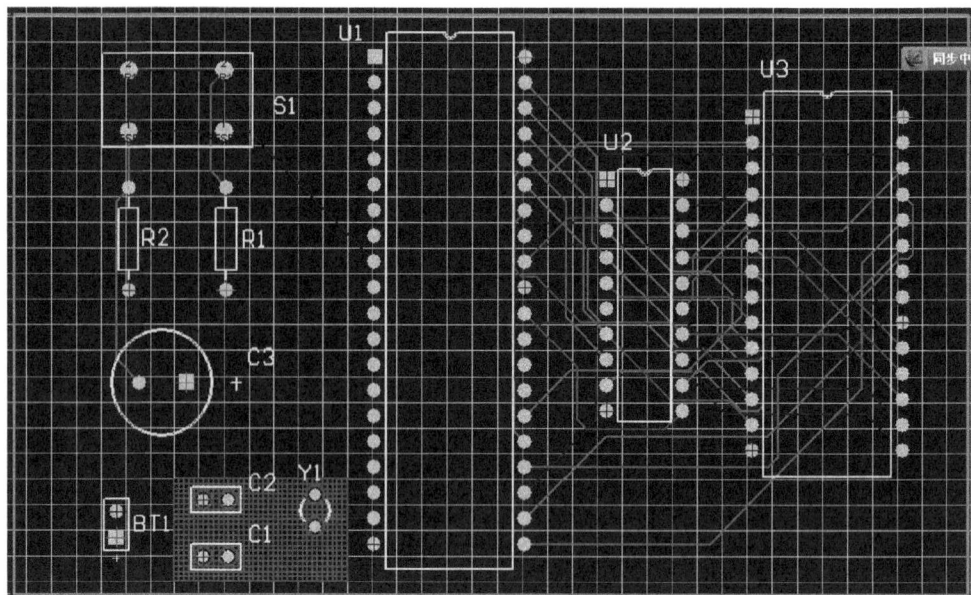

图 8-44　给晶振电路覆铜

第7步　DRC 校验

选择"工具→设计规则检查"命令，系统弹出图 8-45 所示的对话框，对电路进行 DRC 检查。发现错误进行修改，再重新检查，直到没有错误为止。检查生成扩展名为 DRC，如图 8-46 所示。

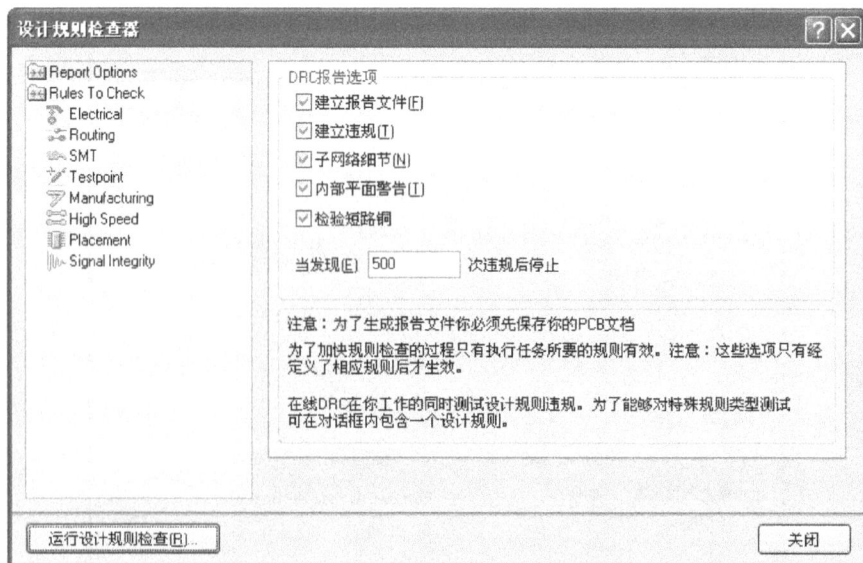

图 8-45　"设计规则检查器"对话框

```
Protel Design System Design Rule Check
PCB File : \金山快写\电子CAD教材编写\正稿\项目八\PCB1.PcbDoc
Date     : 2017-4-15
Time     : 15:20:48

Processing Rule : Clearance Constraint (Gap=8mil) (All),(All)
Rule Violations :0

Processing Rule : Width Constraint (Min=10mil) (Max=30mil) (Preferred=30mil) (InNet('+5V'))
Rule Violations :0

Processing Rule : Hole Size Constraint (Min=1mil) (Max=100mil) (All)
Rule Violations :0

Processing Rule : Height Constraint (Min=0mil) (Max=1000mil) (Prefered=500mil) (All)
Rule Violations :0

Processing Rule : Broken-Net Constraint ( (All) )
Rule Violations :0

Processing Rule : Short-Circuit Constraint (Allowed=No) (All),(All)
Rule Violations :0

Processing Rule : Width Constraint (Min=10mil) (Max=50mil) (Preferred=50mil) (InNet('GND'))
Rule Violations :0

Processing Rule : Width Constraint (Min=10mil) (Max=10mil) (Preferred=10mil) (All)
Rule Violations :0


Violations Detected : 0
Time Elapsed        : 00:00:00
```

图 8-46 DRC 文件内容

第 8 步 PCB 报表生成

1. 生成电路板信息报表。打开 PCB 文件，选择"报告→PCB 信息"命令，系统弹出图 8-47 到图 8-49 所示的信息对话框。"一般"选项卡说明该电路板的大小、电路板中各种图件的数量、钻孔数目等，如图 8-47 所示；"元件"选项卡显示电路板中元件的信息，如图 8-48 所示；"网络"选项卡显示电路板中的网络信息，如图 8-49 所示。

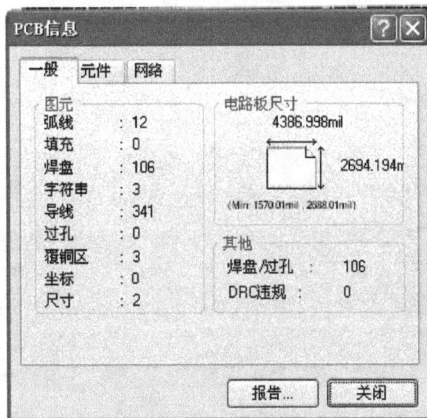

图 8-47   "一般"选项卡   图 8-48   "元件"选项卡

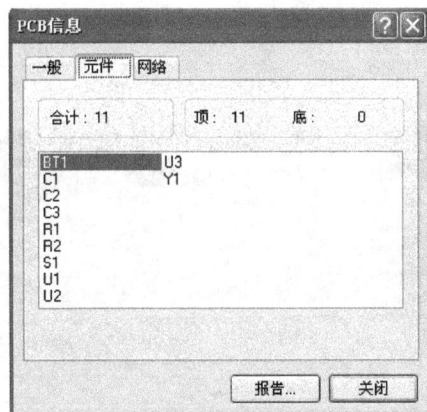

在图 8-47 所示对话框中，单击"报告"按钮，系统弹出图 8-50 所示的对话框，先单击"全选择"按钮，然后单击"报告"按钮，系统自动生成扩展名.REP 的电路板信息表。

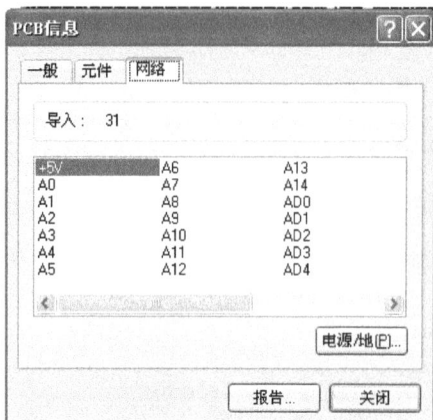

图 8-49   "网络"选项卡

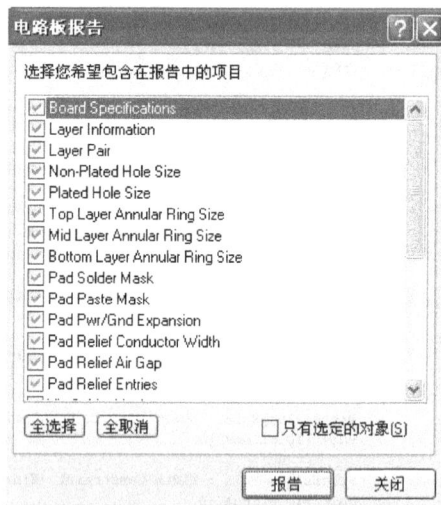

图 8-50   "电路板报告"对话框

电路板信息报表如图 8-51 所示。

```
Specifications For  8031 最小系统电路PCB图.PcbDoc
On 2017-4-18 at 17:21:00

Size of board                4.387 x 2.694 inch
Components on board          11
```

Layer	Route	Pads	Tracks	Fills	Arcs	Text
Top Layer		0	49	0	0	0
Mid-Layer 1		0	49	0	0	0
Internal Plane 1		0	4	0	0	0
Internal Plane 2		0	4	0	0	0
Mid-Layer 2		0	38	0	0	0
Bottom Layer		0	132	0	6	0
Mechanical 1		0	16	0	0	2
Top Overlay		0	45	0	6	23
Keep-Out Layer		0	4	0	0	0
Multi-Layer		106	0	0	0	0
Total		106	341	0	12	25

Layer Pair	Vias
Total	0

图 8-51   电路板信息报表

```
Non-Plated Hole Size          Pads        Vias
------------------------------------------------
------------------------------------------------
Total                          0            0
Plated Hole Size              Pads        Vias
------------------------------------------------
27.559mil (0.7mm)              2            0
27.559mil (0.7mm)              4            0
30mil (0.762mm)                2            0
33.465mil (0.85mm)             4            0
35.433mil (0.9mm)             88            0
35.433mil (0.9mm)              2            0
47.244mil (1.2mm)              4            0
------------------------------------------------
Total                        106            0
Top Layer Annular Ring Size     Count
------------------------------------------------
19.685mil (0.5mm)               4
21.654mil (0.55mm)              4
23.622mil (0.6mm)              96
30mil (0.762mm)                 2
------------------------------------------------
Total                         106
Mid Layer Annular Ring Size     Count
------------------------------------------------
19.685mil (0.5mm)               4
21.654mil (0.55mm)              4
23.622mil (0.6mm)              96
30mil (0.762mm)                 2
------------------------------------------------
Total                         106
Bottom Layer Annular Ring Size  Count
------------------------------------------------
19.685mil (0.5mm)               4
21.654mil (0.55mm)              4
23.622mil (0.6mm)              96
30mil (0.762mm)                 2
------------------------------------------------
Total                         106
Pad Solder Mask                 Count
------------------------------------------------
4mil (0.1016mm)               106
------------------------------------------------
Total                         106
```

图 8-51　电路板信息报表（续 1）

```
Pad Paste Mask                   Count
------------------------------------------
0mil (0mm)                        106
------------------------------------------
Total                             106

Pad Pwr/Gnd Expansion           Count
------------------------------------------
20mil (0.508mm)                   106
------------------------------------------
Total                             106

Pad Relief Conductor Width      Count
------------------------------------------
10mil (0.254mm)                   106
------------------------------------------
Total                             106

Pad Relief Conductor Width      Count
------------------------------------------
10mil (0.254mm)                   106
------------------------------------------
Total                             106

Pad Relief Air Gap              Count
------------------------------------------
10mil (0.254mm)                   106
------------------------------------------
Total                             106

Pad Relief Entries              Count
------------------------------------------
4                                 106
------------------------------------------
Total                             106

Track Width                     Count
------------------------------------------
7.874mil (0.2mm)                   39
10mil (0.254mm)                   290
11.811mil (0.3mm)                   4
40mil (1.016mm)                     8
------------------------------------------
Total                             341

Arc Line Width                  Count
------------------------------------------
7.874mil (0.2mm)                    5
10mil (0.254mm)                     7
------------------------------------------
Total                              12
```

图 8-51　电路板信息报表（续 2）

Arc Radius	Count
25mil (0.635mm)	3
36.622mil (0.9302mm)	4
38.59mil (0.9802mm)	2
61.024mil (1.55mm)	2
206.693mil (5.25mm)	1
Total	12

Arc Degrees	Count
99	2
180	3
360	7
Total	12

Text Height	Count
45.276mil (1.15mm)	1
60mil (1.524mm)	24
Total	25

Text Width	Count

图 8-51　电路板信息报表（续3）

5.905mil (0.15mm)	1
6mil (0.1524mm)	2
10mil (0.254mm)	22
Total	25

Net Track Width	Count
10mil (0.254mm)	31
Total	31

Net Via Size	Count
28mil (0.7112mm)	31
Total	31

Routing Information
```
Routing completion    : 100.00%
Connections           : 58
Connections routed    : 58
Connections remaining : 0
```

图 8-51　电路板信息报表（续4）

2．生成电路板元件报表。打开 PCB 文件，选择"报告→Bill of Materials"命令，系统弹出图 8-52 所示的对话框，单击"报告"，系统弹出图 8-53 所示的对话框，单击"输出"，系统弹出图 8-54 所示的对话框，系统自动生成扩展名为.xls 的文件，并按一定的路径保存，具体内容如图 8-55 所示。

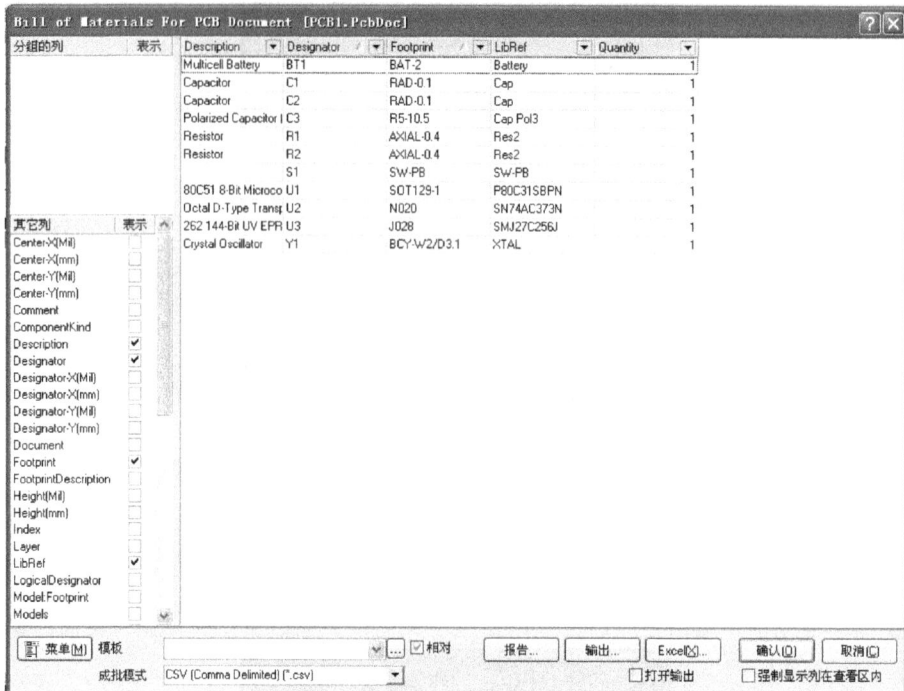

图 8-52　元件报表对话框

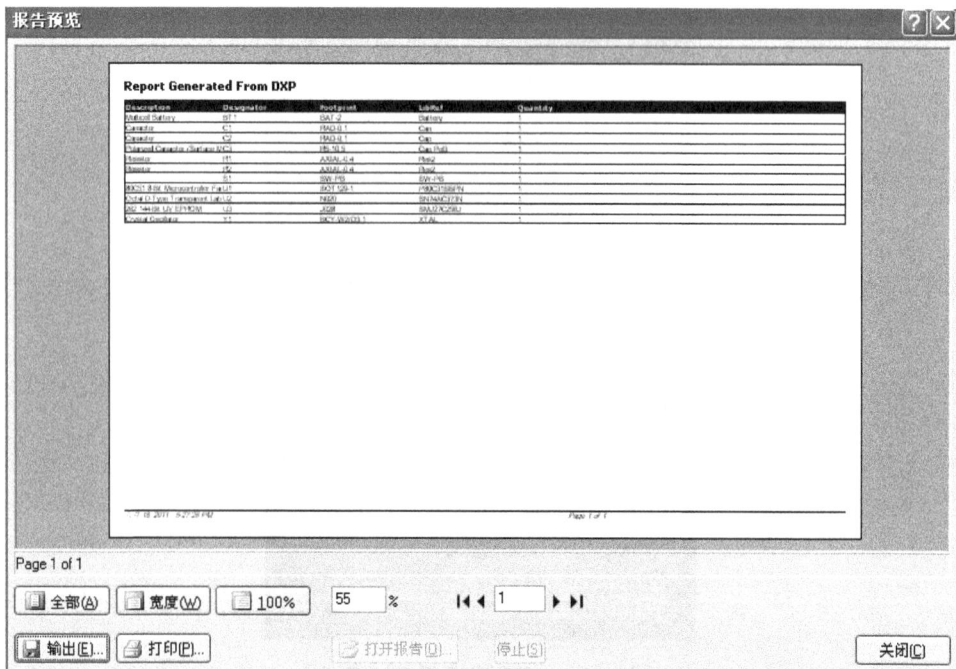

图 8-53　"元件清单列表"对话框

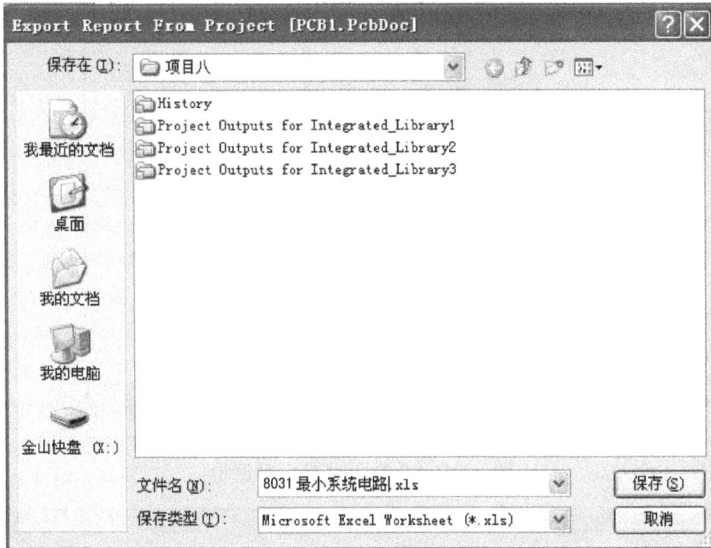

图 8-54　"元件清单列表保存"对话框

图 8-55　EXCEL 文件形式的元件报表

第 9 步　PCB 图的打印

1. 页面设定。选择"文件→页面设定"命令，系统弹出图 8-56 所示的对话框，在"尺寸"栏中设置纸张的大小；在其下方选择图纸的方向；在"缩放比例"的刻度模式栏中，最好采用默认项"Fit Document On Page"，自动调整 PCB 图层比例适合于纸张大小；在"彩色组"框中选择输出模式：单色、彩色或灰色。

2. 设置打印层。如图 8-56 所示，单击"高级"按钮，系统弹出如图 8-57 所示对话框，在其中列出了将要打印的层面。

3. 插入层。如图 8-57 所示，单击鼠标右键，系统弹出如图 8-58 所示浮动菜单，选择"插入层"菜单命令，弹出如图 8-59 所示对话框，在"打印层次类型"下拉列表框中选择要添加的层面。

用同样的方法，也可以将某层面从打印层面列表中删除。

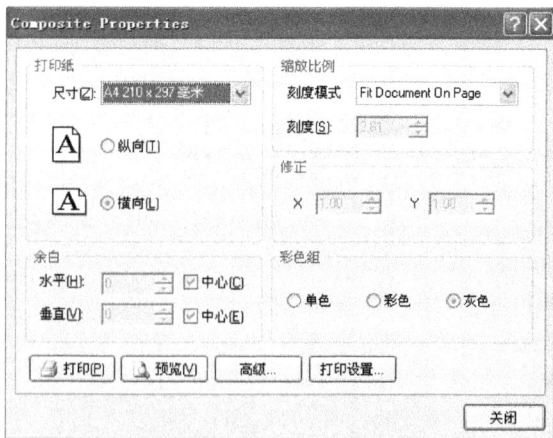

图 8-56　"页面设置"对话框

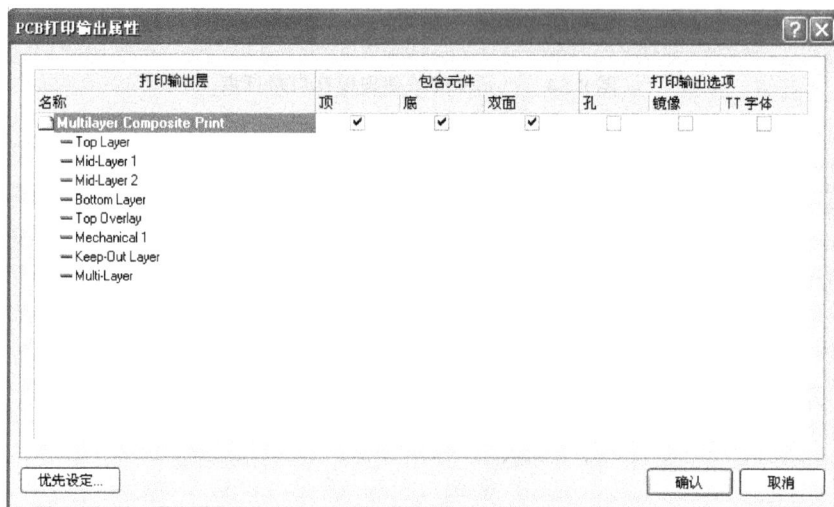

图 8-57　"PCB 打印输出属性"对话框

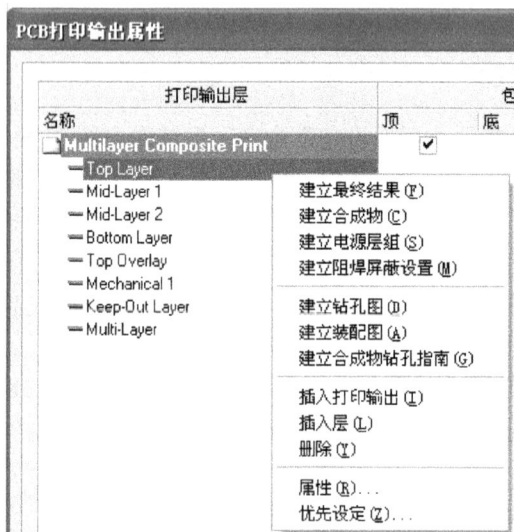

图 8-58　"PCB 打印输出属性"对话框

图 8-59　"层属性"对话框

4. 设置打印机。单击"打印"按钮，系统弹出图 8-60 所示的对话框，可以进一步设置打印参数，设置好后单击"确认"按钮，开始打印。

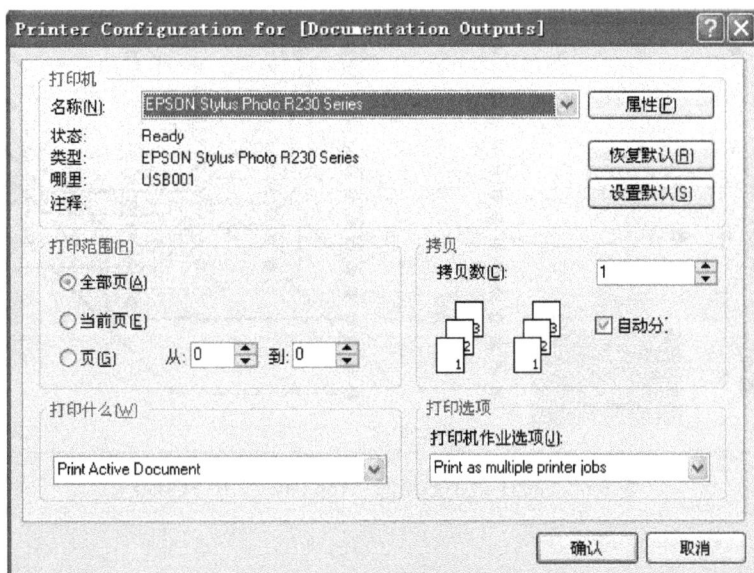

图 8-60　设置打印参数对话框

5. 打印预览。打开 PCB 文件，选择"打印→打印预览"命令，系统弹出图 8-61 所示的对话框，预览 PCB 的打印效果，如图 8-62 和图 8-63 所示。

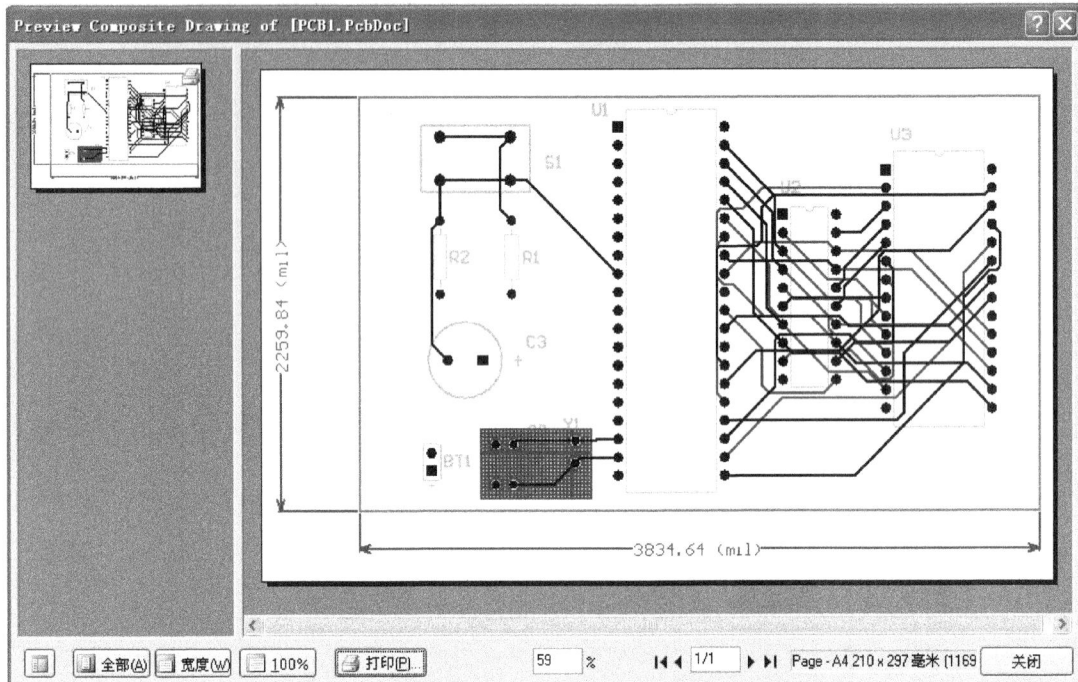

图 8-61　PCB 文件打印预览对话框

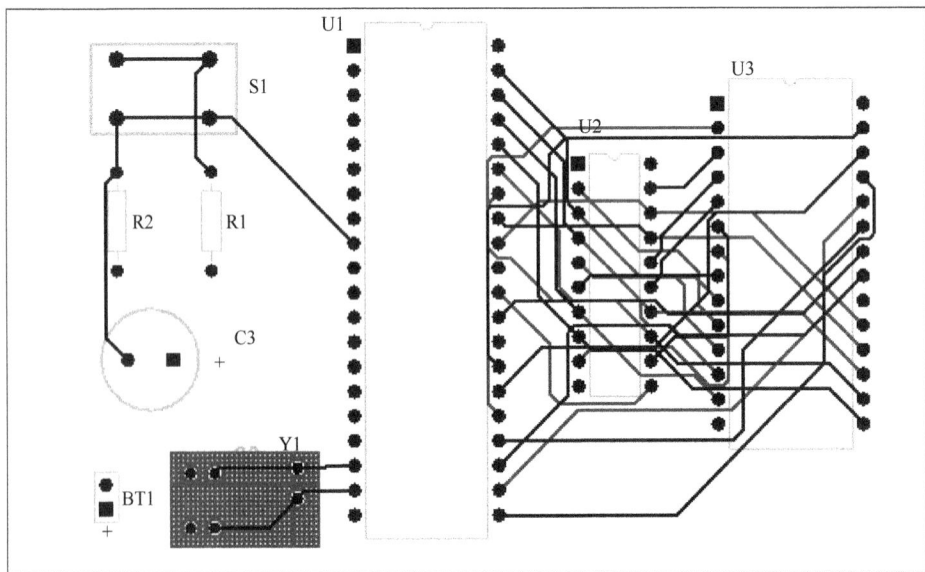

图 8-62　8031 最小系统的"Top Layer"层 PCB 图

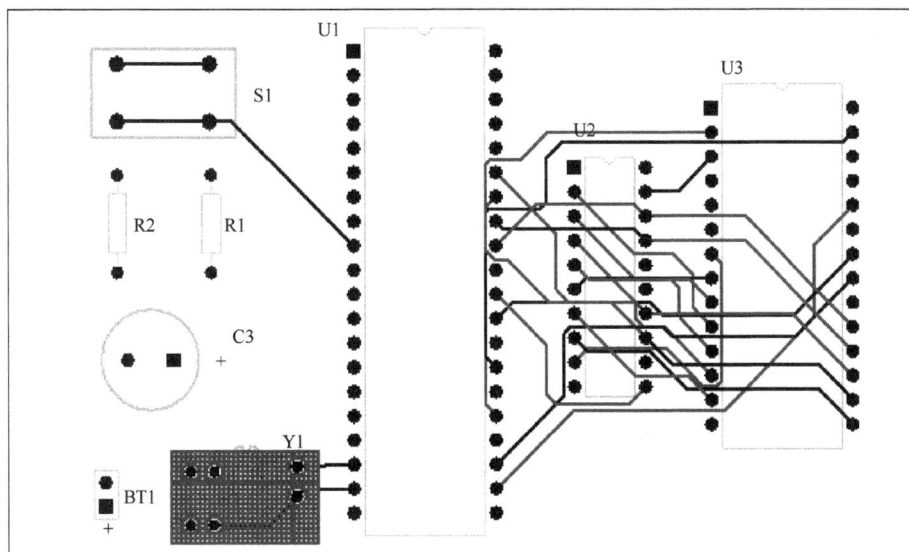

图 8-63　8031 最小系统的"Bottom Layer"层 PCB 图

内容小结

本项目介绍了多层板设计的基本方法。多层电路板非常复杂，绘制时必须仔细、精确地设置，有些知识需要在实际设计中不断地探索与积累。

PCB 的一般设计流程如图 8-64 所示。

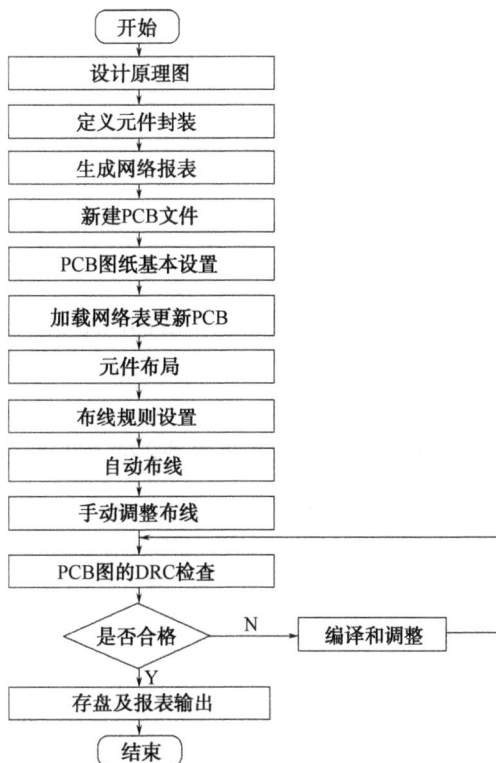

图 8-64　PCB 的一般设计流程

145

上机实训

1．课内操作题。

如图 8-65 所示是一张晶闸管控制闪光灯电路原理图，要求：

（1）绘制电路图，其中找不到的元件符号要求自制。

（2）绘制印制电路板图，其中找不到的封装要求自制。

（3）生成文件。

1）项目文件：学生姓名.PRJPCB。

2）原理图文件：晶闸管控制闪光灯电路.SCHDOC。

3）PCB 文件：晶闸管控制闪光灯电路 PCB 图.PCBDOC。

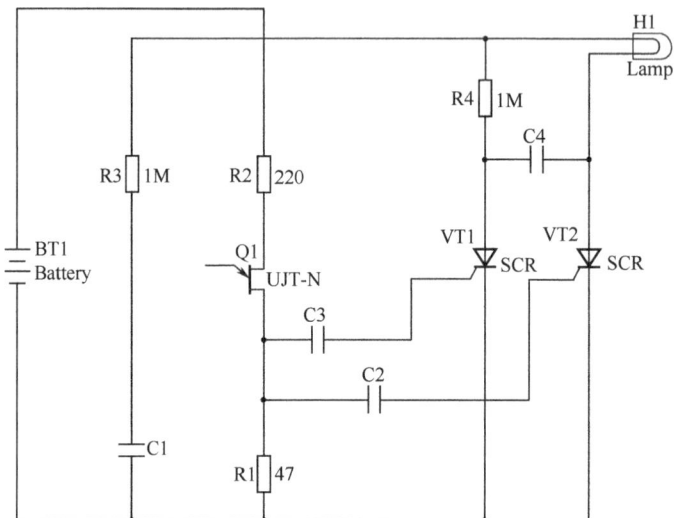

图 8-65　晶闸管控制闪光灯电路原理图

2．课外操作题。

（1）职业技能鉴定考点八样题。

在考生的设计数据库文件夹中，新建一个 PCB 子文件，文件名为 PCB1.PCBDOC；利用项目五的课外操作题（职业技能鉴定考点五样题）生成的网络表，将图 8-66 所示的原理图样图生成双面电路板，规格为 X：150mm，Y：135mm；将接地线和电源线加宽至 20mil；保存PCB 文件。

（2）职业技能鉴定考点八（30%）评分表（见表 8-2）。

表 8-2　电路板的绘制评分表

作图方法：共 20 分		
板边选择不合理（3 分）	未调用要求的封装库（3 分）	封装不对（0.5 分/个）
板层选择不对（3 分）	丢失元件（1 分/个）	丢失导线（0.5 分/条）
线宽选择不合理（0.5 分/条）	线距选择不合理（0.5 分/条）	元件标称位置不合理（0.5 分/个）
焊盘选择不合理（1 分）	过孔选择不合理（1 分）	元件等布出板外（0.5 分/个）
作图质量：共 10 分		
电路板布局合理程度（4）	电路板布线合理度（3 分）	元件标号、标称值合理程度（3 分）

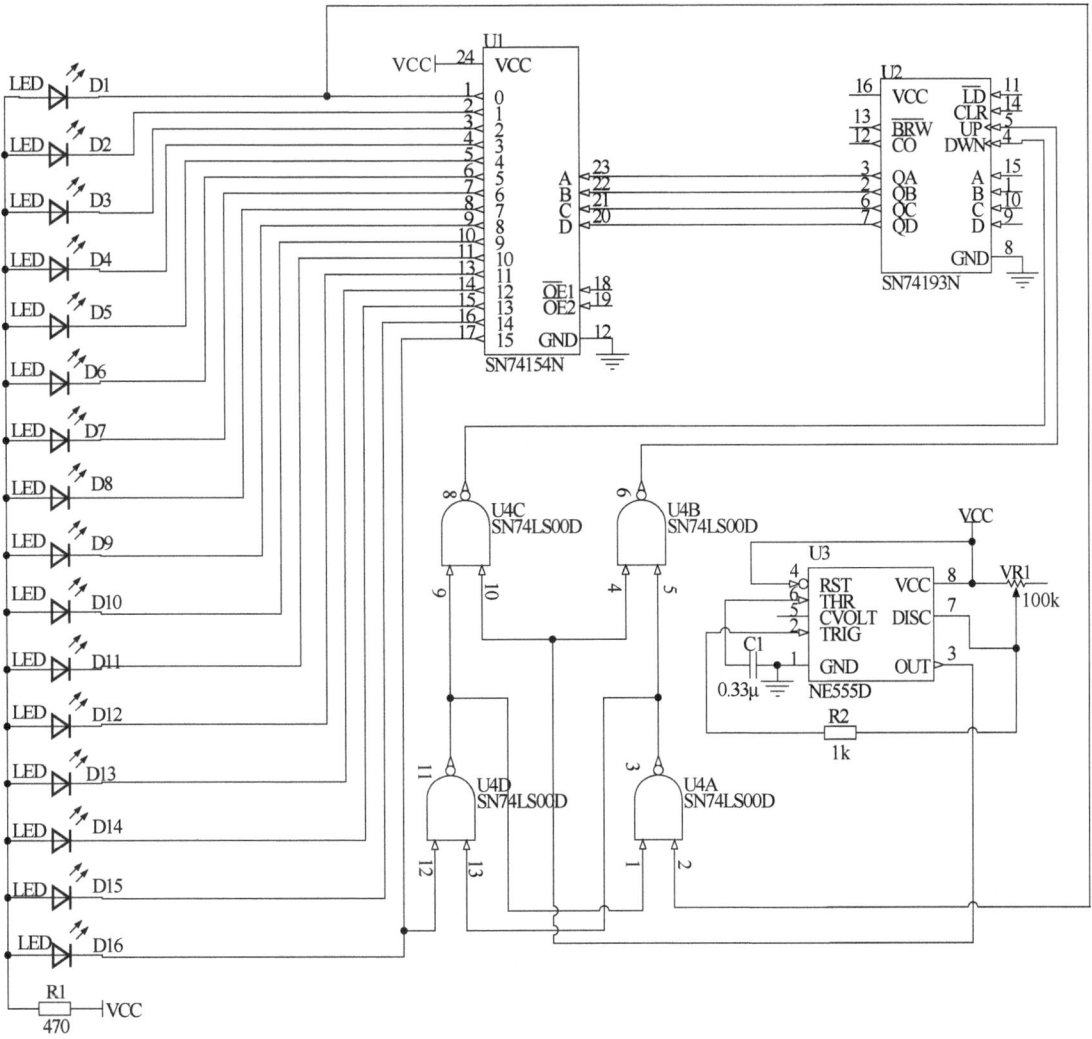

图 8-66　原理图样图

项目九

仿真实例

Protel DXP 软件不但具有绘制电路图、设计 PCB 电路板等强大功能，还具有内嵌电路的仿真功能。电路仿真就相当于一个电子技术实验室，可以对电子系统进行逼真模拟设计和参数分析。电路仿真可以为设计者提供电路改进思路，在设计电路的过程中，能准确分析电路的工作状况，能及时发现设计电路存在的缺陷。

本项目以"整流滤波电路和三极管放大电路"为例，讲解电路仿真的基本操作方法。

学习目标

☆ 熟悉电路仿真的一些基本知识。
☆ 掌握电路仿真的基本操作步骤。
☆ 掌握仿真元件的参数设置。
☆ 掌握仿真方式及其参数设置。
☆ 学会简单电路的仿真和仿真结果分析。

教学方式

教学节奏		教学方式
教学项目	课时安排	
教师讲授	4	重点讲授理解电路仿真的基本操作步骤，仿真元件的参数设置，仿真方式及其参数设置，简单电路的仿真和仿真结果分析
学生上机	2	教师指导学生实际操作，对已知电路仿真

训练任务

整流滤波电路如图 9-1 所示。在正弦波电压源激励下，进行工作点分析和瞬态/傅里叶分析，测量和观察整流滤波后的输出波形。

三极管放大电路如图9-2所示。在正弦波电压源激励下，进行输出波形的测量，并进行仿真分析。

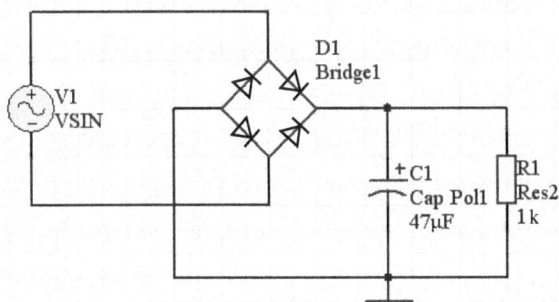

图 9-1　整流滤波电路原理图

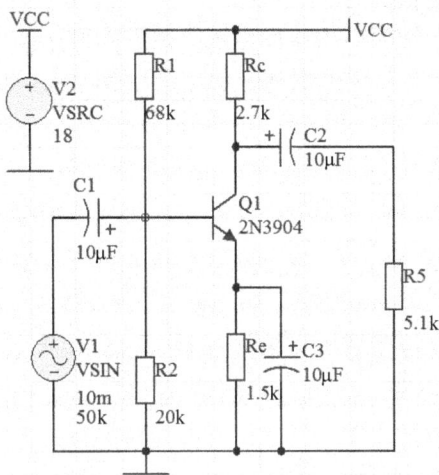

图 9-2　三极管放大电路原理图

🐝 **执行步骤**

实例1：整流滤波电路的仿真

第 1 步　绘制仿真原理图

1．新建项目文件。在"D:/姓名"文件夹下，创建项目文件，命名为"项目九.PrjPCB"，并新建原理图文件，保存为"整流滤波电路仿真.SchDoc"，如图9-3所示。

图 9-3　新建项目文件和原理图

2．绘制仿真原理图。

根据任务要求，使用原理图编辑器及仿真元器件设计电路仿真原理图，在 Miscellaneous Devices.IntLib 库文件中选取整流桥堆、电阻、电容三个元器件，如图9-4～图9-6所示，它们都具有"Simulation"（仿真）属性。

这里注意：只有具有"Simulation"（仿真）属性的元件才可用于电路仿真，选择元器件的时候需要注意看元器件的模型列表中是否有 Simulation 项，没有仿真属性的元器件是不能进行电路仿真的。

按原理图连接导线，如图 9-7 所示。

图 9-4　整流桥堆元件属性

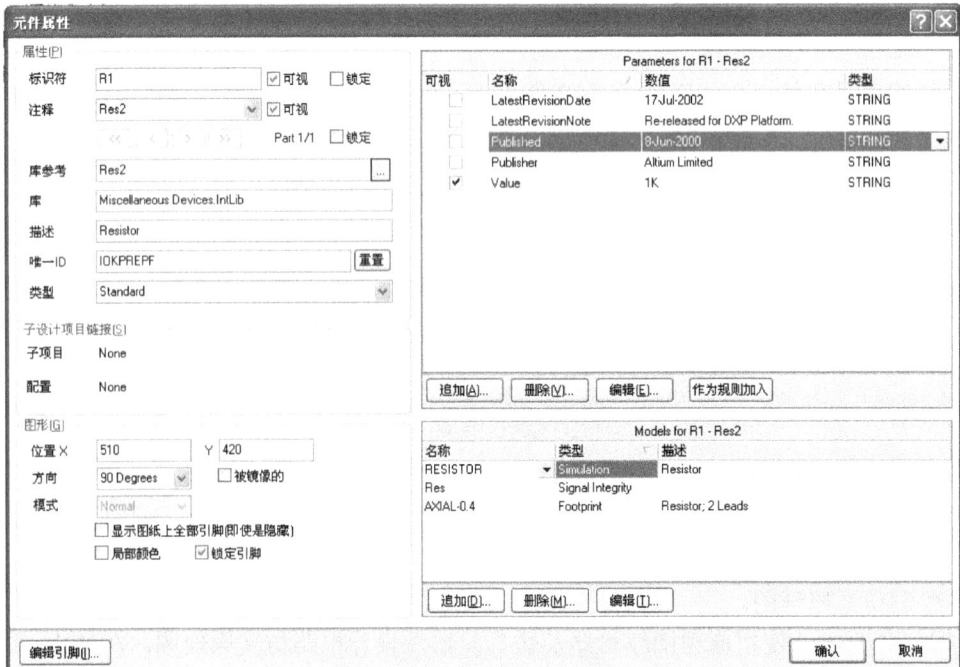

图 9-5　电阻元件属性

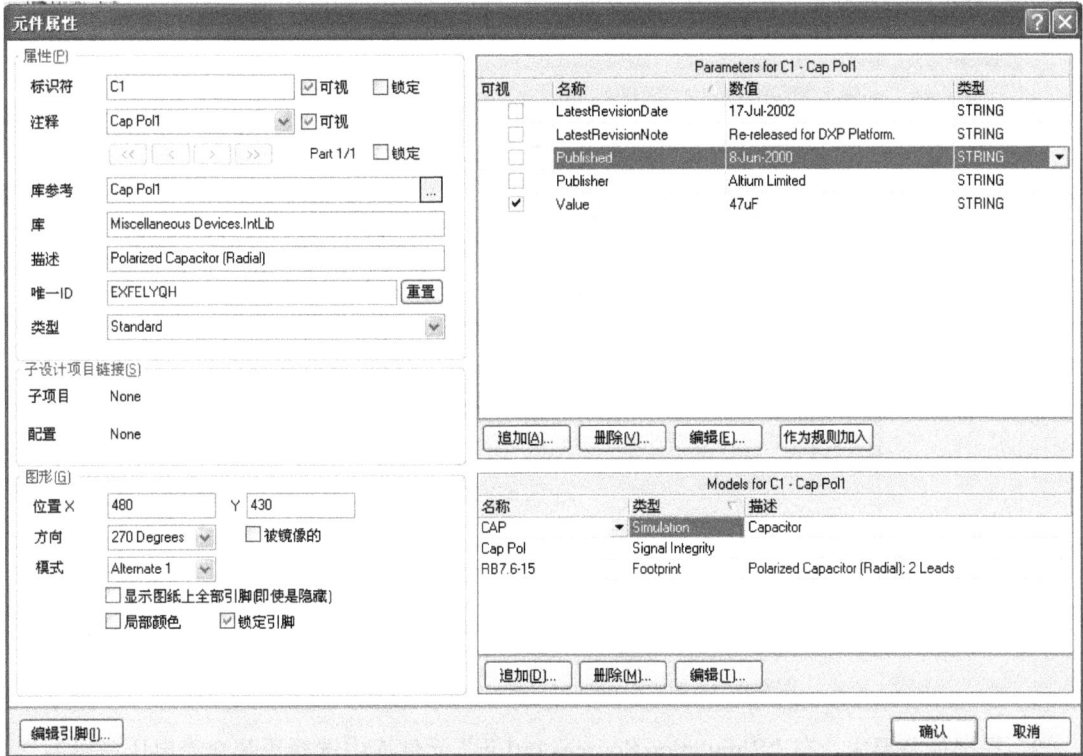

图 9-6　电容元件属性

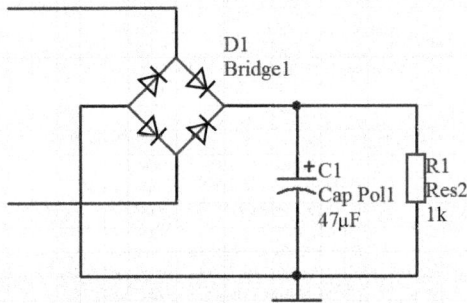

图 9-7　连接导线图

第 2 步　放置仿真激励源

1. 按路径"\Program Files\Altium2004\Library\Simulation"添加"Simulation Sources.IntLib"元件库，如图 9-8 所示。

在仿真电路中，至少应包含一个仿真激励源。只有在输入信号（仿真激励源）作用下，仿真电路才会正常工作。常用的仿真激励源有直流激励源、脉冲信号激励源、正弦信号激励源等。

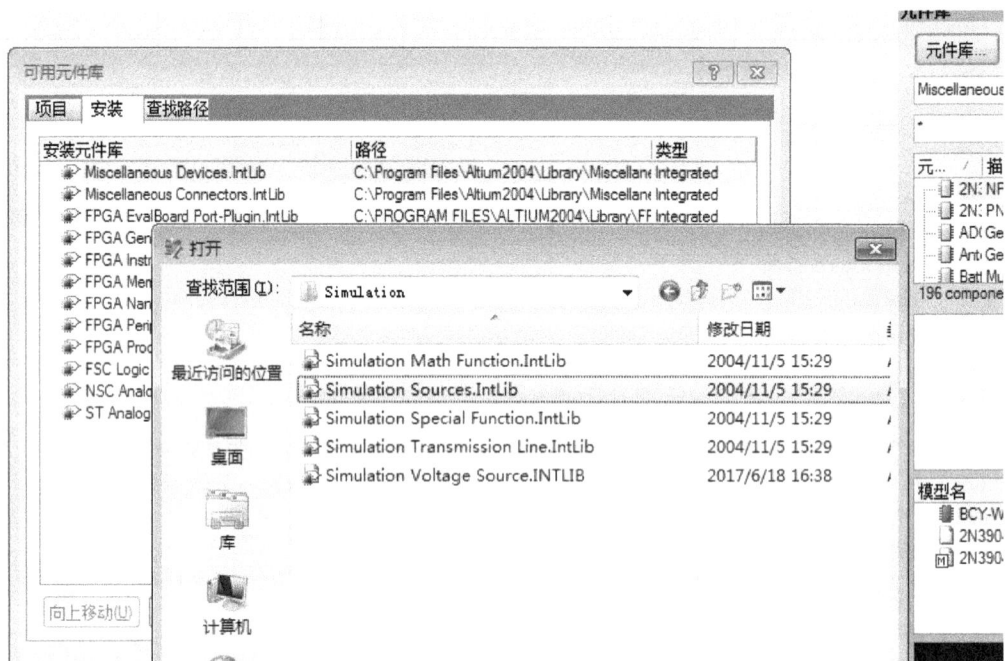

图 9-8　添加"Simulation Sources.IntLib"元件库

2．根据任务要求，在"Simulation Sources.IntLib"元件库中选择正弦交流电压激励源，如图 9-9 所示，其元件属性如图 9-10 所示。

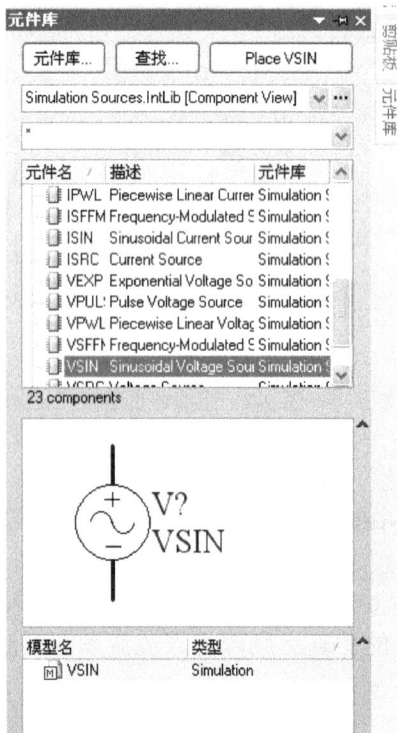

图 9-9　选择"正弦波信号激励源"对话框

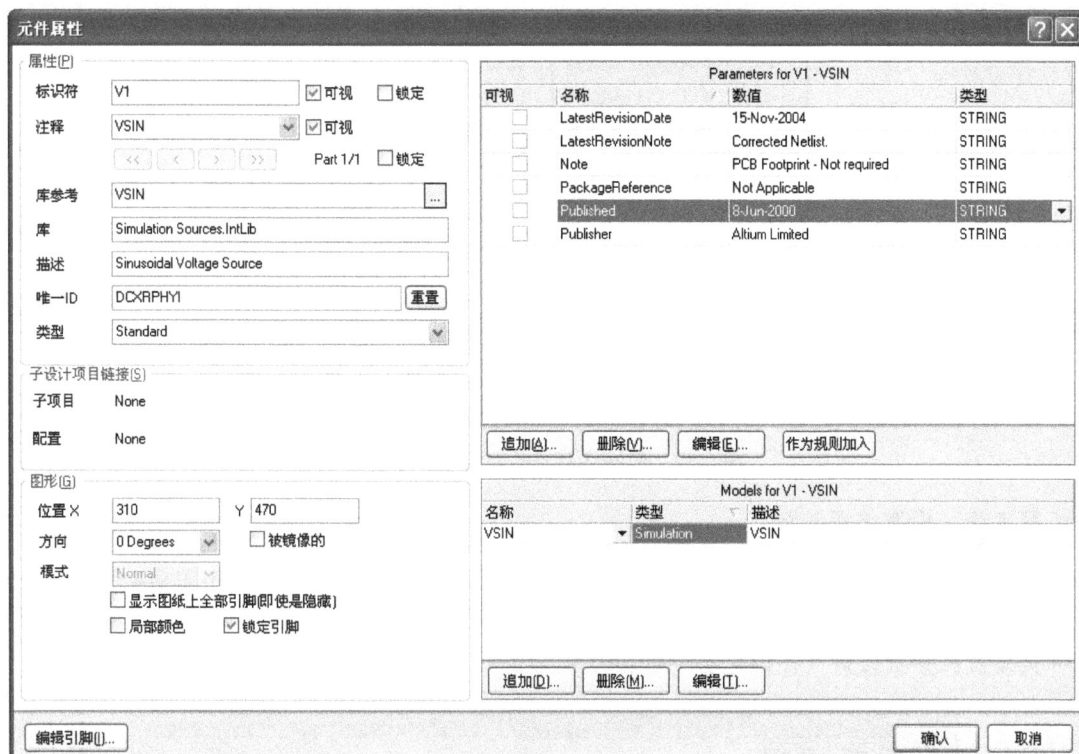

图 9-10　正弦波信号激励源元件属性

3．连接导线。电路原理图如图 9-11 所示。

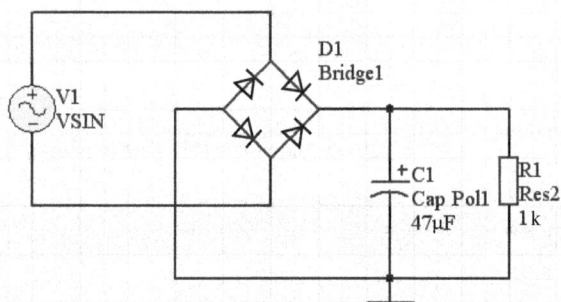

图 9-11　整流电路原理图

第 3 步　放置网络标号

1．在进行电路仿真之前，必须在每一个需要测试的地方添加网络标号。添加方法和前面项目中绘制原理图时添加网络标号一样，即放置→网络标签→更名。

2．在如图 9-11 中放置仿真网络标号"AC1、AC2、DC"。放置了网络标号的电路原理图如图 9-12 所示。

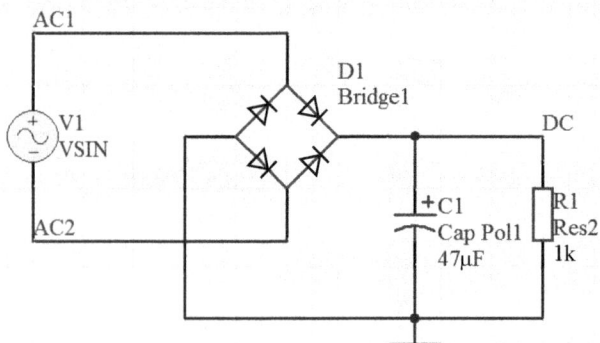

图 9-12　带网络标号的整流电路原理图

第 4 步　设置仿真参数

整流桥堆仿真参数设置。双击原理图编辑区中的整流桥堆符号，弹出如图 9-4 所示属性对话框，双击图 9-4 中右下段蓝色"Simulation"区域，弹出如图 9-13、图 9-14 对话框，进行模型种类设置和参数设置（在该任务中保持默认设置）。

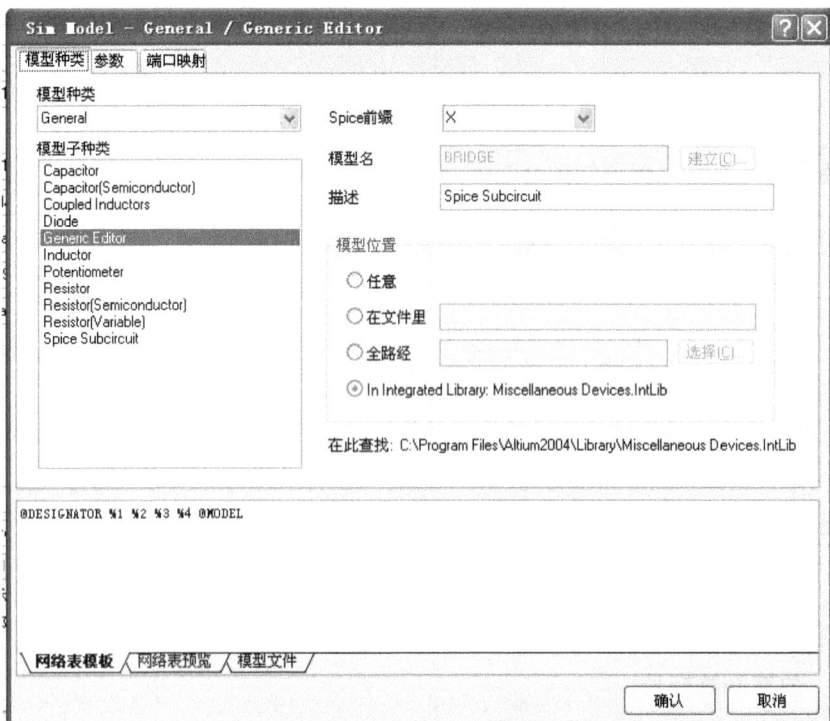

图 9-13　整流桥堆模型种类设置

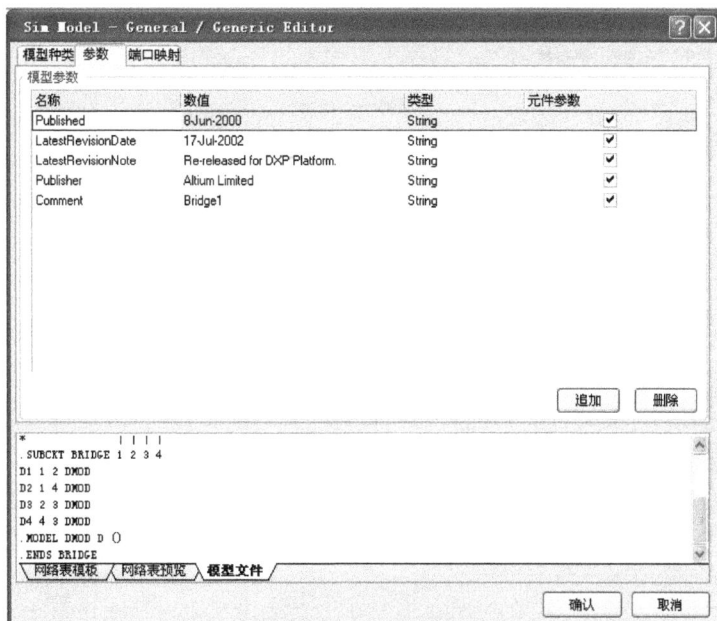

图 9-14　整流桥堆参数设置（默认）

用同样的方法进行电阻、电容元件的仿真参数设置。

双击原理图编辑区中的电阻符号，弹出如图 9-5 所示属性对话框，双击图 9-5 中右下段蓝色 "Simulation" 区域，弹出如图 9-15、图 9-16 对话框，进行模型种类设置和参数设置。

电阻仿真参数设置。单击 "参数" 标签，在该标签中设置 Value 值 "1k"，其意义为设置电路中的负载电阻阻值为 1kΩ→单击 "确认" 按钮完成电阻仿真参数的设置，如图 9-15、图 9-16 所示。

图 9-15　电阻模型种类设置

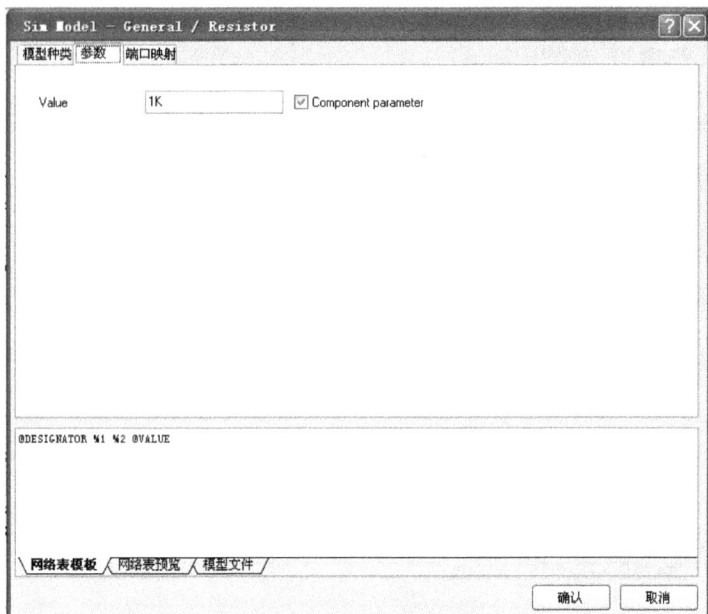

图 9-16　电阻参数设置

　　双击原理图编辑区中的电容符号，弹出如图 9-6 所示属性对话框，双击图 9-6 中右下段蓝色"Simulation"区域，弹出如图 9-17、图 9-18 对话框，进行模型种类设置和参数设置。

　　电容仿真参数设置。单击"参数"标签，在该标签中设置 Value 值"47μF"，其意义为设置电路中滤波电容的电容值为47μF；在该标签中设置 Initial Voltage 值"0"，其意义为设置电路中的滤波电容初始时刻两端电压为"0V"→单击"确认"按钮完成滤波电容仿真参数的设置。如图 9-17、图 9-18 所示。

图 9-17　电容模型种类设置

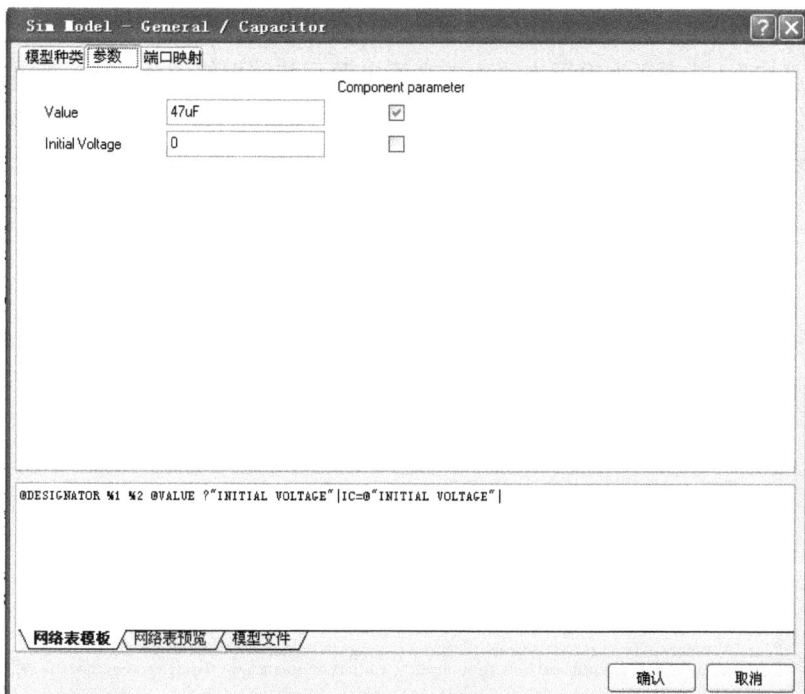

图 9-18　电容参数设置

正弦波信号激励源仿真参数设置方法与电阻、电容设置方法相同。

双击原理图编辑区中的电压源符号，弹出如图 9-10 所示属性对话框，双击图 9-10 中右下段蓝色"Simulation"区域，弹出如图 9-19、图 9-20 对话框，进行模型种类设置和参数设置。

图 9-19　正弦波信号激励源模型种类设置

正弦波信号激励源元件属性和仿真参数设置方法。单击"参数"标签，在该标签中设置 Amplitude 值"12"，其意义为设置电路中的交流电源正弦波振幅值为 12V；设置 Frequency 值 "50"，其意义为设置电路中的交流电源正弦波频率为 50Hz（模拟我国交流供电参数）→单击 "确认"按钮完成正弦波信号激励源参数的设置，如图 9-19、图 9-20 所示。

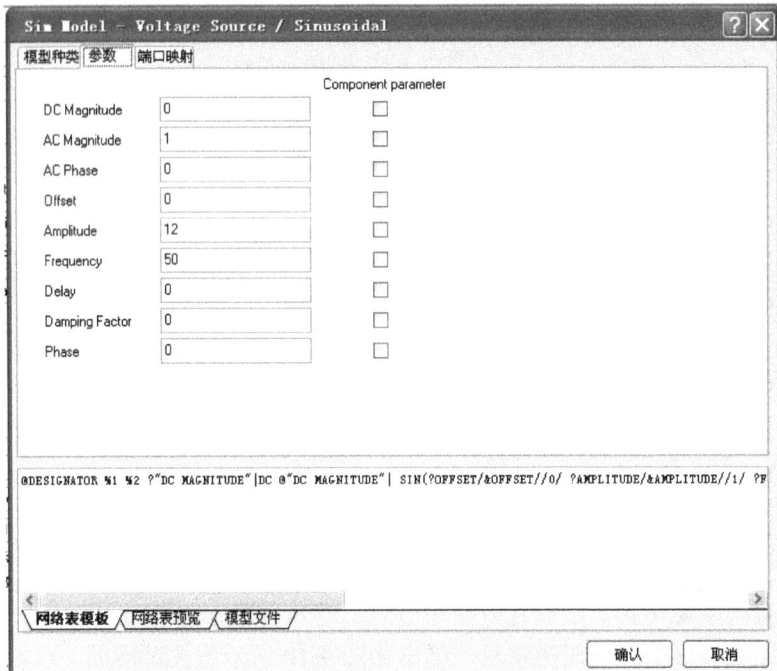

图 9-20　正弦波信号激励源参数设置

第 5 步　设定仿真方式

1. 打开"分析设定"对话框。选择"设计→仿真→Mixed Sim"，打开"分析设定"对话框，11 种分析/选项及其解释如图 9-21 所示。设计者可根据具体仿真要求在窗口中的"分析/选项"分组框中选择使用的仿真方式。

2. 设定"整流滤波电路"仿真方式。选择"Operating Point Analysis（直流工作点分析）"和"Transient/Fourier Analysis（瞬态/傅里叶分析）"在这两项后面的小方格单击选取，如图 9-22 所示。

3. 添加活动信号。整流滤波电路仿真中需观察输入的交流信号和整流后的直流信号波形，即检测 AC1、DC 处的电压波形。双击可用信号栏中的"AC1""DC"信号名，将其移动到活动信号栏，如图 9-23 所示。

4. Transient/Fourier Analysis（瞬态/傅里叶分析）设定。单击"Transient/Fourier Analysis"→打开"Transient/Fourier Analysis Setup"→选中"Use Initial Conditions"。在有储能元件的电路中，选用此项，其作用是仿真时使用初始设置条件。其他设置在本次仿真采用默认值，如图 9-24 所示。

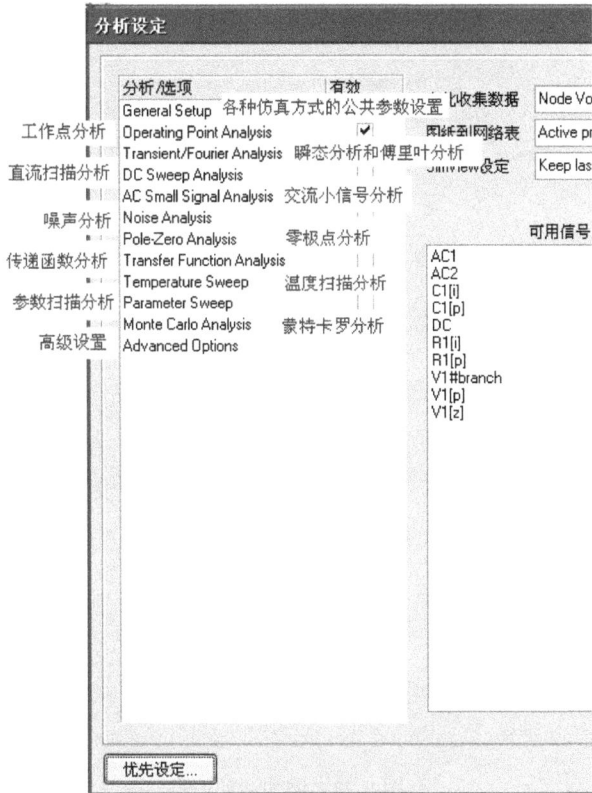

图 9-21 "分析设定"对话框

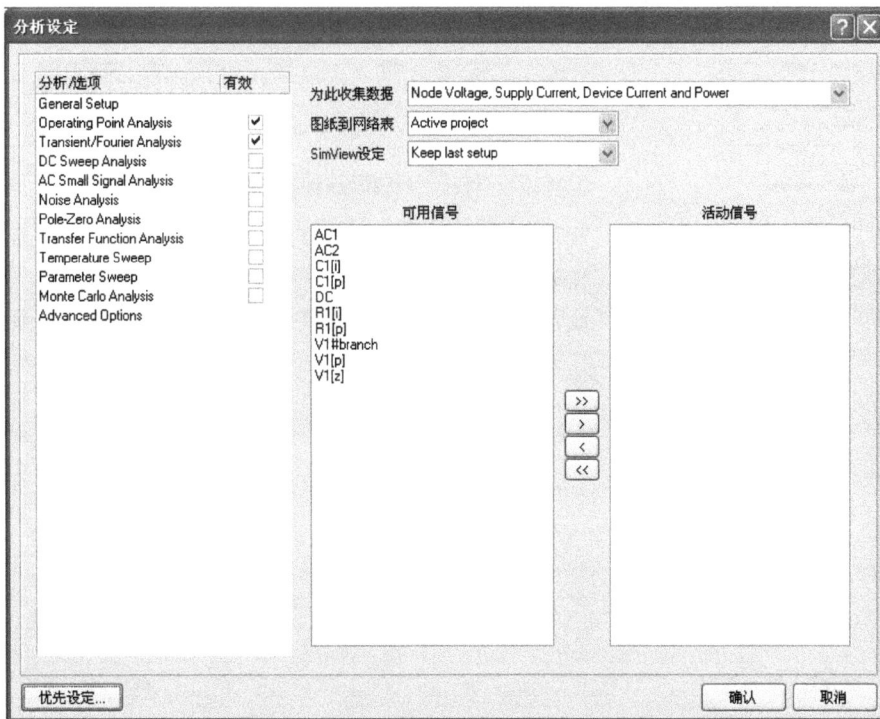

图 9-22 设定"整流滤波电路"仿真方式

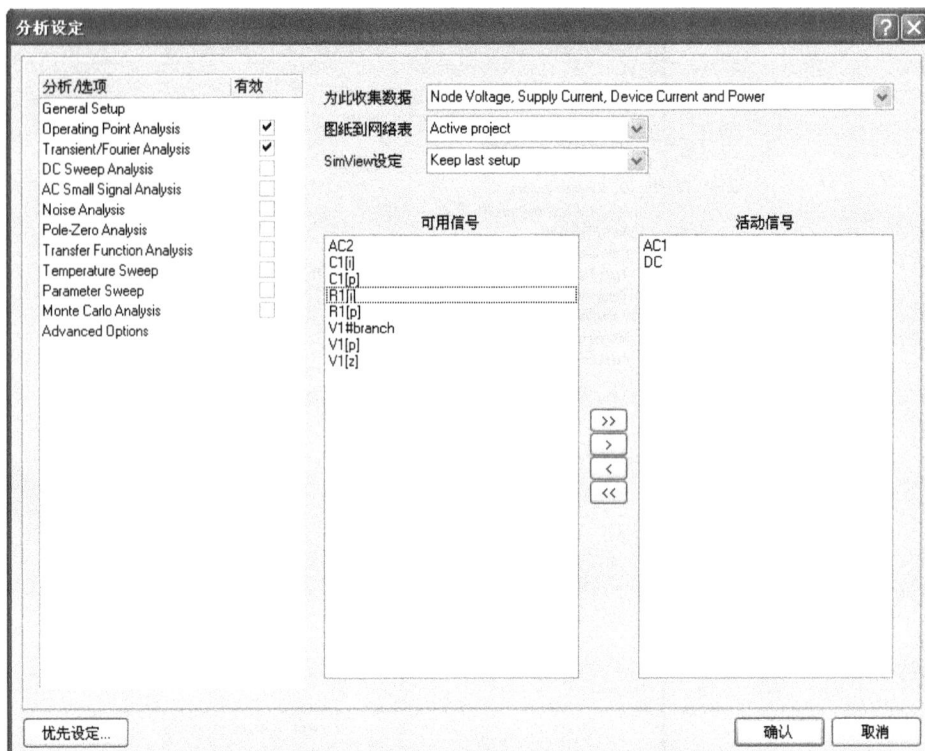

图 9-23 添加活动信号

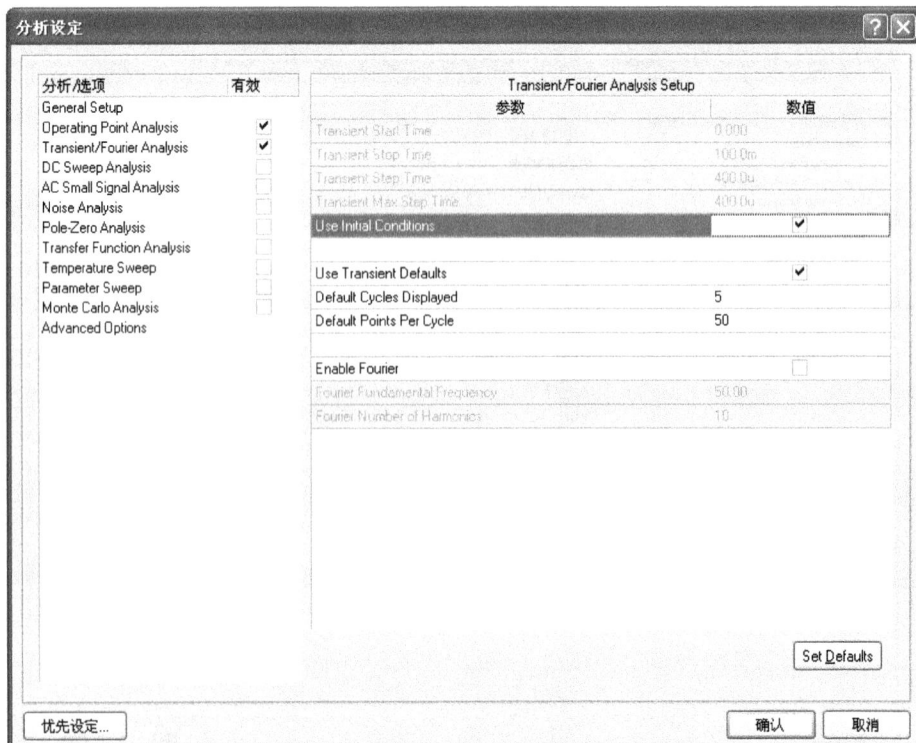

图 9-24 "瞬态/傅里叶分析"参数设定

第 6 步　运行仿真

1．仿真操作。在图 9-24 中，单击"确认"按钮，即打开仿真分析结果。

2．仿真运行结果，如图 9-25 所示。

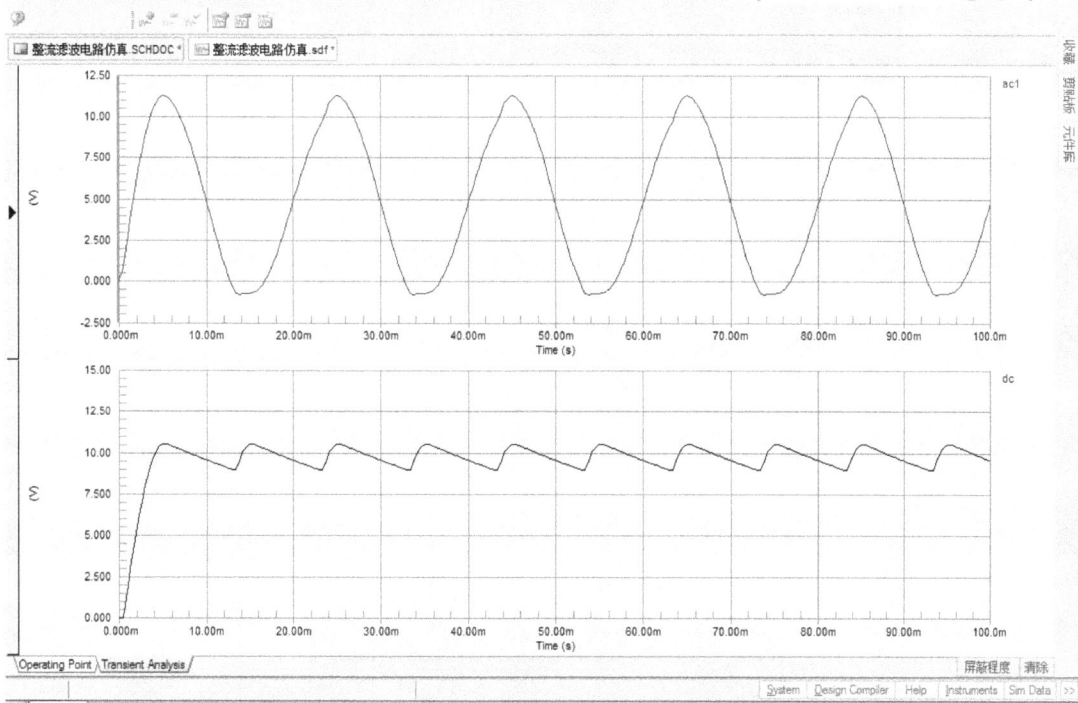

图 9-25　"整流滤波电路"仿真运行结果

第 7 步　分析仿真结果

1．信号波形的失真原因。在图 9-25 中，ac1 的电压波形是 ac1 节点相对于参考地所测的波形，在负半周只是整流二极管上的导通压降。要检测完整的输入信号波形，即检测节点 AC1 与节点 AC2 之间的电压波形，需进行信号波形运算。

2．信号波形设定。双击图 9-25 中波形右边的"ac1"，打开"Edit Waveform"窗口，在波形栏中点选参与信号波形运算的波形，在函数栏中选信号波形运算方式，如图 9-26 所示。

3．信号波形运算。点选波形栏中的"ac1"→点选函数栏中的"-"→点选波形栏中的"ac2" →表达式获得"ac1-ac2"，如图 9-27 所示。在名称栏输入运算后新波形的名称"AC"→单击"建立"按钮，即完成信号波形运算，得图 9-28 所示波形。AC 波形即为模拟输入的 50Hz 正弦交流电电压的波形，dc 波形即为整流滤波后的直流电电压波形。

4．退出编辑状态。按键盘上的"ESC"键退出选中的 AC 波形编辑状态，其波形如图 9-29 所示。

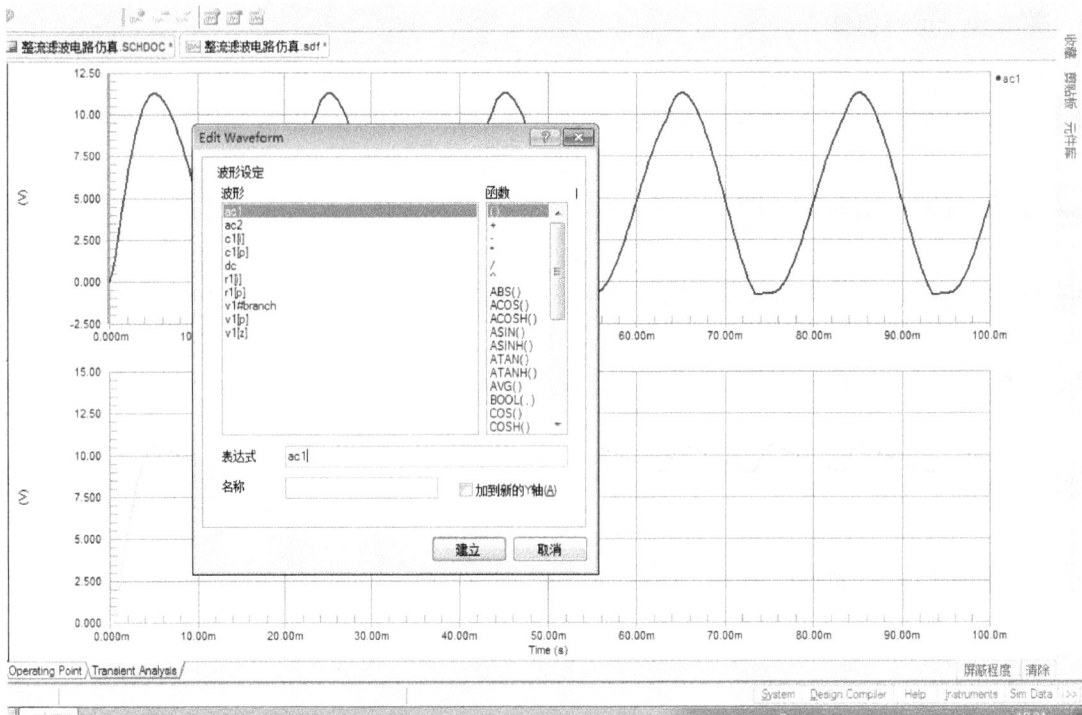

图 9-26 信号波形设定

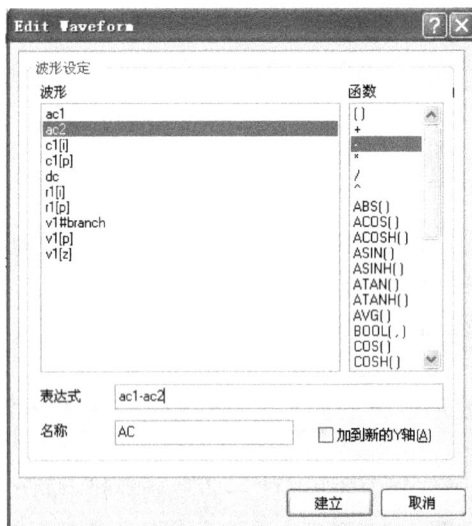

图 9-27 信号波形运算

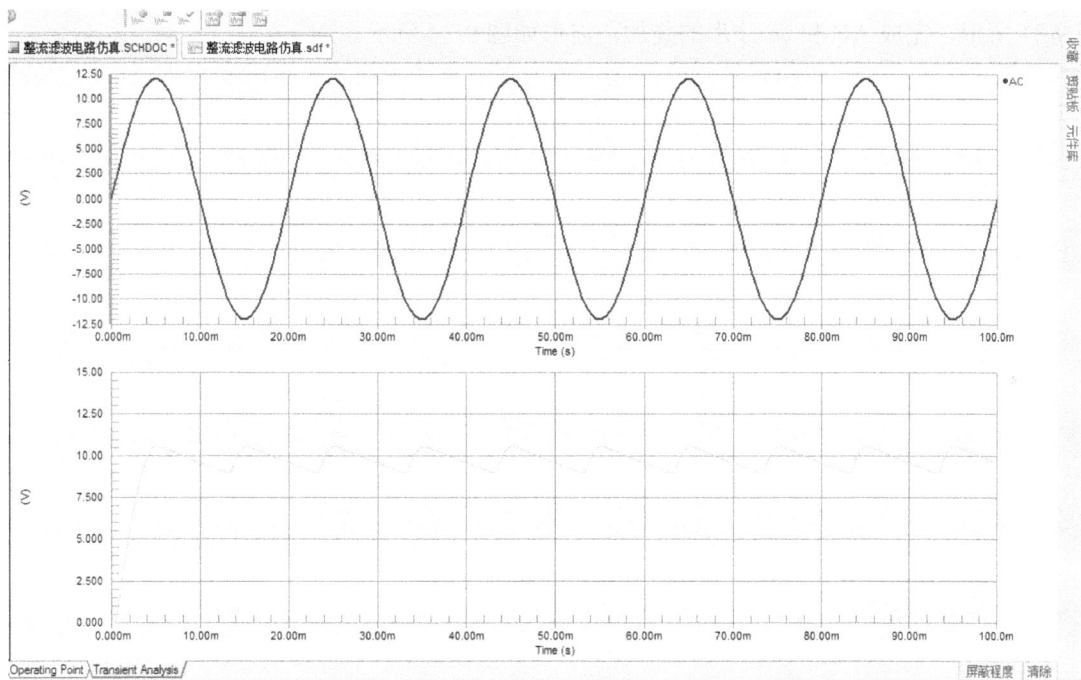

图 9-28   信号运算后波形（AC 波形处于编辑状态）

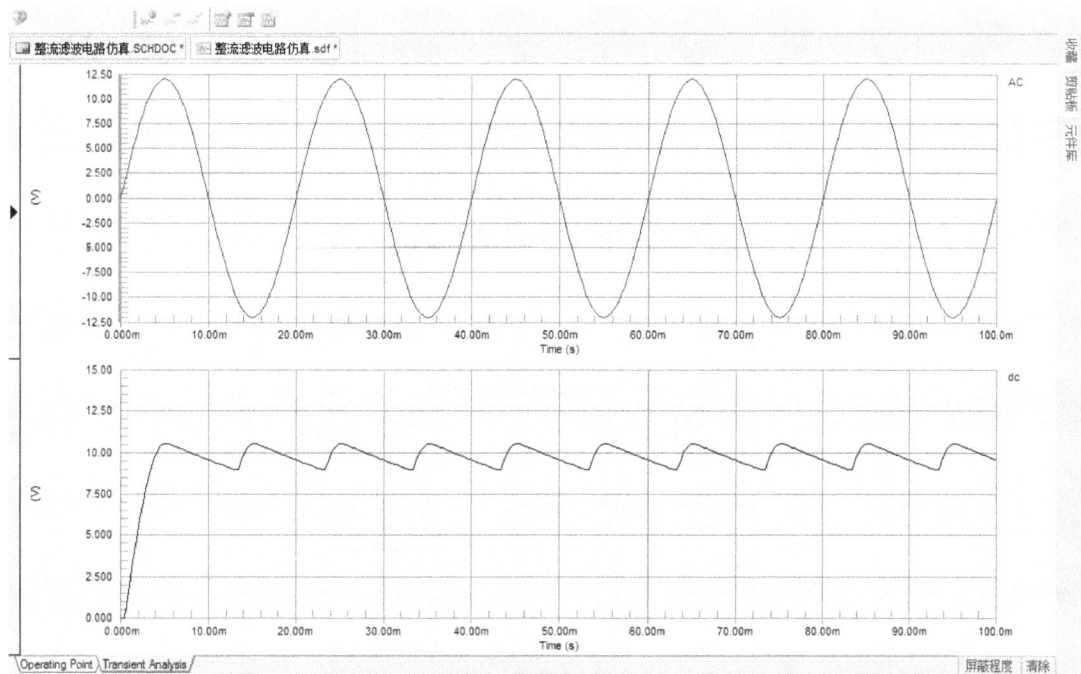

图 9-29   非编辑状态下的 AC 波形和 dc 波形

5．叠加显示波形。为了更直观地观察输入 AC 和输出 dc 波形的变化，可以把它们的波形叠加到一起。具体操作：在图 9-29 的 AC 波形区域内，右击鼠标，界面如图 9-30 所示，选取"Add Wave To Plot…"→打开"Add Wave To Plot"窗口→点选"dc"→单击"建立"按钮，如

图 9-31 所示，完成 AC 和 dc 波形的叠加，波形如图 9-32 所示。

经以上仿真分析可以清晰地观察到全波整流滤波电路中交流电压转变为直流电压的波形变化。

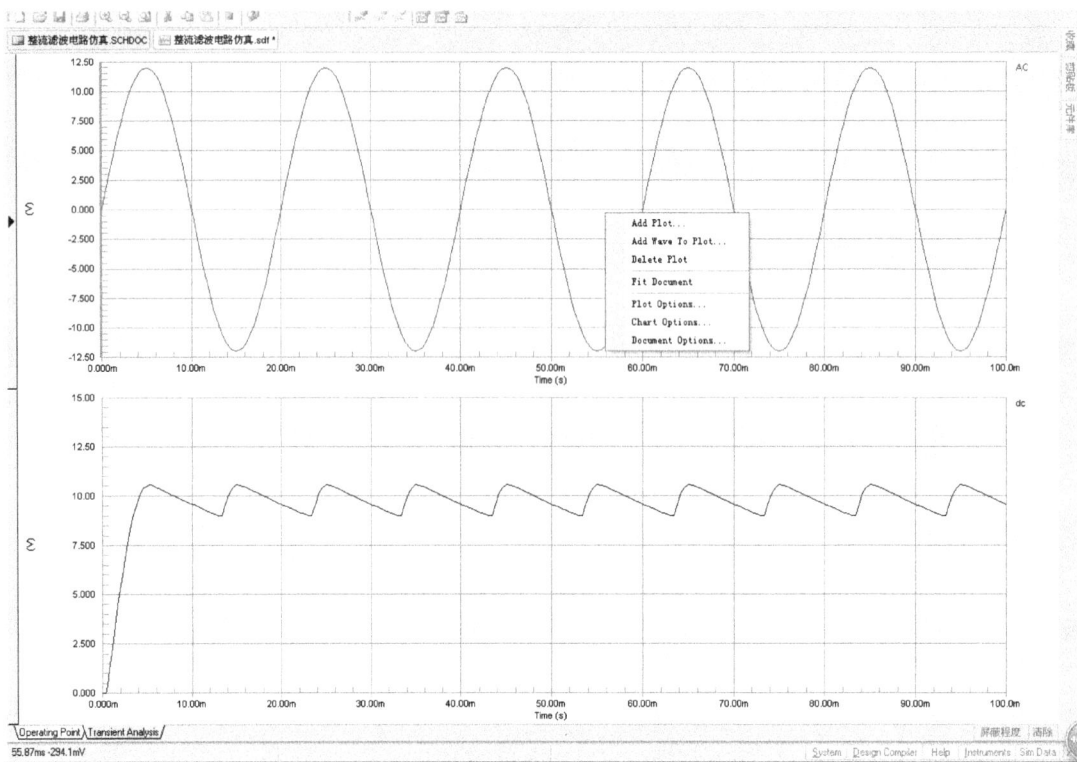

图 9-30　右击 AC 波形后界面

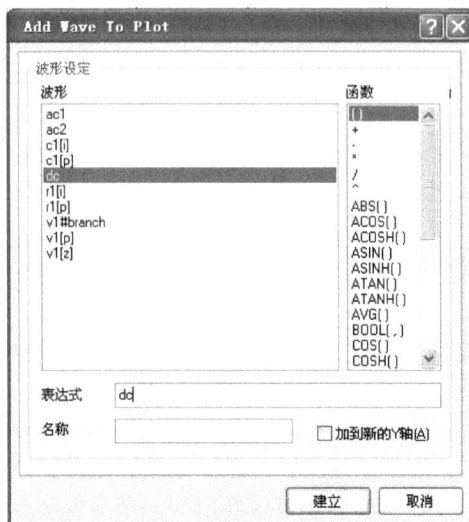

图 9-31　添加叠加波形

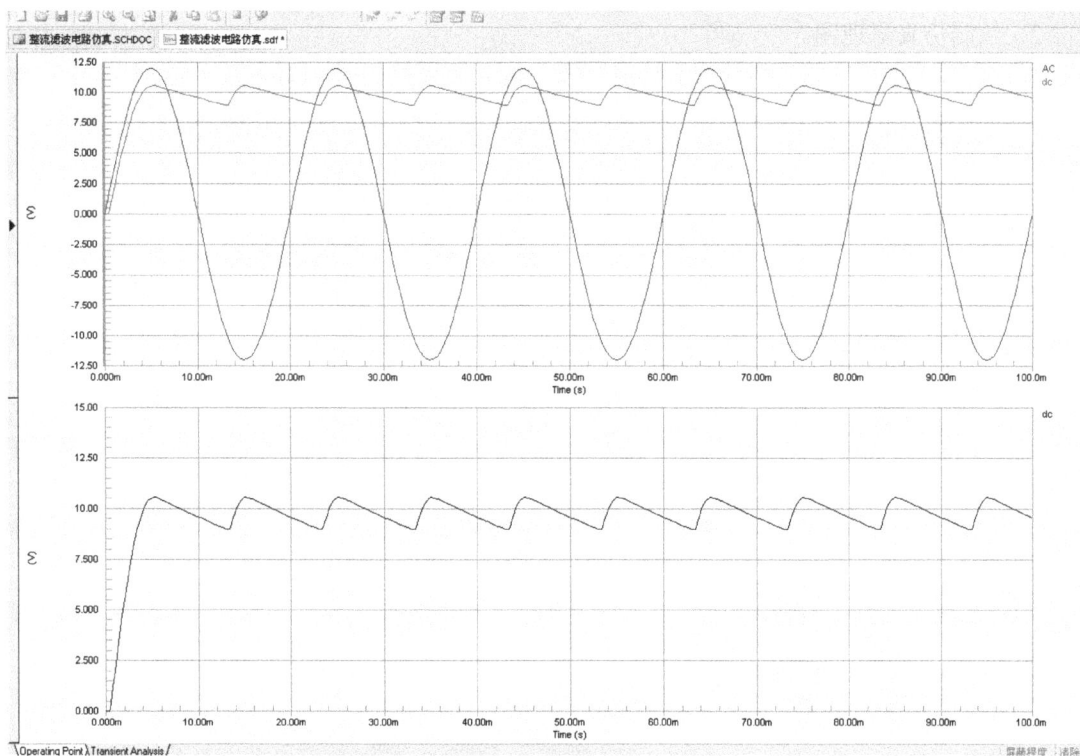

图 9-32　叠加后的仿真波形

实例 2：三极管放大电路的仿真

第 1 步　绘制仿真原理图

1．新建原理图文件。在"项目九.PRJPCB"中追加原理图文件，保存为"三极管放大电路仿真.SchDoc"，如图 9-33 所示。

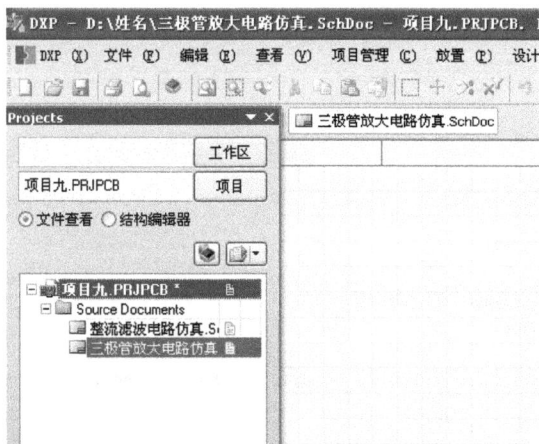

图 9-33　新建项目文件和原理图

2. 绘制仿真原理图。

根据任务要求，绘制三极管放大仿真电路，其元件属性如图 9-34～图 9-36 所示。

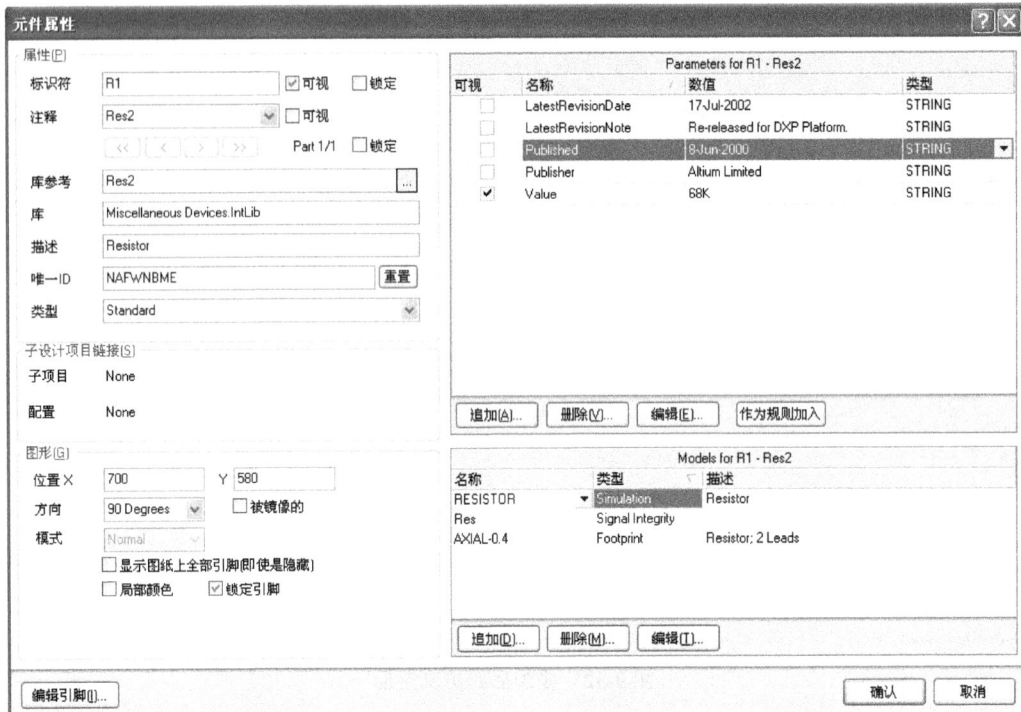

图 9-34　电阻元件属性

图 9-35　电容元件属性

图 9-36　三极管元件属性

按原理图连接导线，如图 9-37 所示。

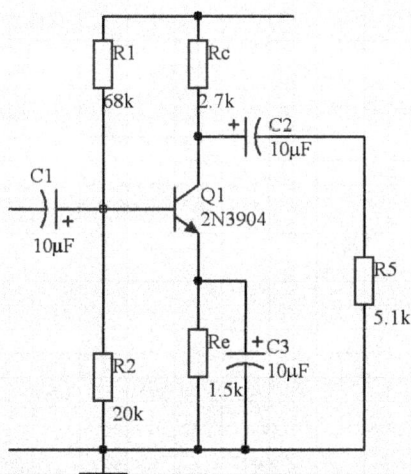

图 9-37　连接导线图

第 2 步　放置仿真激励源

1. 根据任务要求，在"Simulation Sources.IntLib"元件库中选择正弦交流电压激励源 V1和直流电压激励源 V2，如图 9-38、图 9-39 所示。其元件属性如图 9-40、图 9-41 所示。

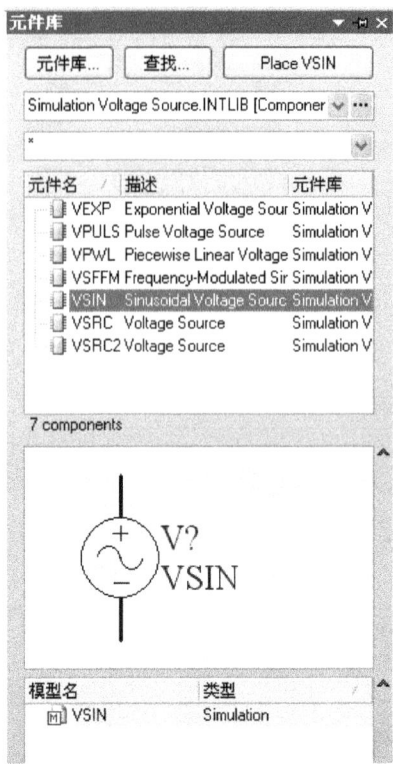

图 9-38　选择"正弦波信号激励源"对话框

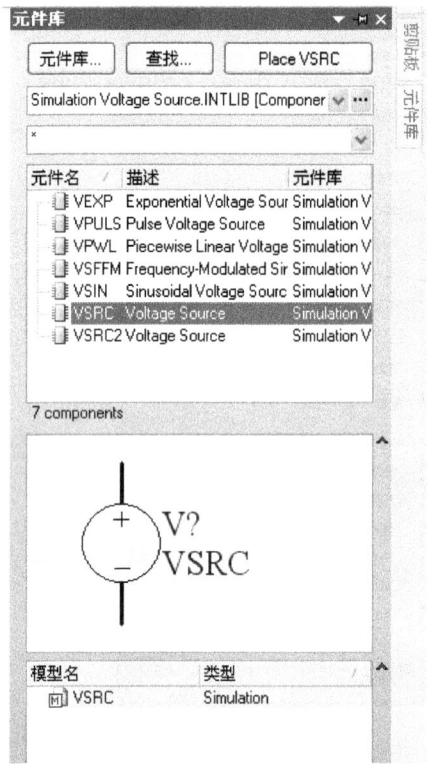

图 9-39　选择"直流电压激励源"对话框

图 9-40　正弦波信号激励源元件属性

图 9-41　直流电压激励源元件属性

2. 连接导线。电路原理图如图 9-42 所示。

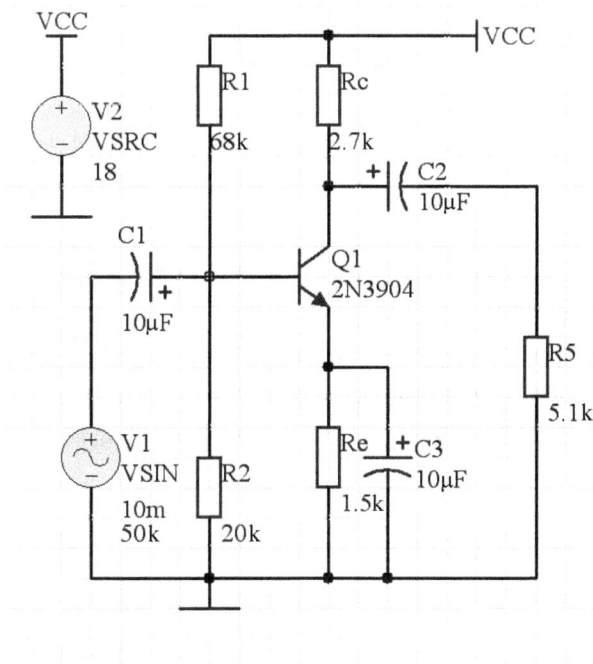

图 9-42　三极管放大电路原理图

第 3 步　放置网络标号

在如图 9-42 中放置五个网络标号 "in、out、vb、ve、vc"，便于仿真检测输入输出信号波形和放大电路的静态工作点数据。放置了网络标号的电路原理图如图 9-43 所示。

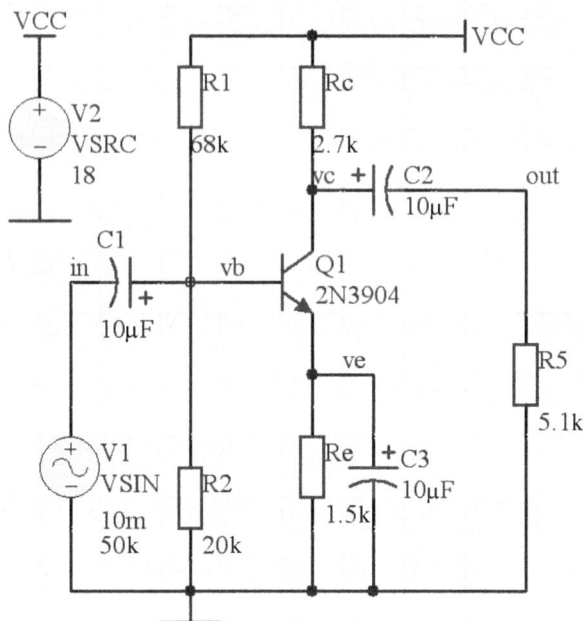

图 9-43　带网络标号的三极管放大电路原理图

第 4 步　设置仿真参数

1. 电阻、电容参数设置。其方法与实例 1 相同，电路中 5 只电阻数值分别为 68kΩ、20 kΩ、2.7 kΩ、1.5 kΩ、5.1 kΩ，3 只电容数值均为为 10μF。其中注意电容的初始时刻两端电压 "Initial Voltage" 值设为 "0"。

2. 三极管参数设置。双击图 9-36 属性对话框中的蓝色 "Simulation" 区域，打开仿真模型参数编辑对话框，如图 9-44 所示为三极管模型种类设置。如图 9-45 所示为三极管参数设置及模型文件。在仿真模型参数编辑对话框的底部，单击 "模型文件" 的标签，打开模型文件，在模型文件中详细列出了三极管的各种参数，并表明了三极管 2N3904 的仿真模型，功率 310mW，最高工作电压 40V，最高工作电流 200mA，截止频率 300MHz 等信息。在本任务中三极管参数采用系统默认设置。

图 9-44 三极管模型种类设置

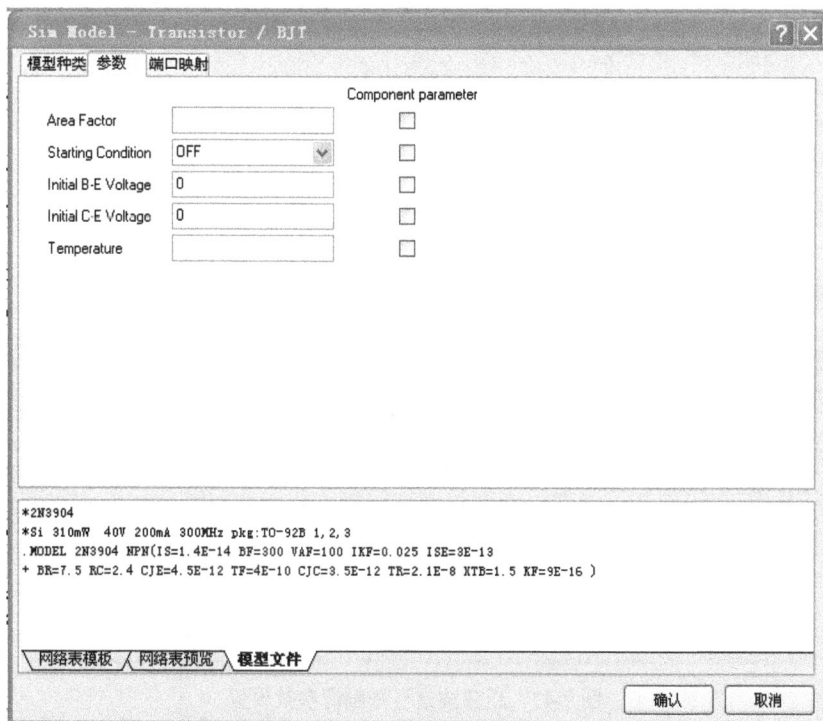

图 9-45 三极管参数设置及其模型文件

3．正弦波信号激励源仿真参数设置。双击图 9-40 中右下段蓝色"Simulation"区域，弹出如图 9-46、图 9-47 对话框，进行模型种类设置和参数设置。正弦波电压激励源相当于仿真电路中的函数信号发生器，通过属性对话框设置其输出频率为 50kHz，振幅为 10mV。

图 9-46　正弦波信号激励源模型种类设置

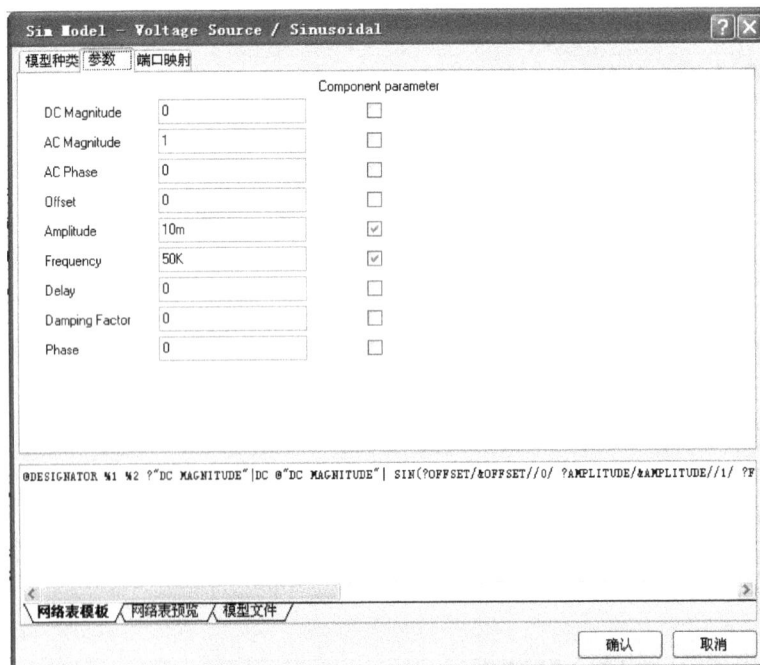

图 9-47　正弦波信号激励源参数设置

4. 直流电压激励源仿真参数设置。双击图 9-41 中右下段蓝色 "Simulation" 区域，弹出如图 9-48、图 9-49 对话框，进行模型种类设置和参数设置。直流电压激励源（VSIC）是仿真电路中的工作电源。通过属性对话框设置其工作电源电压为直流 18V。

图 9-48 直流电压激励源模型种类设置

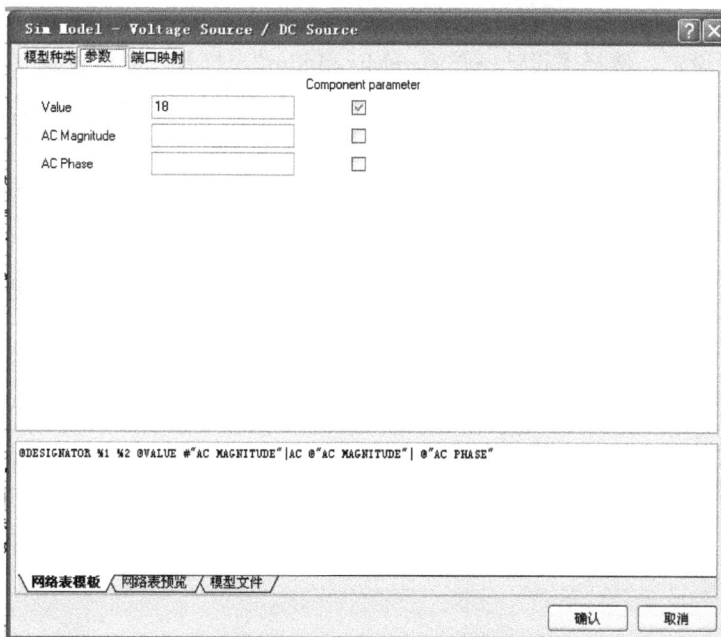

图 9-49 直流电压信号激励源参数设置

第 5 步 设定仿真方式

1. 静态工作点分析设定。选择"设计→仿真→Mixed Sim",打开"分析设定"窗口,"Operating Point Analysis(静态工作点分析)"在这项后面的小方格单击选取,如图 9-50 所示。在"General Setup"界面的活动信号栏添加 Q1[ib]、Q1[ic]、Q1[ie]、VB、VC、VE。

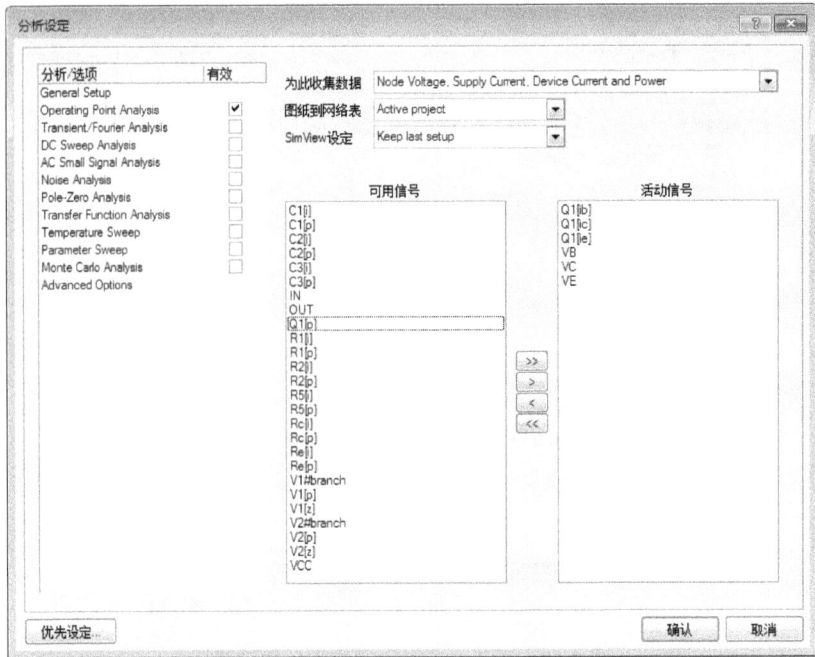

图 9-50　"静态工作点分析"参数设定

2．动态分析设定。选择"设计→仿真→Mixed Sim"，打开"分析设定"窗口，"Operating Point Analysis（直流工作点分析）"和"Transient/Fourier Analysis（瞬态/傅里叶分析）"在这两项后面的小方格单击选取，如图 9-51 所示。在"General Setup"界面的活动信号栏添加"IN、OUT"，检测输入输出的电压波形。其他设置采用默认设置。单击"Transient/Fourier Analysis"，打开"Transient/Fourier Analysis Setup"如图 9-52 所示，其他采用图示默认设置。

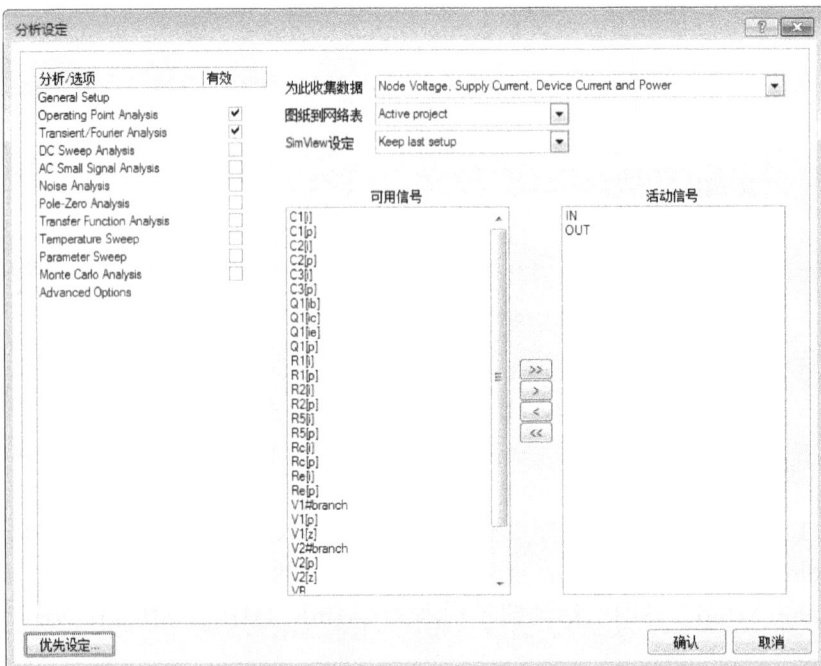

图 9-51　"动态分析"选项设定

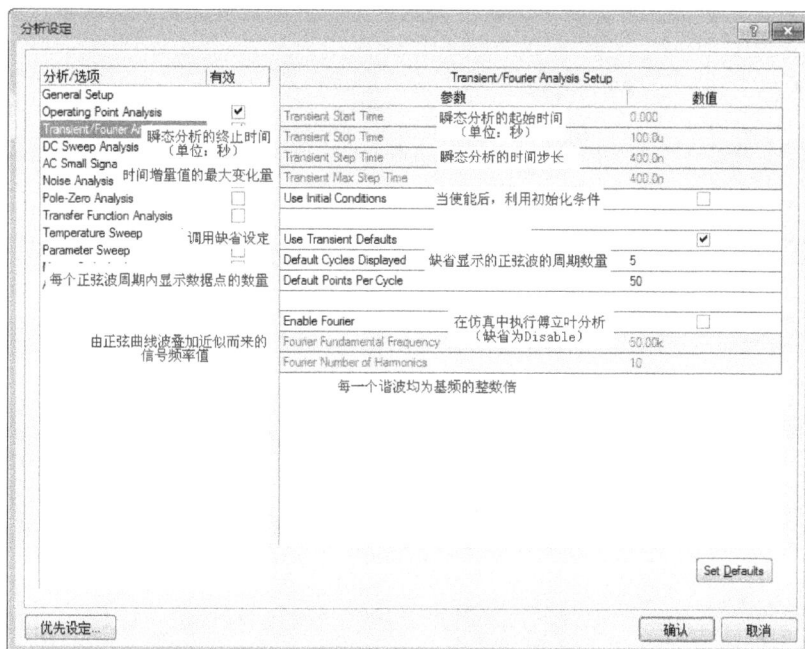

图 9-52　"动态分析"参数及其设定

3. 频率响应特性分析设定。选择"设计→仿真→Mixed Sim",打开"分析设定"窗口,在仿真分析设置对话框内选择交流小信号分析,"AC Small Signal Analysis(交流小信号分析)"车后面的小方格单击选取。在"General Setup"界面的活动信号栏添加"OUT",检测输出频率响应特性。其他采用默认设置,如图 9-53 所示。单击"AC Small Signal Analysis",打开"AC Small Signal Analysis　Setup",如图 9-54 所示,其他采用图示默认设置。

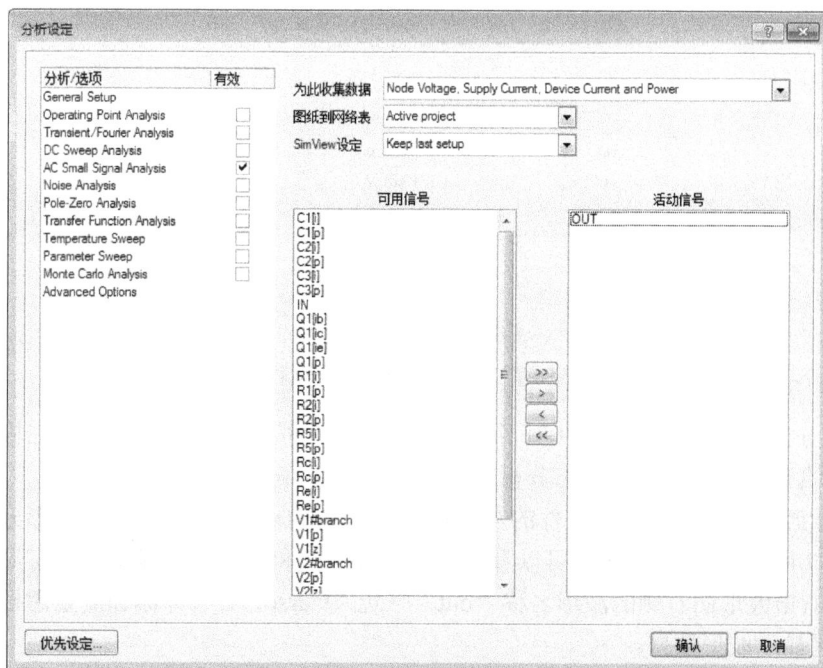

图 9-53　"频率响应特性分析"选项设定

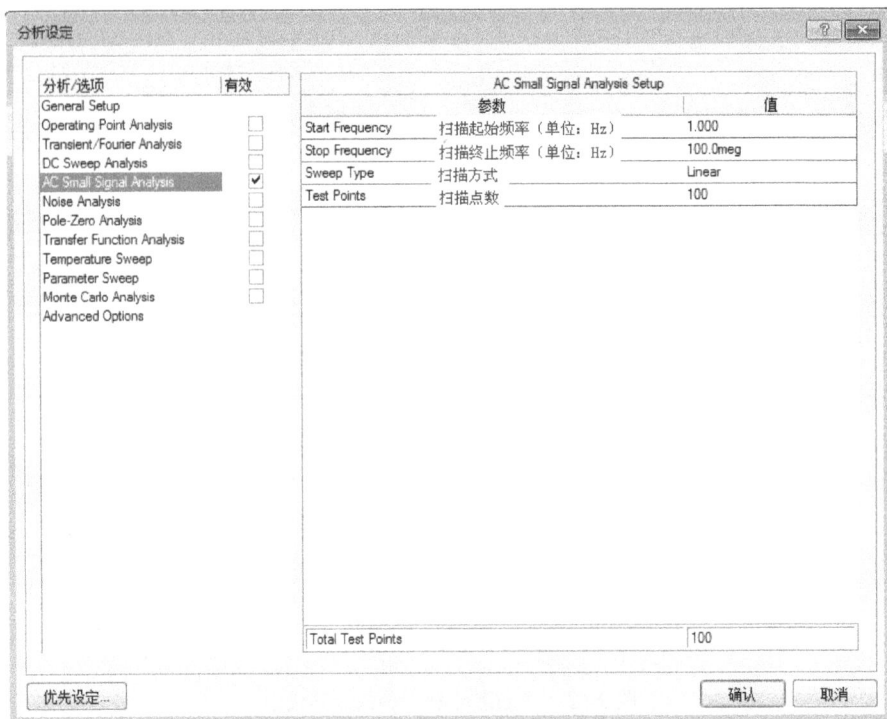

图 9-54 "频率响应特性分析"参数及其设定

第 6 步 运行仿真

1. 静态工作点分析仿真操作。在图 9-50 中，单击"确认"按钮，打开仿真分析结果，如图 9-55 所示。

图 9-55 静态工作点分析仿真运行结果

2. 动态分析仿真操作。在图 9-51 中，单击"确认"按钮，系统创建了"三极管放大电路仿真.sdf"仿真数据文件，获得动态分析仿真结果如图 9-56 所示。

设置测量游标。在仿真数据文件的左下角点取"Sim Data"标签，弹出波形分析浏览器窗口，如图 9-57 所示（从图 9-57 中可以看出，游标视图区和波形数据显示区没有显示数值）→在图 9-56 中右击波形图右侧的波形名称"out"→选"Cursor A"（即添加测量游标 A）→在波形数据显示区显示波形数据。

测量游标设置后的动态分析仿真结果如图 9-58 所示。

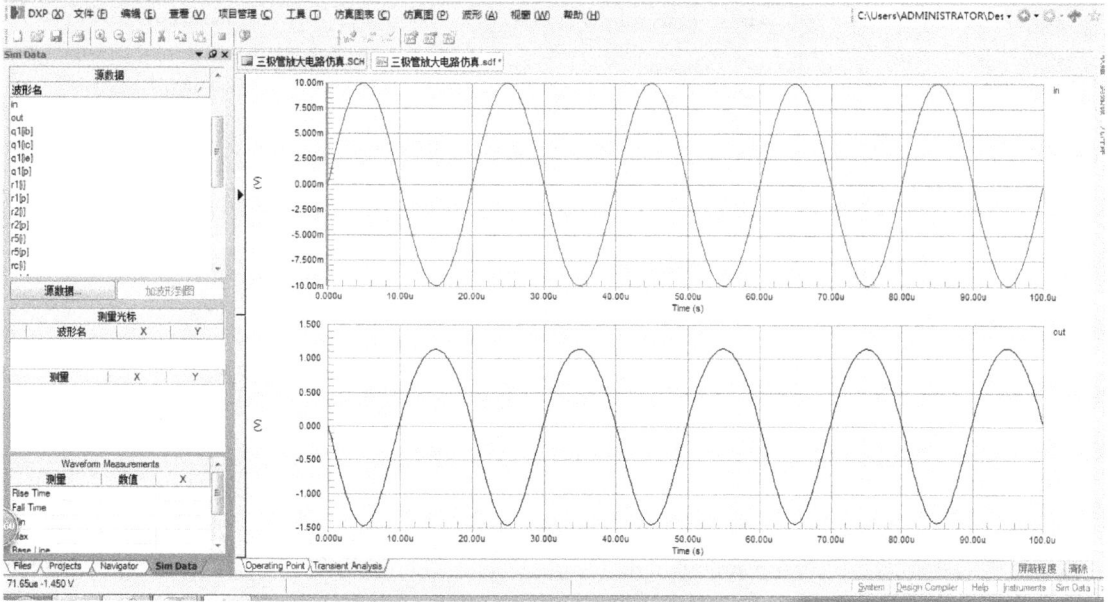

图 9-56 动态分析仿真运行结果

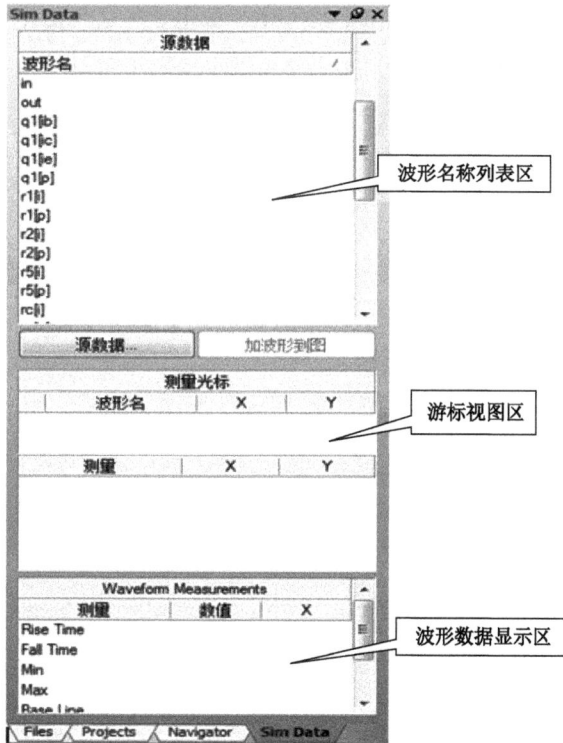

图 9-57 测量游标和波形数据显示区

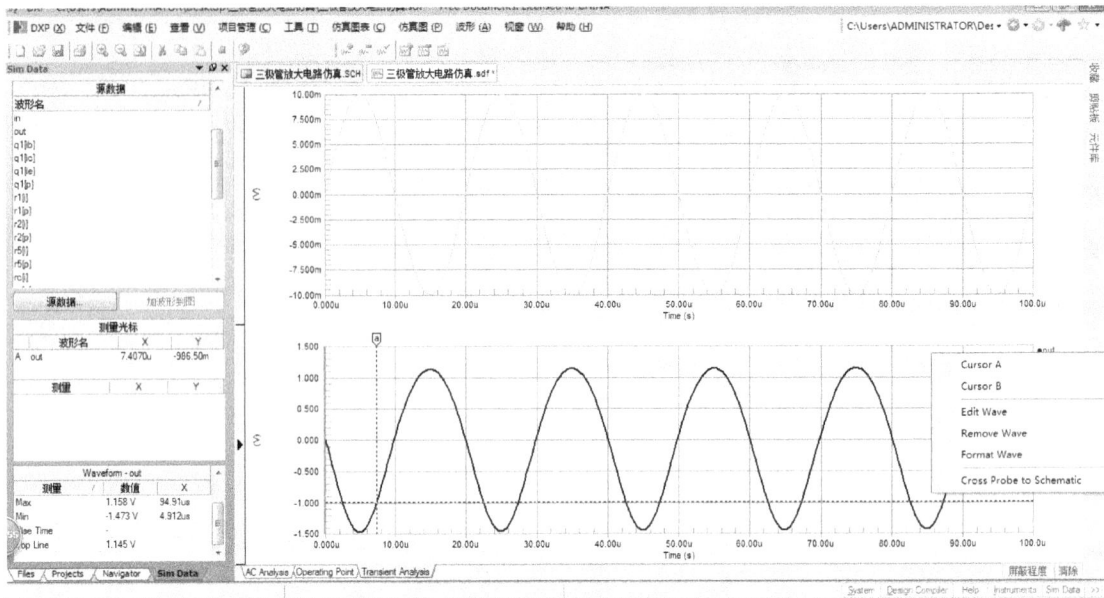

图 9-58　测量游标设置后动态分析仿真运行结果

3．频率响应特性分析仿真操作。在图 9-53 中，单击"确认"按钮，即打开仿真分析结果，其仿真运行结果如图 9-59 所示。

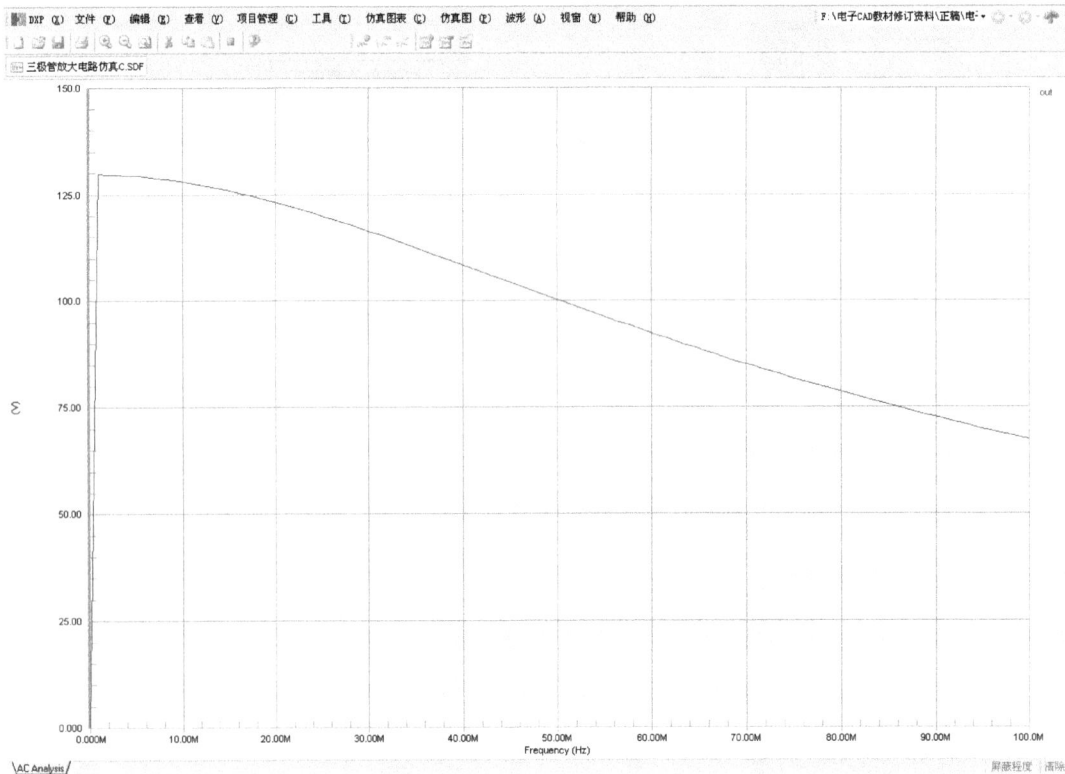

图 9-59　频率响应特性分析仿真运行结果

第 7 步　分析仿真结果

1．静态工作点仿真分析结果：从图 9-55 所示的数据可以看出，三极管基极静态电压为 3.852V，静态电流为 15.45μA；三极管集电极极静态电压为 12.31V，静态电流为 2.109mA；三极管发射极静态电压为 3.187V 静态电流为–2.124mA。

2．动态仿真分析结果：从图 9-58 所示的输入/输出波形可以看出，输入交流信号幅度为 10mV，输出交流信号的幅度为 1.158V，其电压放大倍数约为 116，且输入和输出信号波形之间相位相反。

3．频率响应特性仿真分析结果：从图 9-59 所示的幅频特性曲线可以看出，随着信号频率的增大，输出信号的幅度将衰减。

内容小结

本项目通过两个典型电路仿真实例介绍了 Protel DXP 电路仿真的方法。主要内容有仿真元件的参数设置，各类仿真方式及其参数的设置，电路仿真结果分析等，其电路仿真的操作步骤如图 9-60 所示。

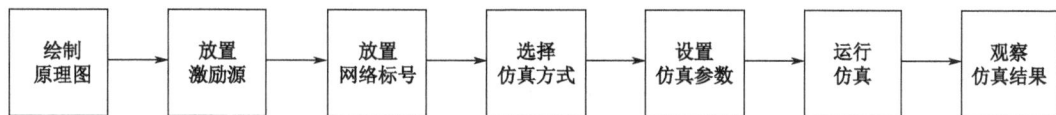

图 9-60　电路仿真的操作步骤

上机实训

1．课内操作题。

利用直流扫描分析方法，获取 47LS00 与非门电路的直流传输特性曲线。电路原理图如图 9-61 所示。参数设置：主扫描激励源参数设置为 V1，起始值参数设置为 0V，终止值参数设置为 5V，扫描范围内的增量值为 100m。

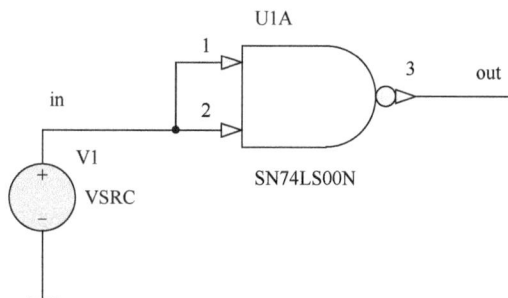

图 9-61　74LS00 与非门电路图

[操作提示]

（1）直流扫描分析参数设置如图 9-62 所示。

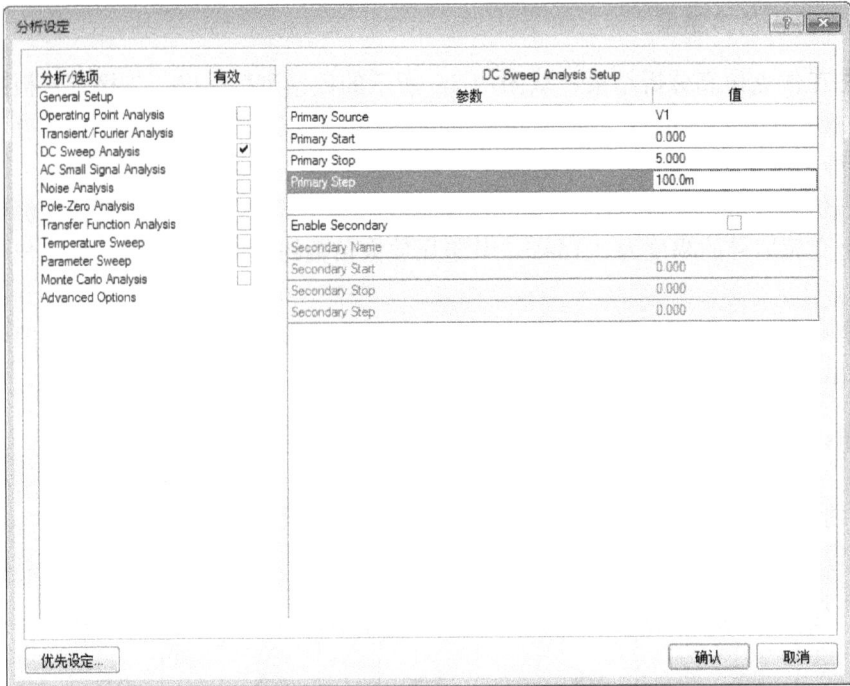

图 9-62　直流扫描分析参数设置

（2）直流扫描分析参数设置解释如图 9-63 所示。

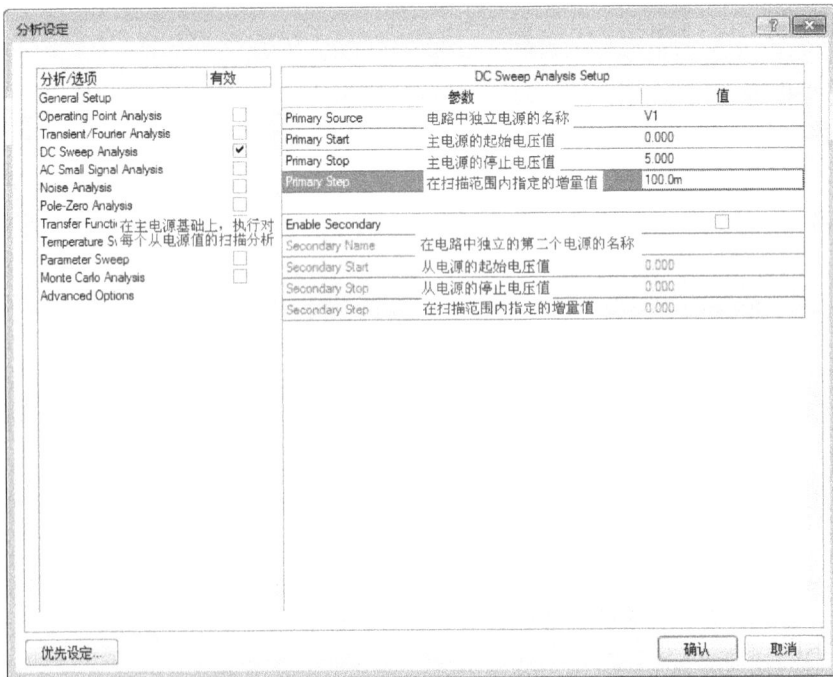

图 9-63　直流扫描分析参数设置解释

（3）直流扫描分析仿真结果如图 9-64 所示。

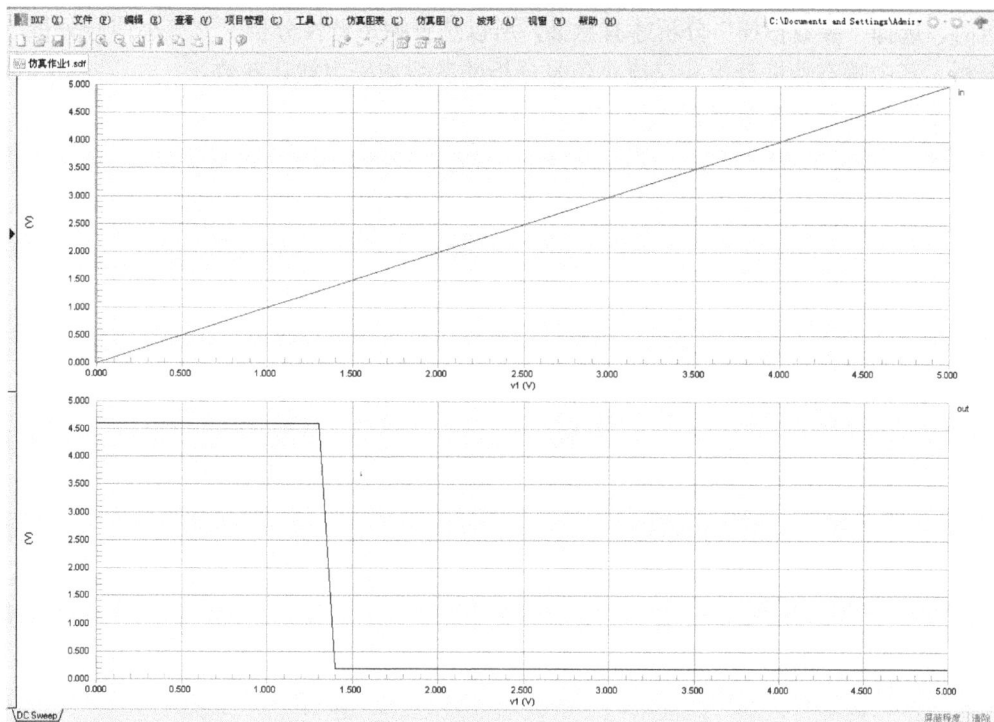

图 9-64　直流扫描分析仿真运行结果图

2．课外操作题。

利用参数扫描分析方法，分析反相比例运算放大电路的放大倍数与负反馈电阻 R2 的关系。电路原理图如图 9-65 所示。

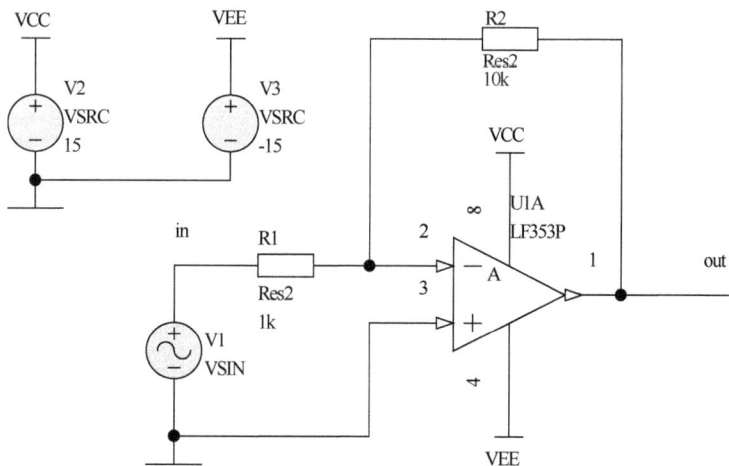

图 9-65　比例运算放大电路

[操作提示]

（1）仿真参数设置技巧。扫描的电路器件为 R2，起始值参数设置为 1k，终止值参数设置为 10k，步长 2k。

（2）仿真方式设置。需注意只有在选择了瞬态特性分析、交流小信号分析或者直流传输特性分析时，选择"参数扫描"分析才有意义，所以选择瞬态特性分析、交流小信号分析、参数扫描分析，其中瞬态特性分析和交流小信号分析的参数均采用默认参数。

（3）参数扫描分析参数设置操作如图 9-66 所示。

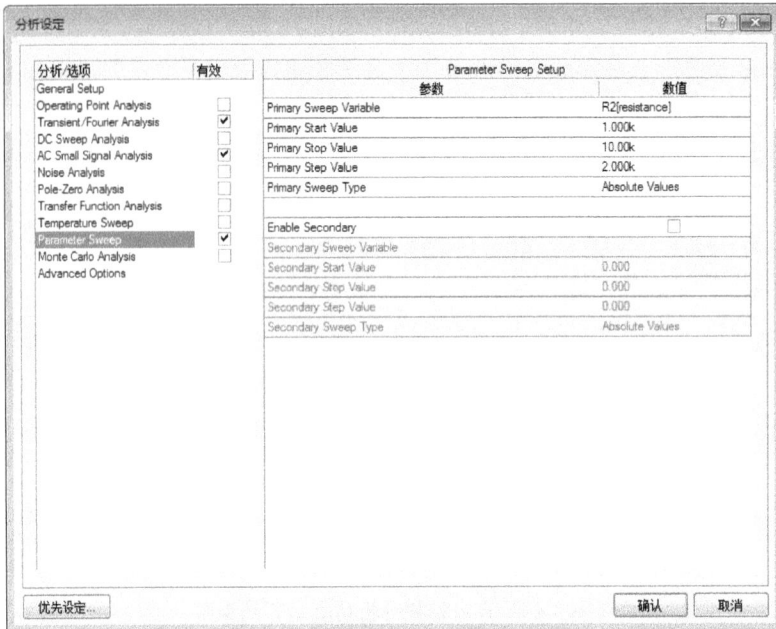

图 9-66　参数扫描分析参数设置

（4）参数扫描分析参数设置解释如图 9-67 所示。

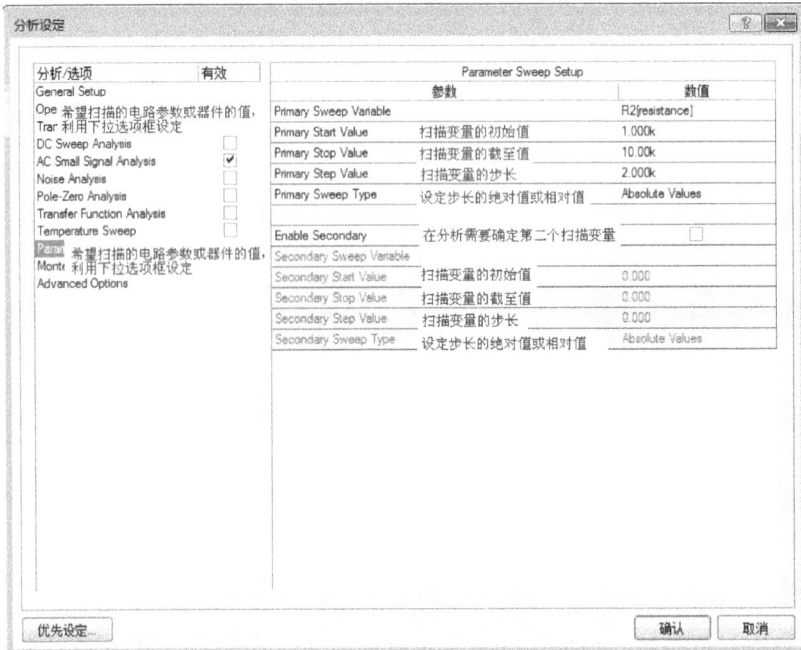

图 9-67　参数扫描分析参数设置解释

（5）参数扫描分析仿真结果如图 9-68 所示。

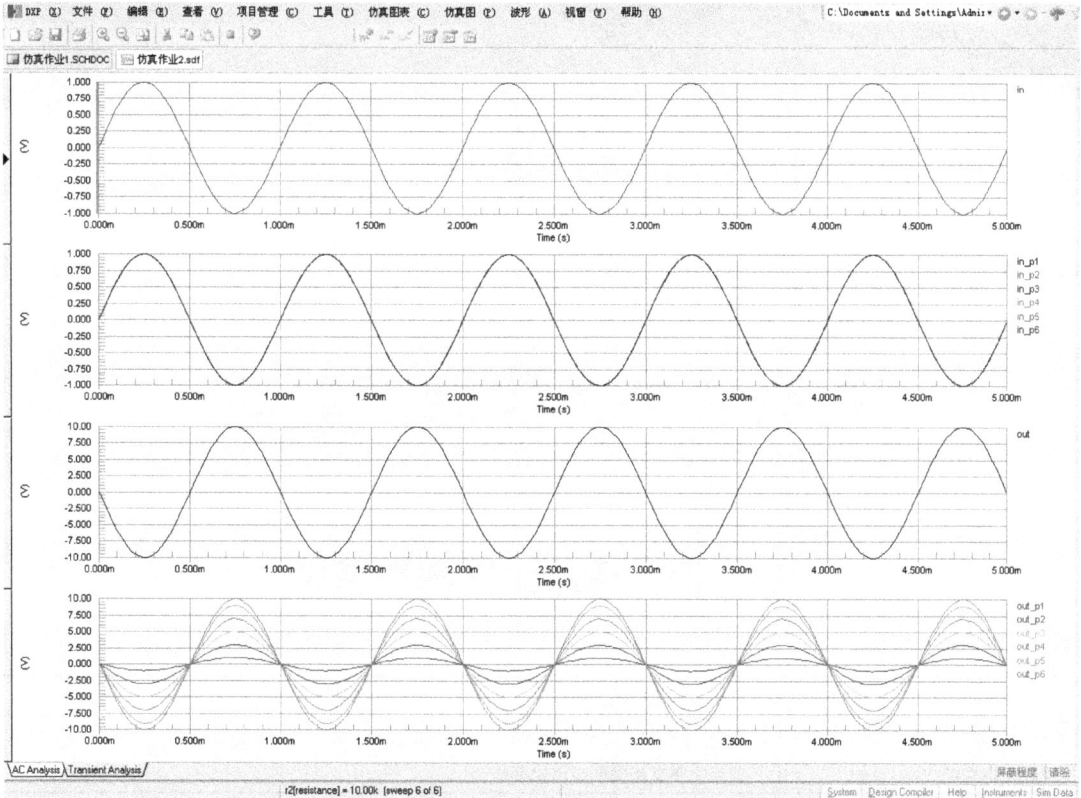

图 9-68　参数扫描分析仿真运行结果

附录 A

Protel DXP 快捷键汇总

1.1 设计导航浏览器快捷键

单击鼠标左键	选中鼠标指向的文档
双击鼠标左键	打开并编辑鼠标指向的文档
单击鼠标右键	显示上下文相关的弹出式菜单
鼠标拖放	将选取的文档从打开的一个工程移动到另外一个工程中
	将选取的文档从文件浏览器拖动到设计导航浏览器并作为自由文件打开
Ctrl＋F4	关闭活动文档
Ctrl＋Tab	在打开的文档间进行切换
Alt＋F4	关闭 Protel DXP 设计导航浏览器

1.2 原理图和 PCB 图编辑通用快捷键

Shift	当自动平移时，快速平移
Y	Y 向镜像对象
X	X 向镜像对象
Shift＋↑／↓／←／→	按照箭头方向将鼠标移动十个栅格
↑／↓／←／→	按照箭头方向将鼠标移动一个栅格
Space（空格键）	停止屏幕重画
Esc	结束当前操作过程

End	重画当前屏幕
Home	以鼠标位置为中心重画屏幕
PgDn 或 Ctrl+鼠标滚轮	缩小
PgUp 或 Ctrl+鼠标滚轮	放大
鼠标滚轮	向上或者向下摇景
Shift+鼠标滚轮	向左或者向右摇景
Ctrl+Z	恢复操作
Ctrl+Y	撤销操作
Ctrl+A	选取所有对象
Ctrl+S	保存当前文档
Ctrl+C	复制
Ctrl+X	剪切
Ctrl+V	粘贴
Ctrl+R	复制并重复粘贴选取的对象
Delete	删除选取的对象
V+D	观察整个文档
V+F	将文档调整到适合显示图纸中所有元件的大小
X+A	方向选择所有对象
按下鼠标右键不放	光标变为手形，移动鼠标可移动整个图纸
单击鼠标左键	将对象设为焦点或者选择对象
单击鼠标右键	弹出浮动菜单或者取消当前的操作过程
右击鼠标并选择 Find Similar	选择相同对象
点击鼠标左键并按住拖动	选择区域内部对象
点击并按住鼠标左键	选择光标所在的对象并移动
双击鼠标左键	编辑对象
Shift+单击鼠标左键	选取/反选对象
Tab	在放置对象的时候按下可启动对象属性编辑器
Shift+C	取消当前过滤操作
Shift+F	启动查找相似对象[Find Similar object] 命令
Y	弹出快速查询菜单
F11	打开或者关闭检视（Inspector ）面板
F12	打开或者关闭列表（List）面板

1.3 原理图快捷键

Alt	限制对象只能在水平或者垂直方向移动
G	在捕获栅格的各个设置值间循环切换使用
Space	以 90°的方式旋转放置中的元件
Space	在添加导线/总线/直线时切换起点或者结束点的模式
Shift+Space	在添加导线/总线/直线过程中改变导线/总线/直线的走线模式
Backspace（退格键）	在添加导线/总线/直线/多变形时删除最后一个绘制端点
按下鼠标左键不放+Delete	删除一条设为焦点的导线的一个端点
按下鼠标左键不放+Insert	在选中的线处增加拐角
Ctrl+按下鼠标左键不放并拖动	拖动连接到对象上的所有对象

1.4 PCB 快捷键

Shift+R	在三种布线模式（Ignore, Avoid or Push Obstacle）间切换
Shift+E	打开/关闭电气栅格
Ctrl+G	启动捕获栅格设置对话框
G	弹出捕获栅格菜单
N	在移动元件的同时隐藏预拉线
L	将移动中的元件从当前元件面翻转到 PCB 的另一元件面
Backspace	删除布线过程中的最后一个布线转角
Shift+Space	切换布线过程中的布线转角模式
Space	改变布线过程中布线的开始/结束模式
Shift+S	打开/关闭单层显示模式
O/D/D/Enter	将 PCB 中所有的原始对象以草稿模式显示
O/D/F/Enter	将 PCB 中所有的原始对象以完全模式显示
O+D	启动优先选定[Preferences]对话框的[Show/Hide]选项卡
L	启动板层和颜色[Board Layers]对话框
Ctrl+H	选取连接的铜膜走线

续表

Ctrl＋Shift＋单击鼠标左键	断开走线
＋	将工作层切换到下一工作层（数字键盘）
－	将工作层切换到上一工作层（数字键盘）
＊	将工作层切换到下一个布线工作层（数字键盘）
M＋V	垂直移动分割电源层
Alt	布线过程中临时改变布线模式从 Ignore- obstacle 到 Avoid- obstacle
Ctrl	布线过程中临时禁止电气栅格
Ctrl＋M	测量距离
Shift＋Space	顺时针转换移动的对象
Space	逆时针旋转移动的对象
Q	切换单位（公制/英制）制式
F1	说明
Tab	移动元器件时，进入元件编辑
Spacebar	逆时针旋转
Shift＋Spacebar	顺时针旋转
C	移动窗口以游标为中心

1.5 原理图设计快捷键

1.5.1 常用快捷键

X＋A	撤销对所有外于选中状态图件的选择
V＋D	将视图进行缩放以显示整个电路图文档
V＋F	将视图进行缩放以刚好显示所有放置的对象
PgUp	放大视图
PgDn	缩小视图
Home	以光标为中心重画画面
End	刷新画面
Tab	用于图件呈悬浮状态时调出图件属性设置对话框
Spacebar	放置图件时将待放置的图件旋转 90°

续表

X	用于图件呈悬浮状态时将图件在水平方向上折叠
Y	用于图件呈悬浮状态时将图件在垂直方向上折叠
Delete	放置导线、多边形时删除最后一个顶点
Spacebar	绘制导线时切换导线的布线模式
Esc	退出正在执行的操作，返回空闲状态
Ctal+Tab	在多个打开的文档间来回切换
Alt+Tab	在窗口中多个应用程序间来回切换
F1	获得帮助信息

1.5.2 菜单快捷键

A	弹出编辑/排列（Edit/Align）子菜单
E	弹出编辑（Edit）菜单
H	弹出帮助（Help）菜单
L	弹出编辑/选择存储器（Edit/set Location Marks）子菜单
O	弹出环境设置（Options）菜单
R	弹出报告（Reports）菜单
T	弹出工具（Tools）菜单
W	弹出视窗（Window）菜单
Z	弹出窗口缩放（View/Zoom）子菜单
B	弹出查看/工具栏（View/Toolbars）子菜单
F	弹出文件（File）菜单
J	弹出编辑/跳转到（Edit/Jump）子菜单
M	弹出编辑/移动（Edit/Move）子菜单
P	弹出放置（Place）菜单
S	弹出编辑/选择（Edit/Select）子菜单
V	弹出查看（View）菜单
X	弹出编辑/取消选择（Edit/DeSelect）子菜单

1.5.3 命令快捷键

Ctrl＋Y	恢复上一次撤销的操作
Ctrl＋Z	撤销上一次的操作
Ctrl＋PgDn	尽可能的放大显示所有的图件
Ctrl＋Home	将光标跳到坐标原点
Shift＋Insert	将剪贴板中的图件复制到电路图上
Ctrl＋Insert	将选取的图件复制到剪贴板中
Shift＋Delete	将选取的图件剪贴到剪贴板中
Ctrl＋Delete	删除选取的图件
←	光标左移一个电气栅格
Shift＋←	光标左移十个电气栅格
Shift＋↑	光标上移十个电气栅格
↑	光标上移一个电气栅格
→	光标右移一个电气栅格
Shift＋→	光标右移十个电气栅格
↓	光标下移下个电气栅格
Shift＋↓	光标下移十个电气栅格
按住鼠标左键拖动	移动图件
Ctrl＋按住鼠标左键拖动	拖动图件
鼠标左键双击	对所选图件的属性进行编辑
鼠标左键	选中单个图件
Ctrl＋鼠标左键	拖动单个图件
Shift＋鼠标左键	选取单个图件
Shift＋Ctrl＋鼠标左键	移动单个图件
Shift＋F5	将打开的文件层叠显示
Shift＋F4	将打开的文件平铺显示
F3	查找下一个匹配的文本
F1	启动联机帮助画面
Ctrl＋Shift＋V	将选取的图件在上下边缘之间，垂直方向上均匀排列
Ctrl＋R	将选取的图件以橡皮图章的方式进行复制、粘贴

续表

Ctrl+L	将选取的图件以左边缘为基准，靠左对齐
Ctrl+H	将选取的图件以左右边缘之间的中线为基准，水平方向上居中对齐
Ctrl+Shift+H	将选取的图件在左右边缘之间，水平方向上均匀排列
Ctrl+T	将选取的图件以上边缘为基准顶部对齐
Ctrl+B	将选取的图件以下边缘为基准底部对齐
Ctrl+V	将选取的图件以上下边缘间的中线为基准，沿垂直方向居中对齐
Ctrl+G	查找并替换文本
Ctrl+1	以元件原尺寸的大小显示图纸
Ctrl+2	以元件原尺寸 200%的大小显示图纸
Ctrl+4	以元件原尺寸 400%的大小显示图纸
Ctrl+5	以元件原尺寸 50%的大小显示图纸
Ctrl+F	查找文本
Delete	删除选中的图件

1.6　PCB 设计快捷键

1.6.1　菜单快捷键

A	弹出排列（Auto Route）菜单
D	弹出设计（Design）菜单
F	弹出文件（File）菜单
H	弹出帮助（Help）菜单
M	弹出编辑/移动（Edit/Move）菜单
P	弹出放置（Place）菜单
S	弹出编辑/选择（Edit/Select）菜单
U	弹出工具/取消布线（Tools/Un-route）菜单
W	弹出视窗（Window）菜单
Z	弹出窗口缩放菜单
B	弹出查看/工具（View/Toolbars）菜单
E	弹出编辑（Edit）菜单

续表

G	弹出电气栅格点间距设置菜单
J	弹出编辑/跳转到（Edit/Jump）菜单
O	弹出环境设置菜单
R	弹出报告（Reports）菜单
T	弹出工具（Tools）菜单
V	弹出查看（View）菜单
X	弹出编辑/取消选择（Edit/DeSelect）菜单

1.6.2 命令快捷键

L	弹出文档参数设置（Board Layers）对话框
Ctrl＋G	弹出电气栅格点间距设置对话框
Q	切换单位制
Ctrl＋H	执行编辑/选择/连接的铜（Edit/Select/Physical Net）命令
Ctrl＋P	运行处理程序
Ctrl＋Z	进行交叉互探
PageUp	放大画面
PageDown	缩小画面
Ctrl＋PageUp	将画面放大到最大
Ctrl＋PageDown	将画面缩小到最小
Shift＋PageUp	以设定步长的 0.1 放大画面
Shift＋PageDown	以设定步长的 0.1 缩小画面
Home	以光标所在位置为中心放大画面
End	刷新视图
Ctrl＋Home	将光标快速跳到绝对原点
Ctrl＋End	将光标快速跳到当前原点
Ctrl＋Ins	将选取的内容复制到剪贴板中
Ctrl＋Del	删除处于选中状态的图件
Shift＋Ins	将剪贴板中的内容粘贴到电路板图中
Shift＋Del	将选取的图件搬移到剪贴板中
Ctrl＋Z	撤销上一次操作

续表

Ctrl＋Y	恢复刚撤销的操作
Shift＋F4	窗口级联放置
Shift＋F5	窗口平铺放置
*	切换打开的信号板层
＋/－	在所有打开的板层间切换
F1	打开帮助系统
Shift＋←	光标左移十个电气栅格
Shift＋↑	光标上移十个电气栅格
Shift＋↓	光标下移十个电气栅格
Shift＋→	光标右移十个电气栅格
←	光标左移一个电气栅格
↑	光标上移一个电气栅格
↓	光标下移电气栅格
→	光标右移电气栅格

1.6.3　特殊模式快捷键

Tab	放置图件时弹出图件属性设置对话框
Spacebar	在"开始"和"结束"跟踪放置模式之间切换；放置图件时按照逆时针方向旋转图件，放弃重画画面操作
Shift＋Spacebar	切换跟踪模式；放置图件时按照顺时针方向旋转图件
Shift	控制自动摇镜头中画面变化的速度，通过 Preferences 对话框进行设置

1.6.4　手工布线常用快捷键

Backspace	删除上一次布下的铜膜线
*	在打开的信号板层间切换
Tab	放置图件时弹出图件的属性对话框
Spacebar	在起始角和终止角跟踪模式间切换
Shift＋Spacebar	切换跟踪模式；放置图件时按照顺时针方向旋转图件
Shift＋R	在布线模式之间的切换
End	刷新视图

附录 B

计算机辅助设计绘图员
技能鉴定试题（电路类）

题号：CADE16（双号考生用卷）

说明：

试题共两页三题，考试时间为 3 小时。本试卷采用软件版本为 Protel DXP。

上交考试结果方式：

1. 考生须在监考人员指定的硬盘驱动器下建立一个文件夹，文件夹名称以本人学号 10 位阿拉伯字来命名（如：准考证 1234567890 的考生以"1234567890"命名建立文件夹）。

2. 考生根据题目要求完成作图，并将答案保存到考生文件夹中。

一、抄画电路原理图（34 分）

1. 在指定目录底下新建一个以自己名字拼音命名的设计文件。如考生陈大勇的文件名为 CDY.ddb。

2. 在考生的设计文件下新建一个原理图子文件，文件名为 sheet1.sch。

3. 按下图尺寸及格式画出标题栏，填写标题栏内文字（注：考生单位一栏填写考生所在单位名称，无单位者填写"街道办事处"，尺寸单位为 mil）。

	70	110	60	60	30	20
20	考生姓名		题号		成绩	
20	准考证号码		出生年月		性别	
20	身份证号码		（考生单位）			
20	评卷人姓名					

4. 按照图 B-1 内容画图（要求对 FOOTPRINT 进行选择标注）。

5. 将原理图生成网络表。

6. 保存文件。

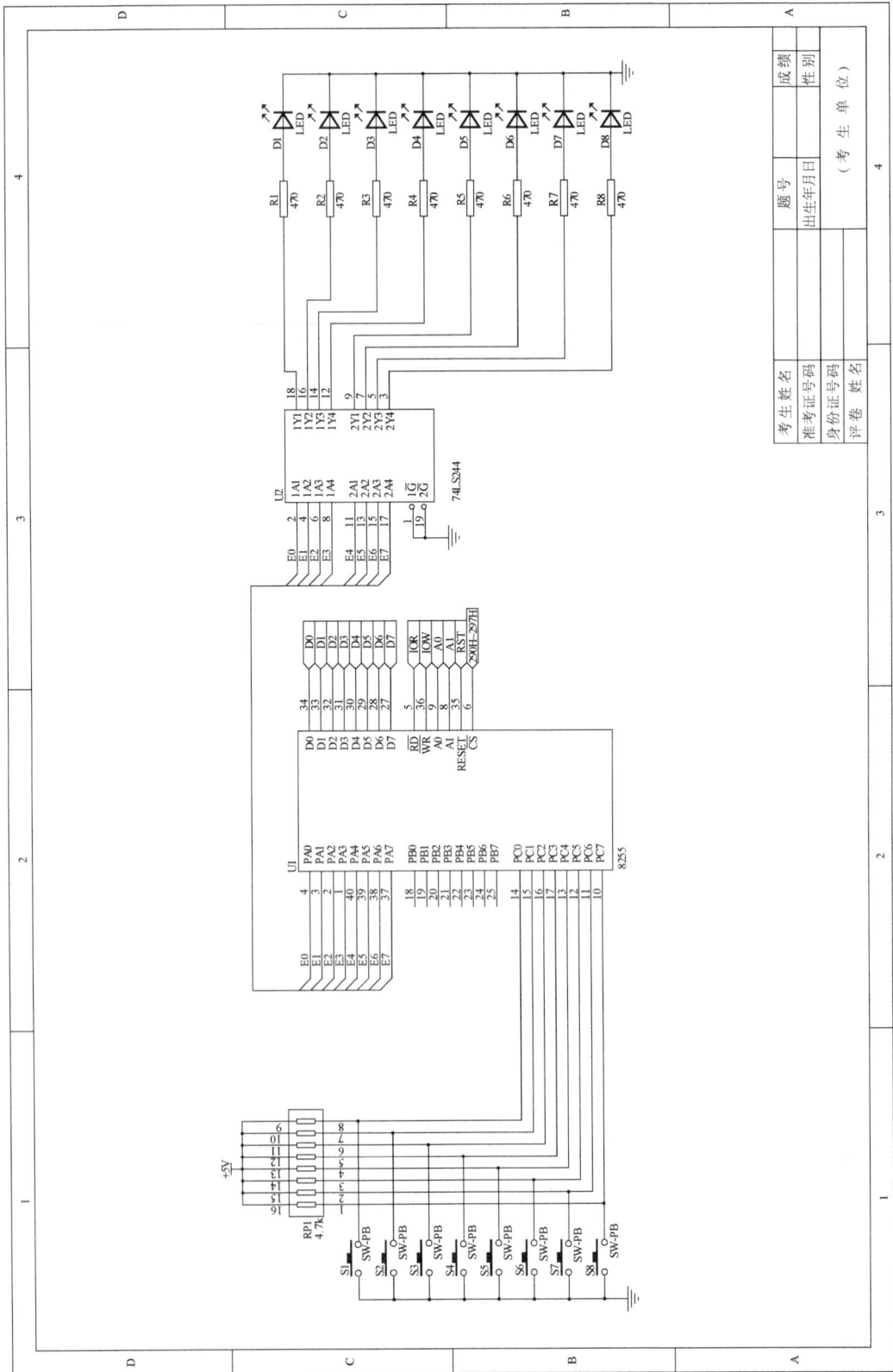

图 B-1　电路原理图

二、生成电路板（50 分）

1．在考生设计文件中新建一个 PCB 子文件，文件名为 PCB1.PCB。

2．利用上题生成的网络表，将原理图生成合适的长方形双面电路板，规格为 X：Y＝4：3。

3．电路板的布局不能采用自动布局，要求按照信号流向合理布局（从上至下，从下至上，从左至右，从右至左）。要求修改网络表，使得 IC 等的电源网络名称保持与电路中提供的合适电源的网络名称一致。

4．将接地线和电源线加宽至 20mil。

5．保存 PCB 文件。

三、制作电路原理图元件及元件封装（16 分）

1．在考生的设计文件中新建一个原理图零件库子文件，文件名为 schlib1.lib。

2．抄画图 B-2 的原理图元件，要求尺寸和原图保持一致，并按图示标称对元件进行命名，图中每小格长度为 10mil。

3．在考生设计文件中新建一个元件封装子文件，文件名为 PCBlib1.lib。

4．抄画图 B-3 的元件封装，要求按图示标称对元件进行命名（尺寸标注的单位为 mil，不要将尺寸标注画在图中）。

5．保存两个文件。

6．退出绘图系统，结束操作。

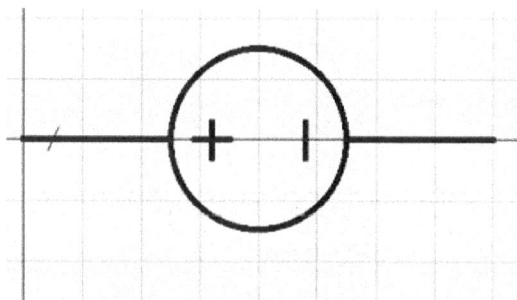

图 B-2 原理图元件 VS A

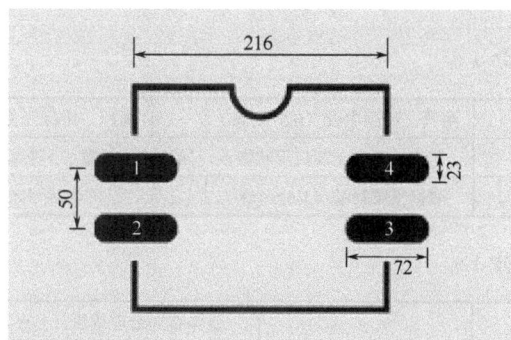

图 B-3 元件封装 SO4

附录 C

电路计算机辅助设计绘图员
技能鉴定试题评分表

单位： 准考证号： 姓名： 得分：

一、文件保存（10 分）

未做标题栏（10 分）		未填标题栏（5 分）		标题栏有误（2～5 分）	
文件夹或文件名称有误（5 分）		文件保存位置错误（5 分）			

二、原理图（24 分）

1. 作图方法（共 14 分）

漏画、错画元件（2 分/个）		漏画、错画电线（0.5 分/条）		漏标、错标元件标号、标称值（0.5 分/个）	
漏写、错写文字（0.5 分/个）		IO 端口形状错误，属性未作设置、名称标错（1 分/个）			
电源、接地错误（2 分/个）		漏标引脚封装（1 分/个）		网络标号未标或标错（0.5 分/个）	

2. 作图质量（共 10 分）

元件标称合理程度（5 分）		整体布局合理程度（5 分）	
走线合理程度（5 分）		其他	

三、电路板（50分）

1. 作图方法（共20分）

板边选择不合要求（5分）		丢失元件（2分/个）		丢失电线（1分每条）	
布线不通（1分/条）		封装不对（2分/个）		电源接地错误或未加宽（3~10分）	
元件或标称布出板外（0.5分/个）		元件标称位置不合理（0.5分/个）		其他	

2. 作图质量（30分）

电路板布局合理程度（15分）		电路板布线合理程度（5分）	
元件标号、标称值合理程度（5分）		技巧使用及专业知识运用（5分）	

四、电路原理图元件及元件封装的制作（16分）

原理图元件（共8分）	引脚画错、画反或未画（8分）	元件命名错误（2分）	元件形状画错（2~8分）	
引脚封装（共8分）	板层选择错误（8分）	元件命名错误（2分）	焊盘形状和名称错误（2~8分）	

考评员签名：

年　　月　　日

附录 D

计算机辅助设计高级绘图员
技能鉴定试题（电路类）

第一题　原理图模板制作

1．在指定根目录底下新建一个以考生的准考证号为名的文件夹，然后新建一个以自己名字拼音命名的设计数据库文件。如考生陈大勇的文件名为 CDY.ddb；然后在其内新建一个原理图设计文件，名为 mydot1.dot。

2．设置图纸大小为 A4，水平放置，工作区颜色为 18 号色，边框颜色为 3 号色。

3．绘制自定义标题栏如图 D-1 所示。其中边框直线为小号直线，颜色为 3 号，文字大小为 16 磅，颜色为黑色，字体为仿宋_GB2312。

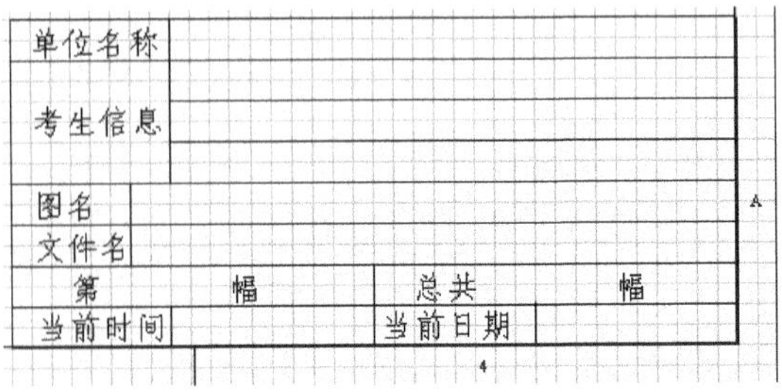

图 D-1　自定义标题栏

第二题　原理图库操作

1．在考生的设计数据库文件中新建库文件，命名为 schlib1.lib。

2．在 schlib1.lib 库文件中建立图 D-2 所示的带有子件的新元件，元件命名为 74ALS000，其中图中对应的为四个子件样图，其中第 7、14 脚接地和电源，网络名称为 GND 和 VCC。

3．在 schlib1.lib 库文件中建立图 D-3 所示的新元件，元件命名为 P89LPC930。

4．保存操作结果。

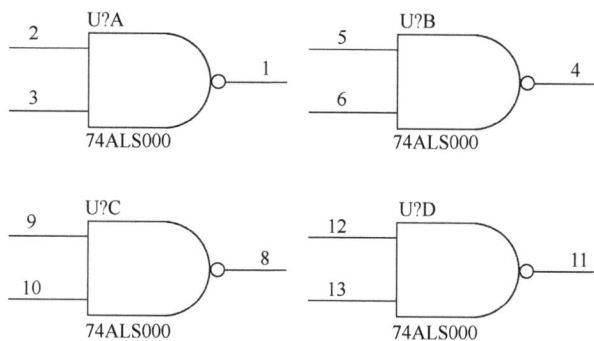

图 D-2 74ALS000 原理图符号

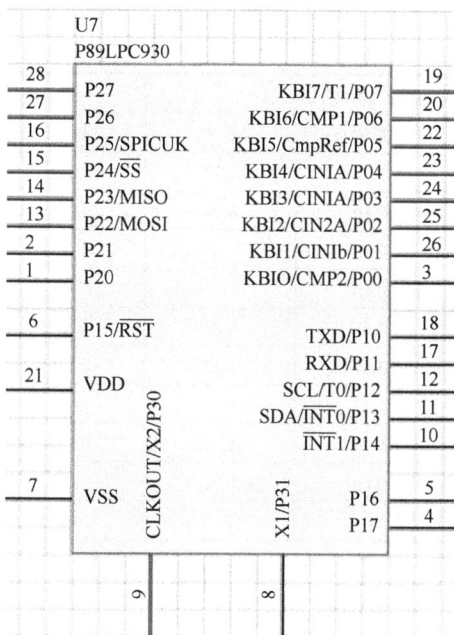

图 D-3 P89LPC930 原理图符号

第三题 PCB 库操作

1. 在考生的设计数据库文件中新建 PCBLIB1.LIB 文件，按照图 D-4 要求创建元件封装，已知按钮的引脚直径为 45mil，请选定合适焊盘及过孔大小命名为 KEY。

2. 在 PCBLIB1.LIB 文件中继续新建 74ALS000 的元件封装，名称 SOP14。按照图 D-5 要求创建元件封装。

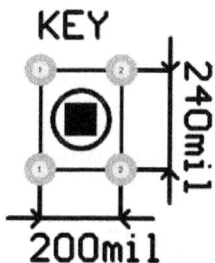

图 D-4 按钮封装图

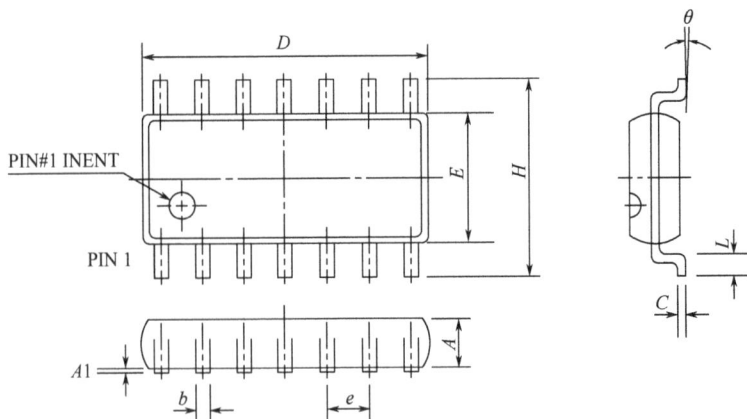

尺寸符号	直径（mm）			直径（英寸）		
	最小	正常	最大	最小	正常	最大
A	1.30	1.50	1.70	0.051	0.059	0.067
A1	0.08	0.16	0.24	0.003	0.006	0.009
b	—	0.40	—		0.016	
C	—	0.25	—	—	0.010	
D	8.25	8.55	8.85	0.325	0.337	0.348
E	3.75	3.95	4.15	0.148	0.156	0.163
e	—	1.27	—	—	0.050	—
H	5.70	6.00	6.30	0.224	0.236	0.248
L	0.45	0.65	0.85	0.018	0.026	0.033
θ	0°	—	8°	0°	—	8°

图 D-5   74ALS000 封装要求

第四题   PCB 操作

1. 将图 D-6 所示的原理图改画成层次电路图，要求所有父图和子图均调用第一题所做的模板"mydot1.dot"，标题栏中各项内容均要从 organization 中输入或自动生成，其中在 address 中第一行输入考生姓名，第二行输入身份证号码，第三行输入准考证号码，图名为：demo，不允许在原理图中用文字工具直接放置。

2. 保存结果时，父图文件名为"demo.prj"，子图文件名为模块名称。

3. 抄画图中的元件必须和样图一致，如果和标准库中的不一致或没有时，要进行修改或新建。

4. 选择合适的电路板尺寸制作电路板边，要求一定要选择国家标准。

5. 在 PCB1.PCB 中制作电路板，要求根据电路给出的电流分配关系与电压大小，选择合适的导线宽度和线距。

6. 要求选择合适的引脚封装，如果和标准库中的不一致或没有时，要进行修改或新建。

7. 将所建的库应用于对应的图中。

8. 保存结果，修改文件名为"demo.PCB"。

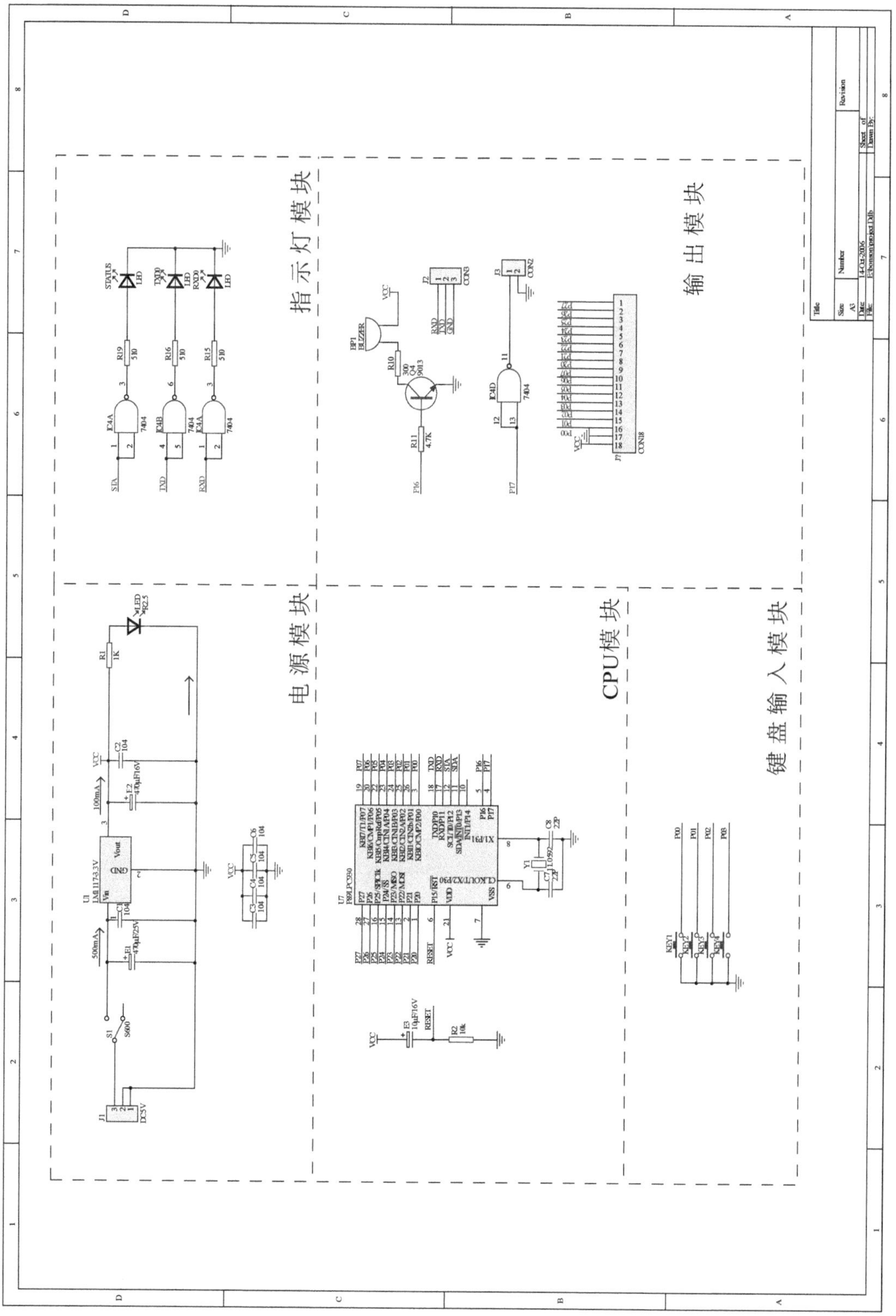

图 D-6　电路原理图

附录 E

电路计算机辅助设计高级绘图员技能鉴定试题评分表

单位：　　　　准考证号：　　　　姓名：　　　　得分：

一、文件保存及原理图模板制作（10 分）

文件夹名称（1 分）		文件名称（1 分）		文件保存位置（1 分）	
模板制作（3 分）		模板调用（2 分）		标题栏及考生信息（2 分）	

二、原理图库操作（10 分）

错/漏画引脚		元件命名错误		元件形状画错	
（1 分/个，共 4 分）		（1 分/个，共 4 分）		（0.5 分/个，共 2 分）	

三、原理图（25 分）

1. 作图方法（共 20 分）

未能使用层次电路图或不正确（5～20 分）		错/漏画元件（2 分/个）		错/漏画电线（0.5 分/条）	
漏标引脚封装（1 分/个）		电源、接地错误（2 分/个）		IO 端口（1 分/个）	
漏/错标网络标号（0.5 分/个）		漏/错标元件标称值（0.5 分/个）		漏/错标元件标号（0.5 分/个）	

2. 作图质量（共5分）

元件标称合理程度（2分）		整体布局合理程度（2分）
走线合理程度（1分）		其他

四、PCB库操作（10分）

板层选择错误或元件命名错误（1分/个，共4分）		不能正常调用（2分/个，共4分）		焊盘形状/尺寸错误（0.5分/个，共4分）

五、电路板（45分）

1. 作图方法（共25分）

板边选择不合理（共5分）		未调用要求的封装库（共4分）		封装不对（2分/个）
板层选择不对（共4分）		丢失元件（2分/个）		丢失电线（1分/条）
线宽选择不合理（2分/条）		线距选择不合理（1分/条）		元件标称位置不合理（0.5分/个）
焊盘选择不合理（共1分）		过孔选择不合理（共1分）		元件等布出板外（0.5分/个）

2. 作图质量（20分）

电路板布局合理程度（8分）		电路板布线合理程度（5分）
元件标号、标称值合理程度（2分）		技巧使用及专业知识运用（5分）

考评员签名：

年　　　月　　　日

参 考 文 献

[1] 赵景波. Protel 2004 实用教程. 北京：人民邮电出版社，2009.

[2] 神龙工作室. Protel 2004 实用培训教程. 北京：人民邮电出版社，2005.

[3] 左伟平，唐赣. Protel 2004 入门与提高. 北京：电子工业出版社，2009.

[4] 郭振民，丁红. 电子设计自动化 EDA. 北京：中国水利水电出版社，2009.

[5] 任富民. 电子 CAD-Protel DXP 电路设计. 北京：电子工业出版社，2009.

[6] 林庭双，柯常志. Protel DXP 电子电路设计精彩范例. 北京：机械工业出版社，2005.